紅沙龍

Try not to become a man of success but rather to become a man of value.
~Albert Einstein (1879 - 1955)

毋須做成功之士，寧做有價值的人。 —— 科學家　亞伯·愛因斯坦

萬物藍圖

看晶片設計巨人安謀的崛起與未來

The Everything Blueprint

The Microchip Design that Changed the World

詹姆斯・艾希頓 著
James Ashton

李芳齡 譯

人物介紹

麥克・穆勒（Mike Muller），ARM 從艾康獨立出來後的創始團隊成員之一，後來負責行銷業務。

圖朵・布朗（Tudor Brown），ARM 從艾康獨立出來後的創始團隊成員之一，後來擔任工程總監。

賈米・厄克哈特（Jamie Urquhart），ARM 從艾康獨立出來後的創始團隊成員之一，也是首任總經理。

阿拉斯戴爾・湯瑪斯（Alasdair Thomas），ARM 從艾康獨立出來後的創始團隊成員之一，是第三代 ARM 晶片的設計者。

史蒂夫・佛伯（Steve Furber），第一代 ARM 晶片發明者之一，在後來 ARM 獨立於艾康後，擔心前景未卜而辭職去當曼徹斯特大學電腦工程系教授，繼續為 ARM 培育人才。

羅賓・薩克斯比（Robin Saxby），從 1991 年任執行長，隨後於 2001 年至 2006 年擔任董事，將 ARM 架構設計打造為嵌入式系統的主要推手。

比提・瑪歌旺（Pete Magowan），安謀產品行銷人員，主要負責諾基亞業務。

戴夫・賈格（Dave Jaggar），ARM 工程師，撰寫出第一部 ARM 的架構參考手冊。

強納生・布魯克斯（Jonathan Brooks），1995 年時任安謀財務總監。

比爾・帕森斯（Bill Parsons），2000 年時任人力資源總監。

華倫・伊斯特（Warren East），從 2001 年擔任執行長直到 2013 退休。

西蒙・西嘉斯（Simon Segars），2013 年接任執行長，2022 年收購案破局後離職。

瑞恩・哈斯（Rene Haas），2022 年擔任執行長至今。

吳雄昂（Allen Wu），安謀中國總裁，被總公司發現涉嫌利用職權之便行危害公司利益之實而遭解雇。

克里斯・柯瑞（Chris Curry），創辦前身為劍橋處理中心顧問公司的艾康電腦，主要負責商業事務。

赫曼・豪瑟（Hermann Hauser），艾康共同創辦人，主要負責技術與產品研發。

羅傑・威爾森（Roger Wilson），第一代 ARM 晶片發明者之一，1994 年接受變性手術，改名蘇菲・威爾森（Sophie Wilson），誓言效忠艾康而未加入獨立出來的 ARM 部門。

安迪・赫伯（Andy Hopper），劍橋大學電腦系講師，也是艾康的董事。

大衛・李（David Lee），1997 年時任總經理，主導將 ARM 併回艾康一案，最終失敗。

高登・歐文（Gordon Owen），董事會主席，擅長在董事會中搞事。

史坦・博蘭（Stan Boland），1997 年時任財務總監。

傑伊・拉斯特（Jay Last），八叛徒與快捷半導體共同創辦人之一。

瓊・霍尼（Jean Hoerni），八叛徒與快捷半導體共同創辦人之一。

羅伯・諾伊斯（Robert Noyce），微晶片之父之一，原為蕭克利半導體實驗室員工，後來與七位同事跳槽創立快捷半導體，後世稱他們為八叛徒。離開快捷半導體後共同創立英特爾。

高登・摩爾（Gordon Moore），八叛徒與快捷半導體共同創辦人之一，1965 年在《電子學》發表的文章，被後人稱為「摩爾定律」，離開快捷半導體後共同創立英特爾。

安迪・葛洛夫（Andy Grove），摩爾在快捷半導體的部下，英特爾共同創辦人之一，在 1987 年至 1998 年擔任英特爾執行長。

泰德・霍夫（Marcian "Ted" Hoff），共同研發把中央處理器放入單一晶片的傑出創舉。

費德里科・法金（Federico Faggin），共同研發把中央處理器放入單一晶片的傑出創舉。

瑪蘇瑪・白瓦拉（Masooma Bhaiwala），英特爾首席工程師。

萊斯里‧瓦達斯（Leslie Vadász），葛洛夫得力助手、英特爾資本總裁。

保羅‧歐德寧（Paul Otellini），2005 年接下英特爾執行長的棒子，2013 年退休。

馬宏昇（Sean Maloney），曾任英特爾執行副總裁、行銷總經理、行銷長。

布萊恩‧科再奇（Brian Kraznich），2013 年接替歐德寧擔任執行長，2018 年離職。

派屈克‧季辛格（Patrick Gelsinger），2021 年接下執行長大位至今。

蘋果公司

賈伯斯（Steve Jobs），蘋果創辦人之一，其想法對蘋果與後世影響深遠。

史蒂夫‧沃茲尼克（Steve Wozniak），蘋果創辦人之一，利用 MOS 6502 晶片設計出第一代蘋果電腦。

賴利‧泰斯勒（Larry Tesler），原帕羅奧圖研究中心工程師，敬重賈伯斯而跳槽到蘋果，後來協助安裝於蘋果電腦中的 ARM 設計晶片。

約翰‧史庫利（John Sculley），原百事公司總裁，後來到蘋果擔任執行長。

史蒂夫‧薩科曼（Steve Sakoman），原惠普工程師，後來到蘋果研發第二代麥金塔、牛頓平板電腦系列。

保羅‧加瓦里尼（Paul Gavarini），軟體工程師，提議第二代蘋果電腦和麥金塔程式使用 ARM 晶片，後來專案喊停。

吉爾‧阿梅里奧（Gil Amelio），1996 時任執行長，僅一年多就離職。

強納生‧艾夫（Jonathan Ive），產品設計師。

東尼‧法戴爾（Tony Fadell），iPod 電腦程式設計師。

鮑伯‧曼斯菲爾德（Bob Mansfield），主導 Air、iMac 和 iPad 硬體開發重量級人物。

提姆‧庫克（Tim Cook），2009 年擔任執行長至今。

傑夫‧威廉斯（Jeff Williams），2015 年擔任蘋果營運長至今。

IBM 公司

蘭克‧凱瑞（Frank Cary），1973 年擔任執行長直到 1981 年。

湯瑪斯‧華生（Thomas Watson），1956 年起 IBM 首任董事會主席。

微軟公司

比爾‧蓋茲（Bill Gates），微軟共同創辦人。

史蒂夫‧鮑默（Steve Ballmer），2000 年至 2014 擔任執行長一職。

克雷格‧蒙迪（Craig Mundie），2008 年擔任研發策略長，於 2014 年退休。

三星集團

李秉喆（Lee Byung-chul），三星創始人。

李健熙（Lee Kun-hee），三星創辦人李秉喆三子，三星第二任會長。

尹鐘龍（Yun Jong-yong），李健熙執掌三星後受到重用，1997 年金融危機席捲亞洲，三星集團瀕臨破產，尹鐘龍臨危受命，出任執行長。

黃昌圭（Hwang Chang-gyu），1989 年加入三星，擔任技術長、執行長、總裁，自創「黃氏定律」。

德州儀器公司

派屈克‧海格提（Patrick Haggerty），德州儀器共同創辦人。

傑克‧基爾比（Jack Kilby），微晶片之父之一，在英特爾工作時期發明積體電路。

瓦利‧萊恩斯（Wally Rhines），時任半導體事業執行長，促成與諾基亞合作，在電話中使用 DSP 晶片。

蕭克利半導體實驗室

威廉‧蕭克利（William Shockley），科學家暨諾貝爾獎物理獎得主，後來選擇到山景城創立公司，造就了今天科技工業密布的矽谷。

約翰‧巴丁（John Bardeen），科學家暨諾貝爾獎物理獎得主。

華特‧布拉頓（Walter Brattain）科學家暨諾貝爾獎物理獎得主。

摩托羅拉公司

保羅‧高爾文（Paul Galvin），創立高爾文製造公司，隨著兒子約瑟夫加入後改名為摩托羅拉。

約瑟夫・高爾文（Joseph Galvin），締造摩托羅拉輝煌成就的領導人。

查爾斯・佩德爾（Charles "Chuck" Peddle），開發知名 Motorola 6800 晶片的首席工程師之一，為了追求低成本的晶片而離開摩托羅拉，加入 MOS 科技公司。

投資人

亞瑟・洛克（Arthur Rock），傳奇創投家，投資英特爾、蘋果，後來也成為英特爾的首任董事會主席、蘋果董事。

薛爾曼・費爾柴德（Sherman Fairchild），費爾柴德相機儀器創辦人，投資八叛徒創立快捷半導體。

麥克・馬庫拉（Mike Markkula），前英特爾行銷經理，後來看好史蒂夫・沃茲尼克的設計而投資蘋果。

亨利・辛格頓（Henry Singleton），美國電子業集團特勵達科技公司董事會主席，資助蘋果創業。

軟銀集團

孫正義（Masayoshi Son），日本億萬富豪投資人，軟銀集團創辦人。

阿洛克・薩馬（Alok Sama），2015 年時任軟銀財務長。

隆納德・費雪（Ronald Fisher），軟銀副董事長

輝達公司

黃仁勳，輝達共同創辦人。

克里斯・馬拉喬夫斯基（Chris Malachowsky），輝達共同創辦人。

科提斯・普瑞姆（Curtis Priem），輝達共同創辦人。

亞馬遜公司

傑夫・貝佐斯（Jeff Bezos），亞馬遜創辦人。

安迪・賈西（Andy Jassy），長期擔任貝佐斯的技術助理，自 2021 年起擔任亞馬遜總裁暨執行長。

艾司摩爾公司

道格・鄧恩（Doug Dunn），2000 年接任的艾司摩爾執行長直到 2004 年。

艾力克・莫萊斯（Eric Merice），2005 年起擔任艾司摩爾執行長，2013 年 7 月卸任並成為董事長。

彼得・溫寧克（Peter Wennink），2013 年接任的艾司摩爾執行長，預計在 2024 年 4 月任期結束後退休

其他

吉奧弗瑞・杜默（Geoffrey Dummer），英國電信研究機構工程師暨經理人，被視為是第一個提出「積體電路」概念的人。

克里夫・辛克萊爵士（Sir Clive Sinclair），連續創業家，創立的辛克萊無線電器材公司後來被英國政府收購。

賴利・艾利森（Larry Ellison），資料庫軟體公司甲骨文創辦人。

拉斯・藍維斯（Lars Ramqvist），1990 年接下易利信執行長大位，並於 2002 年 3 月去職。

約瑪・歐里拉（Jorma Ollila），1990 年起擔任諾基亞行動電話事業單位的領導人，後來擔任首席執行長。

李國鼎，台灣半導體之父，力邀張宗謀來台創立半導體事業。

張忠謀，1958 年加入德州儀器，1987 年跟荷蘭飛利浦、工研院合資成立台積電。

傑瑞・桑德斯（Jerry Sanders），超微半導體創辦人。

華特・艾薩克森（Walter Isaacson），《賈伯斯傳》作者。

厄文・雅各（Irwin Jacobs），高通共同創辦人。

高啟全，華亞科技董事長，外界稱其為台灣 DRAM 教父，之後被中國挖角到紫光集團擔任全球業務執行副總。

張汝京，中芯國際創辦人。

孟晚舟，華為創辦人暨董事長任正非之女，擔任公司財務長一職。

任正非，華為創辦人，此前為中國人民解放軍工程師。

克里斯提・阿薩諾維奇（Krste Asanovi），RISC-V 提倡者。

重要事件年代表

- 1865 年 ・ 諾基亞創立
- 1924 年 ・ 華森將商用打字機公司改名為 IBM，並朝電腦業務發展
- 1928 年 ・ 高爾文製造公司創立
- 1947 年 ・ 紐澤西貝爾實驗室的物理學家威廉・蕭克利領導的團隊發明電晶體
         ・ 高爾文製造公司改名摩托羅拉
- 1951 年 ・ 經重組，德州儀器誕生
- 1952 年 ・ 吉奧弗瑞・杜默提出「積體電路」概念
- 1954 年 ・ 第一代的全電晶體計算機 IBM 608 問世
- 1957 年 ・ 八叛徒創立快捷半導體
- 1961 年 ・ 里夫・辛克萊爵士創辦辛克萊無線電器材公司
- 1965 年 ・ 高登・摩爾提出被後人稱為「摩爾定律」的預言
- 1966 年 ・ 美國軍方生產的第二代義勇兵飛彈率先大量採用積體電路
- 1968 年 ・ 英特爾創立
- 1969 年 ・ 微半導體創立
- 1974 年 ・ 摩托羅拉推出 Motorola 6800 晶片
- 1975 年 ・ MOS 科技打造第一款低價的 MOS 6502 晶片
         ・ 微軟創立
- 1976 年 ・ 蘋果創立
         ・ 史蒂夫・沃茲尼克使用 MOS 6502 晶片設計出第一代蘋果電腦
- ★ 1977 年 ・ **辛克萊和柯瑞成立劍橋科學公司**
- ★ 1978 年 ・ **柯瑞找上赫曼・豪瑟成立劍橋處理中心顧問公司**

- ★ 1979 年 ・ **劍橋處理中心顧問公司正式改名為艾康公司**
- 1980 年 ・ 第一款艾康電腦問市
- 1981 年 ・ 艾康爭取到為 BBC 公司製作電腦的大生意
- 1982 年 ・ 艾康打造的 BBC 微型電腦正式亮相
         ・ 英國首相柴契爾夫人宣布把微型電腦教學計畫帶入校園
- 1983 年 ・ 艾康公開上市，估值來到 1.35 億英鎊收益激增至 860 萬英鎊
         ・ 艾康研發 RISC 機器計畫正式展開
         ・ 三星李秉喆宣讀〈東京宣言〉，正式進軍半導體行業
- 1984 年 ・ 艾司摩爾從荷蘭電子製造商飛利浦獨立
- 1985 年 ・ 艾康股票在 2 月 6 日暫停交易，8 月 13 日獲得資金挹注後恢復交易
         ・ 艾康設計出第一代 32 位處理器，簡稱 ARM
         ・ Intel 發布 80386 處理器
         ・ 高通創立
- 1987 年 ・ 台積電成立
- ★ 1990 年 ・ **ARM 部門獲得蘋果與 VLSI 科技資助，從艾康獨立出來**
- 1991 年 ・ 薩克斯比擔任 ARM 第一任總裁暨執行長
         ・ ARM 將產品授權給英國通用電氣普雷西半導體公司
- 1993 年 ・ ARM 將產品授權給思睿邏輯和德州儀器
         ・ 蘋果牛頓電腦問市，內含 20 兆赫 ARM 610 微處理器
         ・ 輝達創立

- 1994 年 · ARM 工程師賈格調整第七代 ARM 設計，在 32 位元架構中加入 16 位元的 Thumb 指令集，ARM7 TDMI 問市
  · 三星取得 ARM 授權
- 1995 年 · 諾基亞推出內含 Thumb 的 ARM 微控制器核心
  · 亞馬遜正式上線
  · 微軟推出視窗 95 作業系統
- 1997 年 · 諾基亞發布 Nokia 6610 首次手機處理器使用 ARM 設計
  · 賈伯斯回鍋蘋果任職
- ★ 1998 年 · **ARM 公司在英國倫敦證交所和美國納斯達克上市**
- 1999 年 · 艾康被摩根史坦利收購後分割出售，ARM 成為獨立公司
  · 安謀股票被納入富時 100 指數
- 2000 年 · ARM 晶片實際出貨量達到了 3.67 億片
  · ARM 授權處理器架構給摩托羅拉
- 2001 年 · ARM 董事任命伊斯特為執行長
  · 安謀因微晶片市場不景氣而被剔出富時 100 指數
- 2004 年 · 安謀以 9.13 億美元買下矽谷的艾堤生元件公司來協助整合軟體與電子電路的基礎設計
- 2006 年 · 全球 ARM 晶片出貨量為 20 億片
- 2007 年 · ARM 核心晶片的總出貨量已突破 100 億顆
  · 蘋果 iPhone 問市，內含採用安謀設計的微處理器
- 2010 年 · 第一代蘋果 iPad 問市，這是蘋果公司取得 ARM 架構授權後，第一個使用自行研發晶片的器材
- 2012 年 · ARM 架構的處理器出貨量約 87 億部，相當於每賣出一支 iPhone 就賣出 70 片 ARM 晶片

- 2013 年 · 西嘉斯接任安謀執行長
- 2015 年 · PayPal 使用安謀伺服器晶片設計建造一套詐欺偵測系統
- ★ 2016 年 · 安謀收購擅長電腦影像技術的頂尖公司來增加物聯網的技術能力
  · **安謀被日本軟銀集團以 243 億英鎊（約 309 億美元）收購下市**
- 2018 年 · 安謀以 6 億美元收購企業數據管理軟體公司 Treasure Data
- 2020 年 · 安謀宣布計畫在 2020 年 9 月底前將 Treasure Data 連同其「物聯網服務集團」業務拆分為單獨的軟銀擁有的實體
  · 蘋果執行長提姆・庫克宣布改用自家在 ARM 架構上研發出來的蘋果晶片
  · 輝達宣布出價 400 億美元從日本軟銀集團手中收購安謀
  · 中國媒體報導，吳雄昂的領導職務將被拔除
- 2022 年 · 輝達和軟銀宣布終止安謀股份交易協定，收購案正式宣告失敗
- ★ 2023 年 · **安謀於 9 月 14 日在納斯達克上市，創下當年最大 IPO 案**

各界好評

「這本書引人入勝、鼓舞人心，揭露了一家英國發跡的科技公司，透過結合培育本土人才、與國際優秀人才合作和堅定的抱負而獲致成就，成為全球舉足輕重的公司。安謀的成功，證明了在現今緊密連結的世界，走出國門以實現規模化極其重要。這部成功的商業故事，關鍵在於追求第一的強烈決心，以及從不自滿。」

——詹姆斯・戴森（James Dyson），英國發明人、
工業設計師、戴森公司創辦人

「這本書提供大多數人聞所未聞的企業成功祕史。我們全都仰賴安謀的晶片技術，而透過艾希頓生動地敘述，得以了解其如何崛起，以及將如何形塑電腦運算和人工智慧的未來。一本富有啟發性和洞察力的企業傳記，安謀藍圖定義了數位世界。」

——克里斯・米勒（Chris Miller），
《晶片戰爭》（*Chip War*）作者

「滿滿亮點的企業傳記。」

——《金融時報》

「本書扣人心弦地講述過去四十年間最重要的英國公司發跡史，以及其在全球關鍵產業中的地位。本書也嚴肅地提醒我們，如果不關心安謀的未來，形同放棄成為領先科技國的抱負。」

——羅利・羅利・賽蘭-瓊斯（Rory Cellan-Jones），
前英國廣播公司科技新聞通訊記者、《永遠連線》（*Always On*）作者

「艾希頓把半導體產業的複雜地緣政治和安謀公司的崛起交織起來，從矽谷、經英國劍橋、然後到台灣，一路記錄了這個重要產業的歷史，同時提醒著我們，在充滿人工智慧的年代，科技本質仍然離不開人。」

——里德・霍夫曼（Reid Hoffman），領英公司（LinkedIn）共同創辦人、
格雷洛克創投公司（Greylock Partners）合夥人

「在晶片產業領域，英國的小村莊斯瓦罕布貝克市遠不如英特爾的誕生地加州山景市、輝達的誕生地桑尼維爾市、台積電的搖籃台灣新竹那麼顯赫，但是這座小村莊值得眾人關注，因為這是電腦世界與安謀的相遇之地。艾希頓巧妙地把公司故事編織成一幅從第一個電晶體到 chatGPT 的織錦裡。」

——麥可・莫瑞茲（Michael Moritz），紅衫資本創投公司（Sequoia Capital）合夥
人、《賈伯斯為什麼這麼神》（*Return of the Little Kingdom*）作者

推薦序

安謀，創造「千湖之藍」的IP授權商業模式

簡禎富

國立清華大學清華講座教授兼執行副校長

國科會人工智慧製造系統研究中心主任

　　安謀（ARM）1978年創立於英國劍橋，研發「精簡指令集」（Reduced Instruction Set Computer）的處理器，名為ARM（Acorn RISC Machine）。在找到藍湖利基市場過程中，安謀歷經30年的「高築牆、廣積糧、緩稱王」，隨著行動裝置低能耗的要求，以及摩爾定律驅動半導體製程微縮和運算能力不斷地提升，已經發展成為全世界最大的矽智財供應商，提供低成本、低耗能、高運算性能的微處理器、圖形處理器和系統晶片的矽智財給各領域的廠商，將其晶片架構應用於各式各樣的領域，創造出「千湖之藍」的成功模式。

　　我在2003年獲得英國皇家學會獎助，應邀擔任劍橋大學製造所訪問教授，期間曾就近訪問安謀總部。安謀專注於IP的開發和授權，僅行銷晶片技

術，非直接生產及銷售晶片成品，改變過去從設計、製造到銷售的垂直整合模式。我立即受到很大的啟發，深感安謀的商業模式與台灣半導體產業生態系統實為互利雙贏，因此將其撰寫為哈佛商業個案，也是拙作《藍湖策略》的重要一章。

我也有幸在IC之音竹科廣播FM97.5主持的《藍湖策略・數位轉型》節目專訪安謀台灣總裁曾志光先生，因此非常感謝商周集團出版部邀請我擔任《萬物藍圖：看晶片設計巨人安謀的崛起與未來》的推薦人，讓我有幸可以趁著年假先睹為快，印證之前的研究訪學、人物專訪，一切歷歷在目。本書深度爬梳安謀崛起之路，對映數十年來半導體驅動的全球科技史，更能洞察產業生態系統的演進。安謀透過開發晶片架構與獨特的商業模式，擘畫科技發展未來的藍圖，並改寫半導體產業歷史。相信讀者朋友能從閱讀本書的過程中，借鏡科技產業大歷史，引領台灣各個產業掌握轉型先機。

安謀創造出「合作夥伴」的IP授權商業模式，和台積電一起推進半導體產業結構邁向水平分工和模組化。隨著安謀的矽智財被各個業界廣泛使用，使得安謀擴張為全球最大IP供應商和生態系統的關鍵者。與此同時，安謀也是產業的中立者，不與客戶競爭，而是協助各個客戶找到更好的資源，從而透過客戶的成功帶動更多需求。近年來他們也加速人工智慧的開發與導入，積極協助更上游的客戶升級，導入更多半導體矽智財和數位轉型。

近年晶片戰爭、地緣政治大國角力及全球供應鏈重組等，使得台灣面對更多的挑戰與機會，必須超前部署、造局創價並厚植核心實力。透過資深財經記者詹姆斯・艾希頓撰寫本書的視角，看安謀如何描繪數位世界的未來和升級轉型，亦可提供台灣產業領袖和未來接班人更大的格局和器識，因此我極力推薦本書。安謀領導半導體分工合作的產業生態系統，與客戶和合作夥伴創造共生關係，隨著產業需求與客戶一起演化，因此我鼓勵更多上下游企業就近與台灣安謀討論，如何藉助安謀的矽智財和產業生態系統，加速導入先進技術來共創雙贏。

賦予萬物生命的安謀設計無所不在

VK

《VK科技閱讀時間》電子報作者、Podcast節目主持人

　　從人的角度出發，認識一家科技公司的發跡歷程、成長故事，是《VK科技閱讀時間》關心的視角。在寫過近百家科技公司、新創團隊後，不難發現在科技產業快速迭代的過去與現在，人是創新，也是成事的關鍵，這也是令我著迷的事。

　　在我看來，每個人如同一個點，當人與人之間的野心、欲望連成多條不同的線，最終交織出公司之間的合作與競爭，變成了面，得以看見一家公司在時代中的崛起與發展。正好本書作者詹姆斯・艾希頓也是從人的視角，帶領讀者了解全球重要的晶片設計公司——安謀的起源、快速崛起，走向全球的故事。

　　安謀的前身是來自英國劍橋艾康電腦公司旗下的晶片事業（Acorn RSIC Machine），後來與蘋果、VLSI 科技公司合資，將艾康電腦的晶片事業獨立成一家晶片設計公司，並改名為「Advanced RISC Machines」，也是後來大家熟悉的「安謀」。

　　這不僅是一本關於安謀的企業故事，其中還記錄了晶片、半導體產業的歷史，以及安謀與其他重要科技公司錯綜複雜的關係。之中談到了台積電、蘋果、英特爾、諾基亞等公司，能夠讓讀者從不同的視角看見安謀的業務價值、發展潛力。

　　值得一提的是，出版社直接將英文書名「The Everything Blueprint」當成繁體中文書名《萬物藍圖》，想必只有「萬物」、「藍圖」能夠精準地

描述安謀這家公司的商業性質與影響力。

現今無論是iOS系統還是安卓系統的智慧手機、筆記型電腦、電視等產品，幾乎都使用了架構處理器。安謀的主要業務是設計用於處理器的ARM架構，並將處理器架構設計方案授權給客戶，也就是要建立最終產品的人。

其無所不在的規模，甚至在2021年10月達成了一項重要里程碑：有2,000億片基於ARM架構的晶片賣到全世界。這相當於每秒有近900片由ARM設計的晶片被生產出來，並最終應用在手機、電腦、工業感測器、汽車、資料中心等領域。

換句話說，在我們生活的今天，萬物藍圖都有安謀的足跡，也成了不可或缺的存在。

萬物聯網運算的藍圖，
背後常常是安謀巧妙地助一臂之力

吳億盼

臉書「讀書e誌」專頁版主

　　在半導體成為大國角力最大矚目焦點的現在，世界各國好像才猛然發現台積電占有如此關鍵的重要地位。但是科技業以外的人或許不太熟悉的「安謀」（ARM），其實也是這樣「做所有人的合作夥伴」而具有極高的重要性。雖然兩家公司提供的技術不同，但是同樣創造出前所未有的商務模式，因而能讓研發技術發揮最大價值，也能跟著其他公司的成功，一起水漲船高。

　　我覺得這本書帶給我最深的思考，是關於在許多看似失敗的景況當中，有時候會生出意想不到的契機，有時候會推動你走向更適合的路，或是有時候在過程當中順便創造事物，一段時間過後再來看，才看得出它的價值。安謀從艾康電腦公司開始，找到日本遊戲機的機會，找到十分合拍的諾基亞並搭上手機崛起，以及跟蘋果三十年的緣份。引起我注意的，是各種看似「失敗」的片段：

　　失敗可以讓人聚焦適合的方向；
　　失敗可以釋放尋找創新的位置；
　　失敗也可以衍生出成功的種子。

　　安謀的故事現在看起來是非常成功的，而我相信當中的努力、幸運與

挫折都是不可缺少的成分。但這家公司最值得學習的，是在二十世紀眾多CPU比馬力的時候，選擇站到一個不一樣的位子，擔起最會推動、成就他人的角色。雖然不若檯面上的巨人風光，但韌性十足、彈性十足，努力地經營和培養生態系統。這樣廣結善緣的能力反而在二十一世紀成為難以取代的競爭優勢。這樣的商務模式思考，如同台積電一般，是眾多半導體設計公司難以取代的合作夥伴。

　　但也如同台積電一般，當「科技界中立的瑞士」大到一定的程度，也不太容易再繼續被當成「瑞士」一般看待。特別是地緣政治下保護主義高漲的現在，安謀與台積電都必須要巧妙地在其中拿捏分寸。歷經過去幾年軟銀集團介入後的雲霄飛車般劇情發展，以及讓所有半導體公司都絞盡腦汁想策略的中國因素，甫上市的安謀會怎麼走下一步路呢？相信在接下來萬物皆智能的AI世代，安謀仍然會扮演科技發展中舉足輕重的角色。

作者序

　　我無比貪婪地撰寫此書。我尋找錨定於英國、但觸及全球每一個面向、每一個角落的遠大商業故事，很快就降落在微晶片這個領域，此時把這小器材推上熱門新聞的2021年半導體大缺貨潮還未發生。

　　這是一部涉及眾多面向的故事：傑出科學成就、堅忍不拔的創業精神、大競爭、鉅額財務風險與報酬，以及令消費者滿足、政治人物驚嘆的科技。

　　講述這一切的最佳途徑是透過安謀（ARM），這家以英國的標準來看還算年輕的公司，其微晶片設計以更低的電力運作、更便宜的售價著稱，不僅迄今裝載的機器難以計數，微晶片設計也幫助數十個產業打造新的突破。

　　撰寫本書的研究過程中，我想起為《星期日泰晤士報》（*The Sunday Times*）撰文時曾採訪谷歌（Google）共同創辦人賴利・佩吉（Larry Page），他把自己的事業——當時主要是網際網路搜尋引擎，比做製造牙刷。在追求下一個創新時，佩吉把目標放在創造出簡單、人們會天天使用、他能夠從中賺點小錢的東西，最終他成功地靠著人們用滑鼠點擊廣告來賺錢。

　　現在谷歌仍然制霸該市場，天天執行數十億次搜尋，而安謀也具備這種無所不在的特性，甚至創造了非常便利、可靠、便宜的東西，以至於使用者無需尋找其他替代品。

　　英國渴望有更多全球領先的本土科技公司，因此探索安謀如何發展到同時能夠服務相互競爭的現代產業巨擘：蘋果（Apple）、亞馬遜

（Amazon）、三星（Samsung）、高通（Qualcomm）、字母控股（Alphabet，谷歌母公司）、華為、阿里巴巴、社群元宇宙〔Meta，臉書（Facebook）前身〕、特斯拉（Tesla）等公司，應該可以獲得不少啟示。

在這個日益政治化、政府投入鉅資力求在策略性極其重要的微晶片供應鏈上攫取一席之地的產業，有必要了解安謀如何僅在1980年代初從英國政府提倡人民電腦素養而贊助的一項計畫中取得些許獲利、別無他助下，奮鬥成功。置身在一邊大打官司、一邊大合作的矛盾產業中找到自己的一片天，不論電腦運算流程的邏輯有多條理分明，安謀的成功全仰賴：近乎宗教熱情般投身技術、行銷魔法、客戶動能，還有一點運氣。

本書講述數十年間的企業達爾文主義：國際商業機器公司（International Business Machines Corporation，後文簡稱IBM）為何能在1980年代宰制個人電腦市場，背後實際的大贏家卻是英特爾（Intel）；諾基亞（Nokia）為何能在1990年代擊敗易利信（Ericsson）和摩托羅拉（Motorola），普及且稱霸行動電話市場；蘋果、華為、三星為何能在2000年代打敗上述公司；亞馬遜為何能在2010年代攫取雲端運算市場；安謀為何能擊敗眾多微晶片架構獲致成功。近乎每個階段，「為何？」這個問題的答案都隱身於品牌背後，埋首在裝置與設備裡做苦工的小元件。

本書用三部曲呈現安謀的企業故事。第一部：核心技術起源，講述安謀如何把核心技術商業化，以及在行動電話革命中扮演重要角色。第二部：脫離組織，安謀成為獨立公司；如何從「智障型手機」（dumb phone）躍進至智慧型手機；安謀的成功如何挑起美國晶片設計巨人英特爾的激烈競爭；日本投資公司軟銀集團（SoftBank）提出令安謀無法拒絕的收購條件。第三部：在低能源感測器和高端資料中心等領域打造新市場；如何避開微晶片設計普及化帶來的陷阱。

貫穿全文的則是安謀與蘋果的長期合作，這段關係始於蘋果共同創辦人史蒂夫·賈伯斯（Steve Jobs）被逐出蘋果的十一年間，促使安謀成形、

成功地拓展商業廣度、對收購者軟銀集團的吸引力、賈伯斯重返蘋果後的財務穩定，以及蘋果從電腦公司轉型為消費性電子產品龍頭，在在做出了重要貢獻。

微晶片產業牽涉太廣，因此書中有多章焦點從安謀轉向探討其他主題：晶片源於美國，但是製程重心為何快速移往亞洲；為何中國設法讓晶片自給自足、美國則極力阻止；現今眾多國家如何爭相尋求自行生產晶片。

這其中有兩家公司在此生態系中扮演不可或缺的角色，必須讓他們出來跑個龍套，有助於解釋安謀本身地位的重要性。其一是台灣積體電路製造公司（TSMC，後文簡稱台積電），世上最尖端複雜的晶片皆由這家公司所生產製造，沒有台積電供應的晶片，美國和中國都會陷入癱瘓。其二是荷蘭艾司摩爾公司（ASML），複雜的晶片都是使用他們建造的機器在矽晶上蝕刻出來的，艾司摩爾跟美國、日本同業競爭數十年，最終成為無庸置疑的市場龍頭。在美國與中國的半導體霸權爭奪戰中，這兩家公司是必爭之地。

撰寫安謀故事時，我有時覺得自己像個晶片製造者，鑽研複雜的計畫，把愈來愈多的資訊蝕刻到一個狹小空間裡。本書的主幹是由複雜的歷史與地理交織而成，向科學致敬的同時，也試著別被科學牽著鼻子走。我希望本書只有足夠必要的技術性敘述，別因為技術成分過高而令故事乏味無趣，但是我也謹慎避免窄化半導體業實際帶來的偉大貢獻。

最重要的是，本書不僅談論電子流和一些神奇器材，更多是講述「人」的故事。我們生活在人工智慧浪潮高漲的年代，甚至有人認為電腦將會接管這個世界。儘管如此，創新仍然是人類的追求，其核心是信賴、尊重和友誼。下一個創新突破的背後想法將如同上一個創新突破那般流動：被同事和競爭者分享、盜用、強化——不論是誰、在何處僱用他們。

那些不相信「不可能」這三個字的人，會繼續驅動非凡的進步，而全世界也將從中受益。不管在安謀或任何地方，都無法限制他們繼續追求創新與進步。

詹姆斯・艾希頓 2023年1月

Chapter1

無所不在的微晶片
如何接管世界

台灣的矽盾──台積電

2022年8月2日，當地時間晚上10點45分左右，一架波音C-40C降落台灣首府台北的松山機場跑道。

七小時前自馬來西亞吉隆坡起飛後，這架美國空軍專機的航線繞道朝印尼婆羅洲飛行，然後90度轉北，一路沿著菲律賓東側外海北行。全程有無數雙眼睛盯著看：航班追蹤網站「FlightRadar24」上有290萬名註冊用戶緊盯這架專機的飛行路線，創下了該網站成立以來追蹤人數最高的航班。那些追蹤者大多知道，這架專機的機師為何選擇避開南海這條最合乎邏輯、最直接的航線。

夜色中，艙門開啟，一位穿著粉紅色長褲套裝、臉戴口罩的年邁女士，雙手抓著扶梯車欄杆，小心翼翼地走下台階。她是時任美國眾議院議長南西・裴洛西（Nancy Pelosi），級別僅次於副總統兼參議院議長的美國總統第二順位繼任人，停機坪上，台灣外交部長吳釗燮和美國在台協會處長孫曉雅（Sandra Oudkirk）迎接她的到訪。

這趟訪問充滿意義。一如預期，香港恒生指數下滑2.5％，上海證交所綜合指數下滑2.3％，十年期美國公債殖利率下跌至四個月以來的最低點。

過去二十五年間，裴洛西是訪台的美國官員中級別最高者。台灣一直

被中國視為領土的一部分，在「一中政策」下，華府向來謹慎地承認北京當局的主張：只有一個中國政府。美國與台灣沒有正式的外交關係，但是卻有著非官方、「戰略模糊」的接觸，包括：軍售武器給台灣、基於《台灣關係法》在緊急情況提供支援。

如今局勢相當緊張。中國國家主席習近平表示，必須實現「統一」台灣的目標，並且警告美國總統拜登（Joe Biden）別越界，在兩人最近一次通電話時，他告訴拜登：「玩火者將自焚」。裴洛西即將訪台的謠言傳出後，中國出動大量軍艦和軍機接近非正式的台灣海峽中線，坦克也往中國沿岸集結。

這些未能嚇阻裴洛西，在短暫的訪台行程中，她聲明：「美國捍衛台灣及世界各地的民主，決心堅若磐石。」❶

緊張情勢不僅存在政治上，也涉及了巨大的經濟風險。多年來，中國為這地區建立與累積龐大軍力，但是台灣有一個可與之匹敵的力量，就是在生產二十一世紀最有價值的商品——微晶片，具有超群的能力與地位。

過去地緣政治紛爭來自爭奪富含豐富資源的土地或信仰的意識形態，但是在數位時代，讓先進武器、智慧型手機、車輛，以及自新冠肺炎疫情肆虐後更添重要性的醫療器材等設備得以運行的小晶片，成為大家爭搶的聖杯。

不到兩個世代的發展，這個土地面積只比美國馬里蘭州稍大、比英國威爾斯大不到1倍的小島，生產了全世界92％的先進晶片。所謂最先進晶片，是指使用10奈米以下製程生產的晶片。❷「奈米」是一種單位，被用來衡量晶片上電晶體之間的線寬，1奈米大約是一束人體DNA的4倍寬。至於其餘10％的先進晶片產自南韓，如果沒有台灣的先進晶片讓工廠生產滿足消費者和企業需求的商品，不論是數十年前發明半導體產業的美國，或是急於擺脫美國、做到自產自足的中國都無法應對。

全球晶片產量有60％由中國購買，但是中國的出口品中約有半數是最終產品，其中許多是出口至美國，這張錯綜複雜的全球供應鏈大網，是過去

雙方友好時期所建立的。由此可見，對立的美中關係有多緊密糾結。

　　這一切可茲解釋，為何裴洛西會在短暫又緊湊的訪台行程中擠出時間，在台灣總統蔡英文的陪同下，與台積電董事長劉德音、台積電創辦人張忠謀等人共進午餐。

　　台積電是全球最大的晶片代工製造商，為客戶客製晶片，但是本身不從事晶片設計。2021年時台積電使用291種技術，為535個客戶製造12,302種產品。一般認為，台積電最大的客戶是蘋果，iPhones、iPads、蘋果手錶使用的晶片約占台積電總產量的1/4，但是台積電的客戶還包括其他產業界巨人——高通、輝達（Nvidia）、恩智浦（NXP）、超微半導體（Advanced Micro Devices）、英特爾等，全都為車輛及遊戲機製造商供應晶片。台積電也幫美國軍用設備製造晶片，據報包括F-35戰鬥機和標槍飛彈。

　　過去台積電的戰略重要性被視為足以保護台灣免遭中國攻擊，是維持美國支持台灣的「矽盾」（Silicon Shield）。然而現今，軍事專家對此不太有把握了。美中如果爆發戰爭，將是毀滅性的災難，極有可能重塑世界秩序，但是關閉台灣的晶片製造廠，將導致全球經濟陷入癱瘓。在這個火鐮袋中，兩種結果都有可能發生。

　　特別是台積電的半導體製造廠（英文簡稱fab）直接座落在火線上，新竹科學工業園區群集於台灣西岸面向中國，位置靠近所謂的「紅灘」（red beaches），也就是中國軍隊可能登陸之地。

　　儘管如此，中國入侵台灣未必能掠奪完整無損的半導體製造廠，就算成功做到，生產線的運行也不是撥弄一個開關那般簡單，而是需要靠台灣在這領域的專長，加上夥伴公司遍布全球各地的數萬名技術支援工程師，透過擴增實境技術遠距與台灣技術人員溝通。台積電董事長劉德音警告，如果中

國侵略台灣：「將使得基於規則的世界秩序崩壞，」同時導致工廠無法運作。❸ 以目前的情況來看，中國不太可能克服技術障礙讓工廠繼續運作，縱使克服了，生產線也會被全球供應鏈的其餘部分快速斷鏈。

「如何解決？」劉德音說：「很簡單，維持台灣的安全。」他說：「如果不這麼做，你得投入數千億美元，可能得花上10年或15年，才有可能回到目前的生產水準。」

裴洛西訪台的一年前，半導體產業資深分析師麥爾康·佩恩（Malcolm Penn）在他創辦的市場研究機構「未來眼界」（Future Horizons）的網站上，分析中國武力犯台導致的災難性衝擊：「晶片存貨快速耗盡，世界各地終端設備生產線將在幾週、甚至幾天內停擺。近乎瞬間對全球貿易和世界經濟造成的衝擊，比2008年雷曼兄弟倒閉、2020年新冠肺炎疫情間封城所導致的衝擊大上數量級。」❹

二十一世紀的馬蹄鐵釘

2021年11月的感恩節當天早晨，聖地牙哥市默菲峽谷路（Murphy Canyon Rd.）上的遊戲驛站（GameStop）店外有不少人排隊，隊伍延伸至停車場。許多商店在假日選擇不營業，但是這家店有個好理由開門營業。

排在隊伍前面的約藍·哈珀（Joland Harper）戴著綠色毛帽、身穿黑色T恤、掛著鼻環，他從早上六點就來排隊了。「我帶了零食、雨傘、舒適的椅子可以舒服地排隊，」他笑嘻嘻地告訴哥倫比亞廣播公司（CBS）新聞台當地的採訪記者。❺

在這晴朗冷冽的早上，哈珀和排在他後面的人來到這裡只有一個原因：他們聽說遊戲驛站取得24台 PlayStation 5 遊戲機（後文簡稱 PS5），這玩意兒自去年感恩節開始發售後就一台難求。

以往習慣在線上下單、商家出貨，然後立即獲得滿足的消費者，這回得費勁地追蹤這台遊戲機的出貨和銷售地，許多以往懶得跑實體店的人，現在又回到實體店排隊。專門追蹤出貨資訊的推特帳號「@PS5StockAlerts」已經累積了上百萬名粉絲。另一家向來寧靜的東京百貨公司，購買者則是爭先恐後搶著PS5遊戲機，迫使警察出動來維持秩序。

導致這一切不便的原因難以推斷。微晶片是遊戲機及每一種想像得到的裝置與設備內裝不可或缺的核心，全球晶片荒讓世界各地的生產線和倉庫發貨陷入大混亂，在許多情況下，缺少一片僅1美元成本的關鍵晶片，一部售價數千、數萬，甚至數十萬美元的器材就出不了貨。

過去數十年來，隨著產品安裝的晶片日益增加，晶片需求量持續成長。然而新冠肺炎疫情導致消費者過上封城的生活型態，他們需要為工作和玩樂增添新的電子設備，這導致需求一飛沖天。疫情期間，只要晶片工廠被迫停工時，供給就會阻塞，尤其是生產線後端的封裝和測試階段，這些作業的勞力密集度依舊相當高。

那段期間晶片荒非常普遍。根據海納國際集團（Susquehanna Financial Group）的調查，2021年1月至10月，半導體從下訂單到交貨的期間從14週拉長至22週，如果是專門元件，等待的時間更長。❺

這場大混亂令大家意識到晶片供應策略的重要性。這產業高度倚賴少數幾家大廠，整個體系的產能沒有多少餘裕，而且進入產業的成本龐大。晶片製造商、設計商、必要的生產設備與工具供應商，在雷達下低飛了這麼久，終於躍入公眾視野，如同1970年代的石油危機讓眾人將目光聚焦於石油業的生產和營運。裴洛西訪台有多個理由，其一顯然是確保像哈珀這樣的美國消費者永遠不用再排隊。

2021年7月，索尼公司（Sony）慶祝PS5比上一代的PS4提早幾週達到銷售1,000萬台的里程碑。其實如果不是晶片荒，這位日本電子業巨人的供貨一定能跟得上需求，銷量可能會更高。

索尼互動娛樂公司（Sony Interactive Entertainment）執行長吉米・萊恩（Jim Ryan）說：「雖然我們的產業和其他許多產業持續在世界各地面臨著特殊的挑戰，改善存貨水準仍然是優先要務」。[7] 到了2022年3月，索尼已經出貨1,930萬台PS5，比階段性預期的銷售量少了330萬台。

與此同時，早前預估汽車銷售量將趨緩而降低晶片採購的汽車業慌亂地追加需求，但是晶片產能早已被其他產業預訂，令汽車製造商敏銳地感受到了壓力。從煞車系統到車內娛樂系統，一輛車需要的晶片多達3,000片，全球最大的汽車製造商被迫減少生產線輪班，放起無薪價假。他們也把取得的晶片分配到利潤較高的車款，但是此舉完全滿足不了福斯汽車集團（Volkswagen）董事會主席赫柏・迪斯（Herbert Diess），他說集團旗下奧迪（Audi）、藍寶堅尼（Lamborghini）、喜悅（Seat）、斯柯達（Skoda）等眾多品牌正「陷入危機」。[8]

艾睿鉑顧問公司（AlixPartners）在2021年9月預測，晶片荒將導致全球汽車業當年度損失2,100億美元的營收，生產銳減770萬輛車，比該公司當年5月時預測的營收損失1,100億美元和生產短缺390萬輛車還要高出許多。[9] 新車產量大減下，二手車的價格飆升。

汽車業對晶片的依賴度未來只會持續上升，根據德勤顧問公司（Deloitte）的研究報告，到了2030年，一輛車的製造成本中，電子零組件估計占45%，高於2000年時的18%。同期，這些用於電子零組件中的半導體元件成本估計將增加4倍，金額來到600美元。[10]

晶片荒使得公司、產業、國家爭相卡位，屯積的晶片，甚至下訂超出需求的數量。利基卻重要的產業參與者，公開懇求半導體製造商為自家供應晶片，荷蘭飛利浦電子公司（Philips）執行長萬豪敦（Frans van Houten）在2022年6月寫道：「醫技產業對晶片的緊急需求只占供應商總供給的1%，我

們呼籲要優先考慮晶片分配，讓醫療器材製造業能滿足現今的需求。」❶

<hr>

　　這場危機將人們的想法從思考現今晶片的用途，轉向思考未來的供給安全。人工智慧不再只是依照指令去執行任務，最先進的晶片驅動人工智慧去處理龐大的資料流，以比人類還快的速度做出決策。

　　未來學家雷蒙・庫茲維爾（Raymond Kurzweil）在2005年出版的《奇點臨近》（*The Singularity Is Near*）一書中預測，技術奇點——電腦能力超越人腦能力的臨界點，將在2045年左右發生。此後更有專家預測，奇點可能更快到來，這是基於一些指標性事件，例如：圍棋世界冠軍李世乭在2016年3月被超級電腦AlphaGo打敗。

　　不論技術奇點何時到來，人工智慧有望改變生活的每一個層面，其中也包括戰爭，這事實令各國繃緊神經。美國兩黨組成的人工智慧國家安全委員會（National Security Commission on Artificial Intelligence）在2021年3月提交給美國國會的一份報告中嚴肅警告：「美國尚未做好在人工智慧時代防衛或競爭的準備。」

　　這份報告指出，人工智慧比以往所有技術突破更能改變賽局。為了精簡描繪人工智慧驅動的未來，該報告引用傑出發明家愛迪生（Thomas Edison）描述電力前景時所說的話：「它是所有戰場中最重要的戰場，它握有改造世界生活的祕方。」

　　美國因為不再製造最先進複雜的晶片而暴露於危險中。這份報告寫道：「我們不想誇大國家處境的不穩定性，但是基於絕大多數先進晶片都是由單一一座工廠所生產，而且距離我們的首要戰略性競爭者僅隔110哩海域，我們必須重新評估供應鏈彈性與安全性的含義。」❷

　　上任一個月後的2021年2月24日，美國總統拜登把電腦晶片荒譬喻為「二十一世紀的馬蹄鐵釘」，引用古諺來說明小行動或小物品可能導致巨

大、出乎意料的後果：「少了一根釘，掉了馬蹄鐵；掉了馬蹄鐵，折了一匹馬；折了一匹馬，損了一名騎士；損了一名騎士，漏了一則情報；漏了一則情報，輸了一場戰；輸了一場戰，丟了一位王國；一切都因缺了一根馬蹄鐵釘而起。」

這比喻傳達出的訊息很清楚：小小的微晶片是現代知識經濟的岩床。德勤顧問公司的一項研究分析估計，兩年來的晶片荒導致無數倚賴晶片的產業營收損失 5,000 億美元。❸ 晶片已然轉化為獲利力，也日益代表政治能力。身為晶片發明搖籃的美國，半導體產業營收至今仍然占了全球的一半左右，只不過製造產能已經從 1990 年時的 37％下滑到現在的 12％。❹

「爆發供應鏈危機後，我們必須制止追趕的局面，」拜登手舉一枚比郵票還小的一片晶片，接著說：「我們首要預防供應鏈危機的發生。」他下令用一百天的時間檢視包括半導體在內的四項重要產品，以及檢討更長程目標，一切旨在：「強化我們每一階段的供應鏈。」❺

三十二年前，前美國總統雷根（Ronald Reagan）也對相同的技術抱以厚望。1989 年 6 月，他在倫敦市政廳發表卸任後的第一場海外演講，就在演講發表的幾天前爆發了「六四天安門事件」，中國鎮壓在北京天安門廣場抗議的學生。同年 11 月，柏林圍牆倒塌。

「資訊是現代的氧氣，滲透帶刺的鐵絲圍牆，飄越通了電的邊界，」雷根說：「極權主義歌利亞將被微晶片大衛擊倒。」❻

遺憾的是，情況並未如此發展。事實上新冷戰正在醞釀中，而微晶片供給是這場新冷戰的核心。

工業領域的創新米糧

印刷機促進教育、電燈泡迎來光明、農耕犁改變飲食與地貌、汽車開

闊視野，但微晶片可能是人類史上最非凡的發明。

微晶片俾倪改變幾個世紀以來人類生活與學習的突破──生火、書寫、輪子、羅盤。將「智障型」產物變成「智慧型」產物的小晶片，至今影響力甚至延伸至整個社會結構，沒有最基本的電腦運算支援，人連簡單的任務都無法獨力完成。

無處不在的晶片悄然運行。縱使在晶片荒下，光是2021年當年度的晶片出貨量也高達1.15兆片，刷新歷史紀錄，這些晶片被安裝在電腦、手機、電視機、汽車、冰箱、輸油管、保安系統、資料中心、心律調節器、寵物、玩具、牙刷、核彈等數不清的商品裡。[⑰] 這相當於在地球上既有的數兆晶片上，每個人再多擁有125片微晶片。

自1950年代末期在一片半導體矽晶圓上發明了積體電路以來，這些微型機器在現代生活中已經無所不在。微晶片又稱半導體、積體電路、系統單晶片、微處理器、微控制器，驅動著萬物的連結與創造力，讓人類活動更進步、更快速、更好。

拜元件體積縮小和價格下滑所賜，擴大了機會之窗，一方面也仰仗半導體產業不懈地致力於用更少成本做更多的事。這是一場顯而易見的「全球競賽」，政治人物敦促國人同胞把社會打造得更快速、更聰敏、更有效率，否則很快會被更敏捷的經濟體淘汰。微晶片正是推助種種進步的要素，無怪乎全球晶片大廠三星電子（Samsung Electronics）的前會長尹鐘龍（Yun Jong-yong）稱其為「工業米」（industrial rice）。

微晶片讓網際網路無所不在，創造難以計數的財富，受益的不僅是那些開發可在裝載大量晶片的硬體上瀏覽社群軟體的科技大亨而已。數十年來，微晶片促使生產力持續提高，如今演變成一個年交易額上看5,550億美元的產業，而且還驅動各種製造業、電子商務及運輸業的獲利，事實上是以晶片為核心的技術改變了每一個產業。

現在每年產出的晶片中仍有約30％的晶片被安裝在個人電腦，約20％

被安裝在智慧型手機，資料中心和車輛分別占10％，其餘的晶片則用於工業及國防，包括物聯網（internet of things）浪潮下，在各種「智障型」設備上安裝小感測器，引入未來「智慧型」通訊網路。在群集晶片的控制與監測下，保守估計生成了每兩年翻倍增長的資料量。

晶片不是強化舊發明，就是令其相形失色：處理藏書內容、控管城市路燈、改善作物收成、車子變成有輪子的電腦，甚至內燃機都可以退役了。晶片的電腦運算力還能處理人類無法勝任的工作：破解生命密碼來對抗疾病、協助人類征服太空，以及一些比較不重要的活動，例如：比特幣挖礦。

微晶片的未來戲分只會多不會少。它持續驅動行動革命，解放家用設備、辦公設備及電源供應器材，相較於多數消費者的第一支手機是使用2G和3G無線通訊技術，現行的5G標準將帶來高解析度電玩和混合實境觀看等級的頻寬，支援永久的連線狀態。優點在於瞬間反應幾乎零秒延遲，強化人們對機器人執行手術、自動駕駛，以及透過通訊網路管理重要基礎設施的信心。

這是一種晶片透過賦能，反過來也助長晶片產業的趨勢：更強大的網路意味更多與其連結的器材，當中有許多設備內裝更先進的晶片。自發明以來，微晶片已經被視為通往繁榮的護照，政府熱切地建立高價值的策略性產業，家長則是尋求最新的個人電腦來強化孩子的教育學習。

但是微晶片也給人負面的聯想，如同反烏托邦小說中入侵技術的象徵：控制人們的思想，或從事老大哥式的監視。

這觀點已經滲入真實生活中，例如：我們看到了陰謀論者宣傳說，新冠肺炎疫苗注射方案是為了掩蓋一項追蹤人們日常生活的陰險計畫。之後一項問卷調查訪談1,500名美國成年人，詢問他們是否認為美國政府利用疫苗對民眾植入微晶片，竟然有20％的受訪者肯定地回答「是」或「可能是」。⑱

無庸置疑地，過去六十多年間，隨著技術演進的節奏，晶片的價格和

處理性能持續進步。因此晶片的供給和有效的製程祕訣，比當今世上的黃金或石油存量更有價值。這場晶片爭奪戰早已開打，先是口頭爭論，接著又因其為精密武器的必要元件，實質爭戰就此展開。

晶片驅動的進步不是沒有成本，半導體本身也是大型消費者，產業擴張不僅滿足了政治議程的需要，光是蓋一座新的半導體製造廠就得投入200億美元，所費不貲。

半導體的支出還不只這個。哈佛大學的研究預測，到了2030年，資訊與電腦運算技術的能源消費量將占全球能源需求量的20％，其中大部分用於建造硬體，尤其是微晶片的設備。[19] 一部行動裝置的二氧化碳排放量中有1/3來自內部晶片的製程，一座大型半導體製造廠的製程中，每天的冷卻與清洗流程可能得用掉1,000加侖的水量，減輕晶片環境足跡的重要性已經不亞於滿足所有產業的晶片需求。

不斷縮小尺寸

想像倫敦地鐵錯綜複雜的網絡地道，或北京市四通八達的大街小巷，然後把這些圖像乘上數十億次，最後再把這幅緊密交錯的地圖縮小成肉眼看不到的大小。

從今天微晶片的複雜程度來看，這說法還行得通，只不過最新的晶片，不論多小，都不像簡單的地圖，反而像活力十足、高樓林立的街景圖。每一片晶片上含有數十億個電晶體，這些小開關以每秒數十億次開啟與關閉的電子流，控制著內嵌晶片的產品或用來解決運算問題。為了讓晶片能運作得更多、更快，製程中會封裝更多的晶體管，電路格堆疊有些多達150層高。

電晶體就是現代運算的基石，用矽製成。矽是理想的「半導體」，介於金屬和非金屬之間，導電性可上下調節，取決於它如何與其他物質混合，

例如：磷、硼。

比上述縮小版地圖還小的晶片，結構小到只有3奈米，換句話說，比生物蛋白質還小，相當於人類紅血球寬度的一小段，或是常見病毒體積的1/4。更進一步縮小晶片體積是目前的競賽項目，而晶片上封裝更多的電晶體，意味著耗電量不變下，晶片能夠執行更多的運算。

2021年8月英特爾宣布一項驚人的突破：設計第一片含有1,000億個電晶體的微晶片。命名為「老橋」（Ponte Vecchio）的晶片是用來處理先進的人工智慧，首席工程師瑪蘇瑪·白瓦拉（Masooma Bhaiwala）說：「老實說，我甚至不確定稱老橋為晶片是否正確。它是一種我們稱為晶片塊（tiles）的晶片集合體，透過高頻寬把這些晶片塊互連起來，如同單片晶片般運作。」[20]

半導體產業就是如此堅持不懈，以至於鮮少有人停下腳步思考這一路以來的壯舉。事實上，七個月後英特爾就被超車了，蘋果最新推出的 M1 Ultra 晶片，專為 Mac Studio 桌上型電腦系統所設計，含有1,140億個電晶體。

這家知名的 iPhone 製造商當然不太可能長期保持領先地位。鮮為人知的是，荷蘭艾司摩爾打造的雷射生產設備是推動微電子學發展的要角，這家公司正規畫在2030年前在單一邏輯晶片上封裝超過 3,000 億個電晶體。英特爾更是打算在2030年前把這數字推進至1兆個電晶體，另一方面，美國的人工智慧公司賽瑞巴斯系統（Cerebras Systems）已經在單一晶片上封裝2.6兆個電晶體，只不過體積大小如同一個矽晶圓（silicon wafer）——一個圓形片通常可以切割出數百片方形裸晶（die）。

工程師和顧客優先關注晶片的性能，而非數字上的自吹自擂。科技進步把體積從原本如同一間房間大小的機器，縮小到一台攜帶型的小機件：iPhone 這個「萬能器材」的處理性能，比1969年導引「阿波羅11號」（Apollo 11）首次登陸月球的電腦高了10萬倍，把無數裝置——電話、相

機、計算機、遊戲機集於一身，之所以能辦到，只因技術滿足了這個願景。

———————

製造微晶片是一項全球性活動。提煉純化出高純度矽的礦砂，採掘自一些知名礦場，例如：石英公司（Quartz Corporation）位於北卡羅萊納州雲杉松鎮（Spruce Pine）的礦場，再運送至挪威北部的杜萊格村（Drag）去提煉。由此可見，為了獲得高價值、輕量級的產品，距離不是問題。接下來，更多晶矽可能運送至日本，由專門的材料公司製造出矽晶圓，再把晶片設計刻印在這彩色薄圓盤上。

巨大的半導體製造廠主要位於亞洲，在這些工廠裡，晶圓在機器人艙中無聲地沿著懸吊式輸送帶，從一道工序滑向另一道工序，製成的三個月期間，在未離開工廠下行經數千哩，歷經 3,000 道工序。這些無塵室持續穩定地注入潔淨的空氣，確保無塵室的空氣中微塵粒子比醫院手術室少 1,000 倍，在無塵室裡作業的技術人員得從頭到腳穿著白色兔子裝。

這是極其昂貴的事業，例如：台積電花 200 億美元在台灣台南興建晶圓18廠，占地面積超過1,000萬平方呎（95萬平方公尺），相當於133座足球廠，於2022年開始投入生產。

晶片製造流程大致如下：在矽晶圓上鍍金屬層（薄膜沉積），再於金屬層上塗布光阻劑（感光劑），然後透過反覆曝光，把光罩（或稱圖案模板，一套光罩的製作費用可達數百萬美元）上布滿的積體電路設計圖案呈現到光阻上。接著，使用蝕刻（etching）把部分未被光阻保護的金屬層除去，逐一、層層地顯現電路圖，亦即晶片的複雜設計細節。為了保護光阻材料，必須阻絕低波長的光波，因此無塵室的照明設備皆為黃光。

完成後，每塊晶圓用雷射切割出數百片晶片，然後進行小心的封裝和測試，再送至客戶端的生產線進行安裝，最終把產品賣給消費者。

晶片的設計流程跟製程一樣複雜，開發晶片可能得花上幾年，動用數

千名工程師，投入數百、數千萬美元。跟建造一棟房子一樣，有建築師和工班仔細研究的建築平面圖，再加上功能、成本、速度等考量。在製造成本如此昂貴下，晶片設計階段必須先模擬非常多次，避免後續製造時發生昂貴的錯誤。

這個1960年代誕生的產業已經細分出各種專業型公司，分別做許多不同的事，包含：設計製造、製造設備、封裝等，每項專業技術都在精益求精，再加上高成本這個事實，使得每個領域皆由一、二家公司稱霸。伴隨晶片的需求量和性能與時俱增，世界上能夠滿足這些要求的公司愈來愈少，其中少數幾家表現優異的公司，往往投入幾十年時間僅為了追求一項技術的完美。

無怪乎台積電成為政治焦點，但是焦點不只有它。為了製造最先進的晶片，荷蘭公司艾司摩爾花了二十年才研發生產的極紫外光（extreme ultraviolet，後文簡稱 EUV）微影機器目前尚未有替代品，一台 EUV 光刻機售價1.6億歐元，體積如同一輛小巴士。

還有其他的重量級要角，其中一個是智慧財產領域的公司，也是本書故事的主角。這家公司位於英國知名大學城劍橋，幾乎和美國的微晶片巨擘和亞洲的晶片製造業巨人等距離，從傳統意義上來說，他們沒有製造任何東西，既沒有雷射機，也沒有大工廠，但是創意供給無聲地在市場占有率上逐年成長。

一本寶貴的規則手冊

安謀並非家喻戶曉的公司，但是自1990年創立以來，提供的設計早就滲透全球各地數千億個家用品、辦公用品和車輛。

伴隨晶片設計與製造日益複雜，晶片商把製造作業外包的同時，也開

始向外購買設計流程的創意。由於成本與複雜度攀升，這些提供預設型態的智慧財產成為另一條可行捷徑，安謀成為其中的獲益者，在二十五年前開始的行動電話革命推波助瀾下，該公司賺得盆滿缽滿。

安謀擁有一本晶片設計的寶貴規則手冊——指令集架構（instruction set architecture，後文簡稱 ISA）。ISA 是決定軟體如何控管晶片的中央處理器，等同於器材的「大腦」，現在有無數的行動電話、車子、筆記型電腦、資料中心、工業感測器等裝置和設備，都採用安謀的 ISA。

ISA 就像數位時代的摩西十誡，提供可預測性，幫助電腦軟體開發者藉由定義機器將做什麼、而非定義如何做，因而得以撰寫出更有效率的程式。不論一套軟體用於何處，使用 ARM 架構的處理器都以相同方式執行指令。

使用 ARM 架構的裝置和設備清單長到望不見盡頭，ISA 卻很精簡，只有數千條指令，或稱「規則」，可以編排成40億種可能的編碼。儘管如此深植於數位生活，這份重要材料迄今仍只有紙本複本，而 ARM 的架構參考手冊（Architecture Reference Manual，後文簡稱 ARM ARM）有10,000頁，敘述如何使用 ISA，並提供疑難排解建議，書寫語言則看起來很像 C 語言——最盛行的電腦程式語言之一。

安謀的 ISA 也是一部動態文件，由位於劍橋總部的40人團隊每季更新，有時加入新功能，例如：增添機器學習需要的更多重要乘法運算、增加更多的安全性能、處理客戶的問題或修正缺失。通常 ISA 每十年會大翻修一次，最近一次大翻修是在2021年。

為了說明安謀的觸角延伸情形，必須把晶片產業加以區隔化。在每年銷售超過1兆片晶片當中，大多數不需要使用到安謀設計的處理器，儲存資訊的記憶體晶片較簡單和商業化，大多數的類比、光學和機械用晶片也不使用 ARM 架構。ARM 架構適用的是邏輯領域，亦即用晶片做為「大腦」來處理資訊的電子產品，包括：微控制器和通訊晶片。

視授權而定，軟體開發商可用現成的安謀設計，然後在設計上稍微或大

舉改動，只要維持相容性即可。安謀會幫助客戶使用自家設計，例如：提供一套遵循工具箱，可用於測試取得授權者撰寫的程式能否順利地運作，這套工具箱由位於印度班加羅爾（Bangalore）的100名工程師負責監管。

安謀成功的原因之一在於，能力最強的晶片未必就能執行任何工作，性能其實還要考量用電量，包括：晶片運行高峰時和閒置時的用電量，以及需要使用的矽晶量，一切都與成本有關。

這些變數左右產業的發展，也是安謀的低用電和低成本設計如此盛行的原因。另一個重要的變數是摩爾定律（Moore's Law）：預測一片晶片容得下的電晶體數量每隔二年增加1倍。但是後來翻倍的實際週期加快了。

安謀靠著與巨人同行而成功。市場研究機構未來眼界估計，過去十年，蘋果、谷歌、亞馬遜在內的科技巨頭聚焦於自行設計晶片，不使用英特爾之類的中間商來囊括晶片營收的絕大部分獲利。這相當於平均每使用1平方公分的矽晶，上述的科技巨頭能賺進約450美元，遠高於台積電之類的晶圓代工廠只能賺到約4美元，而智慧財產供應商（通常是安謀）只能賺10美分。㉑

聽起來賺得不多，確實也是如此，使用安謀設計的成本相當低，所以才會成為各方首選：2021年時，ARM架構的使用次數高達292億次，是晶片業龍頭英特爾的60倍。ARM架構的使用量在六年間成長1倍，如今全球電腦硬體使用最廣泛的是ARM架構處理器，比所有個人電腦產品或智慧型手機都要多。

這規模仍然持續成中，全球有大約1,300萬名軟體工程師為ARM架構撰寫程式，人數比許多國家的人口還要多。身為行動革命中的推動力，安謀將從5G的普及中蒙受其利。伴隨晶片更有智慧、同時能夠運行更多軟體，進而引導、有時支配人類大部分的生活，ARM架構極有可能再攀高峰。

這些常規設計快速成為「萬物藍圖」——現代運算和消費性電子產品核心的全球技術標準，已經征服全世界。

安謀如何達到這個境界是一則非凡的故事。不過在安謀獲得機會之前、在晶片製造業遷移至亞洲以前，我們首先得了解這個產業在美國的起源。

Chapter2
晶片的起源：
美國晶片雙雄

等待到來的世界

1961年3月10日發行的《電子學》（*Electronics*）雜誌篇幅多達驚人的316頁，主要拜第49屆無線電工程師學會（Institute of Radio Engineers）的消息和相關廣告熱潮所賜，這本美國產業聖經預測，是月稍後將有超過7萬名工程師來到紐約的華爾道夫飯店（Waldorf-Astoria Hotel）及附近的體育館會議中心，交流他們對未來的展望。

年會為期四天，他們將穿梭於中央公園旁的兩個會場，與會的演講者有從挪威、日本、委內瑞拉等地遠道而來，總計將發表265篇研究報告，還有超過850件展示品。❶

一則活動廣告興奮地宣告：「在體育館的四棟大樓裡，你將看到無線電電子、雷達、複雜空中交通控管、太空通訊等，所有你說得出的無線電工程領域最新的產品、系統、儀器及元件。」❷

如果說擺脫第二次世界大戰所致的貧困後，1950年代是西方世界的夢想年代，那麼1960年代的開端迎來了新的現實。安謀創立的三十年前，冷戰的太空競賽開打，美國和蘇聯試圖在衛星技術上超越彼此。行動裝置、智慧型網路、人工智慧仍然是科幻夢想，但是在所得增加和巧妙的行銷粉飾下，最新的電視機和白色家電成為居家裝備品。

1961年1月，甘迺迪（John F. Kennedy）成為第一位透過彩色電視機轉播就職演說的總統，他的前任艾森豪總統（Dwight Eisenhower）在1952年的大選中壓倒性勝選，選前民調終止前，哥倫比亞廣播公司的通用自動計算機（Universal Automatic Computer，後文簡稱UNIVAC）正確預測他會勝選，這台體積龐大、重量超過7噸的灰色機器讓大多數觀眾首次瞥見電腦這玩意兒。

　　醉心於這些新技術的政治領袖和消費者，想像過無盡的可能性，問題在於，這類大進步背後的工程師們其實很清楚，運作的這些機器有其侷限。

　　機器功能愈多，電路的複雜度也隨之增加，以至於研發實驗室裡的夢想與構思無法在生產線上實現，畢竟製造過程太繁雜、成本太高、耗時太久。擴大、開啟和關閉一個電子訊號的每個電晶體必須連結到其他數千個元件上，例如：降低電流的電阻器、儲存和釋放能量的電容器、單向二極體開關等，如此一來才能形成一組持續的電路迴路，而為了完成這項任務，唯一的方法是用人工作業方式，把每一個元素連結起來。

　　「這幾乎全是女性的活兒，男性的手太大、太笨拙，而且人工太貴，不適合做複雜精細又耗時間的工作，」美國新聞工作者里德（T. R. Reid）在其著作中寫道。[❸] 而且當時還存在性別歧視，儘管二戰時期女性已經投身計算機的組建工作，二戰後又過了一個世代，為女性提供技術或管理的工作機會仍然很少。她們在放大鏡下操控細小的焊接工具和鑷子，錯誤在所難免。

　　「截至目前為止，理論上電子學領域的人早就知道如何透過數位傳輸和處理各種資訊來大幅提升視覺、觸覺和心智能力」，貝爾實驗室〔Bell Laboratories，由電話發明人亞歷山大・葛拉罕・貝爾（Alexander Graham Bell）創立的美國研發中心〕的副總傑克・莫頓（Jack Morton）在1958年寫道：「但是實現所有功能受到所謂的『數量暴政』（tyranny of numbers）阻礙，由於複雜的數位性質，這類系統需要數百、數千，有時甚

至數萬個電子器材。」❹

　　1961年時數量暴政依舊存在，聚集在紐約華爾道夫飯店的工程師們誓言要推翻暴政，《電子學》雜誌熱切地為無線電工程師的年度盛會提供一份必備指南。在一篇焦點報導中，編輯們挑選出他們認為與會者感興趣的新事物，包括：雷射雷達、對數週期天線、可調式穿隧二極體放大器，但是文章審閱者未注意到一項創新將在未來改變產業和整個世界。

　　當週快捷半導體公司（Fairchild Semiconductor）在產品型錄中公布第一個邏輯族的新產品：微邏輯正反器（Micrologic Flip-Flop）。這是一種在1與0雙穩態之間轉換的單一位元基本電子儲存電路，為數位功能區塊微邏輯族的第一種器材，緊隨其後的還有另外五種，把這些器材結合起來：「就足以有效率地建構一部數位電腦或控制系統的完整邏輯功能。」❺順便一提的是，「flop」是「floating point operations per second（每秒浮點運算次數）」的字母縮略，用來衡量要處理的數字大小所需要的演算性能。

　　更簡單、更好懂的解釋是：發展微邏輯正反器的科學家們，顯然已經想出辦法去除精細、繁雜的線路連結作業。這是第一塊在晶片上整合所有必要元件的商用「積體電路」，微晶片就此誕生。

　　但是快捷半導體振奮人心的發現並未轉化成銷售，這款新產品售價120美元，比人工焊接的電路板貴得多。電子產業中最棘手問題的解決方案出現了，只是可不可行目前還無法證實。

　　除了要贏得顧客，快捷半導體也必須關注競爭。其實兩年前的無線電工程師學會上，業內名氣最大的德州儀器公司（Texas Instruments）已經展示了一塊看起來很像一體電路的產品，稱為「固體電路」（solid circuit）。技術競賽已經展開。

晶片雙雄——不愛出風頭的基爾比

微晶片之父有兩個人，一個內向，一個外向，他們各自隸屬的公司經過十年的專利之爭，最後得出雙專利和交互授權協議。羅伯·諾伊斯（Robert Noyce）和傑克·基爾比（Jack Kilby）雖然從未有過像發明家亨利·福特（Henry Ford）或愛迪生那樣的名氣，屬於綁定形式的晶片雙雄，但是他們的發明早已比汽車或電燈泡更為普及。

出生於1923年的基爾比，高個兒、安靜不愛出風頭、博覽群書、喜歡大樂團音樂，最擅長獨立作業。比基爾比小四歲的諾伊斯，性格則完全相反，有大將之風，屬於魅力型領導者，後來還自駕飛機去開會。諾伊斯也是游泳好手，熱愛滑雪、水肺潛水，帆船開得行雲流水，口才一流的他，後來經常代表所屬產業接受媒體採訪。

因為父親的緣故，基爾比很早就對無線電產生濃厚興趣，進而迷上電子學。他父親是堪薩斯州一家當地電力公司的經理，有一天一場巨大的冰風暴損毀電話和電力線路，他就向鄰居借無線電來跟顧客保持聯絡。他那充滿好奇心的兒子，很快就自己組裝了一台業餘版無線收音機，好讓自己能夠在晚上收聽。

基爾比先是申請麻省理工學院，但是入學考試時數學沒通過，因此前往他父母的母校伊利諾大學就讀電機工程系。畢業後，他的第一份工作是在威斯康辛州密爾瓦基市一家為無線電、電視機、助聽器製造零件的電子製造公司，白天他為成本和可靠性這兩個信念奮鬥，晚上則到威斯康辛大學密爾瓦基分校攻讀電機工程碩士學位。基爾比是熱中於解決問題的人，他能看出所屬產業如果想繼續繁榮，尺寸是關鍵。

1958年他和妻子遷居德州達拉斯，進入德州儀器工作，「這是唯一一家同意讓我或多或少全職鑽研電子元件小型化的公司，結果證明我們很適配，」基爾比說。❻

德州儀器從聲波探勘石油的地球物理業務起家，後來改變業務方向、擴編人員。時任總裁派屈克・海格提（Patrick Haggerty）過去曾雄心勃勃地找來一群科學家，致力於研發一款能夠量產的便宜電晶體，最終於1954年設計、製造出無數大眾消費者渴求的全球第一款袖珍型商用電晶體收音機。現在海格提的目光聚焦在一個更大的挑戰上：如何解決「數量暴政」。

　　這個難題的出現源自十年前的另一項發明。二十世紀上半葉，真空管一直透過在密封玻璃燈泡傳輸電流的燈絲來為設備供電，然而電晶體的發明取代了真空管，重塑電子產業的潛力。UNIVAC計算機使用5,000隻真空管，在此之前的世界上第一台電子數值積分計算機（Electronic Numerical Integrator and Computer，後文簡稱ENIAC）使用18,000隻真空管，當時人們可能驚嘆這些電腦的功能，但是背後驅動它們的真空管又熱又燙、脆弱又龐大。

　　1947年紐澤西州貝爾實驗室的物理學家威廉・蕭克利（William Shockley），領導團隊發明了電晶體，不過有關於是誰的貢獻促成突破性發明的爭論，最終導致蕭克利在數年後離開貝爾實驗室。不論如何，電晶體的發明是巨大的科學進步：在眾多領域，真空管走入歷史，取而代之的是固態半導體。

　　貝爾實驗室隸屬於壟斷美國電信業的 AT&T 公司旗下，在政府鼓勵下，他們認知到，廣為宣傳才能促進電晶體的發展，因此貝爾實驗室在1951年9月舉辦一場研討會，向300名科學家和工程師解釋電晶體的潛能。這些科學家和工程師雀躍不已，但是依舊不明白該如何打造電晶體，為此他們還必須支付25,000美元的技術授權費，並於翌年4月再度集會。研討會上分享的資訊被集結成兩冊的書籍，名為《電晶體技術》（*Transistor Technology*），該書很快就贏得一個綽號：「貝爾媽媽烹飪手冊」（Mother

Bell's Cookbook）。

　　跟日後被封裝在單一晶片上的小元件一樣，電晶體的發明匯集了許多才華洋溢者、主要為男性的心血結晶，為日後研究奠定了基礎。

　　蕭克利的成就，少不了約翰‧巴丁（John Bardeen）和華特‧布拉頓（Walter Brattain），他們三人在1956年共同獲得諾貝爾物理學獎。然而這三人還得感謝許多科學家，其中就包括出生奧匈帝國的物理學家尤利烏斯‧利連費爾德（Julius Lilienfeld），他在1925年提出「場效電晶體」（field-effect transistor）的概念，卻未能據此打造出可行的模型。

　　再者，蕭克利也占了地利之便。貝爾實驗室（最初名為貝爾電話實驗室）自1925年創立以來，延攬超過四千名科學家和工程師，成為世界首屈一指的研究機構，在有聲電影、無線電天文學、太陽能電池、計算機和密碼學等領域大有斬獲。然後再過不了多久，絕頂聰穎的科學家和工程師會開始對貝爾實驗室的最新發明——電晶體，大展手腳。

　　英國的電信研究機構（Telecommunications Research Establishment）在二戰時與英國皇家空軍在無線電導航、雷達和紅外線偵測追熱飛彈密切合作，該機構的工程師暨經理人吉奧弗瑞‧杜默（Geoffrey Dummer）在1952年的一場研討會上指出，在電晶體問世和半導體廣為應用下，「現在似乎可以想像把電子設備放在一個沒有電線連接的物體中，」這番說詞讓杜默被視為是第一個提出「積體電路」概念的人。❼

　　果不其然，基爾比入職德州儀器沒幾個月，就自己玩出新玩意兒。那年夏天大部分同事都去休假了，基爾比因為是新進員工，無假可休，便獨自留在實驗室。在這段不受打擾的期間，他思考電路裡的所有元件能否使用相同的材料來製造，如果可以的話，就可以把全部元件集成在同一塊基板上，往後就可以用印刷的方式來連結電路，不用再靠手工組裝，還能節省空間來容納更多元件。

　　1958年基爾比使用一小片灰色的類金屬半導體鍺，展示他打造的第一

個晶片雛型，體積大約半個迴紋針大小。由於他使用較舊的電晶體、電容器和電阻器，其中一些卡在半導體板面上，他不得不用金線來連接線路，看起來簡陋，卻是一個開端：世上第一個積體電路雛型。

晶片雙雄——愛冒險的諾伊斯

1956年1月，羅伯·諾伊斯意外地接到蕭克利的來電，令這位出生於愛荷華州的物理學家興奮不已，「那彷彿就像接起電話與上帝聊天，」諾伊斯回憶，蕭克利打電話邀請他去加州面談一份工作：「他絕對是半導體電子領域最重要的人物，得到那份工作，意味著你將進入一流的行列。」❶

這裡不需再介紹蕭克利了。在取得聞名於世的大突破後，他意圖把電晶體商業化，想招募年輕才幹加入他的新創公司，頗有雄心壯志的諾伊斯近期發表了一篇文獻引起蕭克利的注意。

諾伊斯的父親是牧師，成長於遼闊的美國中西部玉米帶，年少活潑的他總愛參與冒險刺激的活動，例如：打造無線電控制的飛機、偷小豬、駕一只自製滑翔機從穀倉頂躍下飛降。諾伊斯有強烈的探索求知欲，在格林內爾學院（Grinnell College）取得數學和物理學位，隨後又進入麻省理工學院就讀，最終取得物理學博士學位。在麻省理工學院期間，他因思考敏捷而贏得「快腦羅伯」（Rapid Robert）的綽號，外型高大魁梧加上明星般的相貌令他超群出眾。

蕭克利的這通電話來得正是時候。畢業後頭三年，諾伊斯在費城的電子製造公司飛歌（Philco）擔任研發工程師，不太得志，正打算轉換跑道。

蕭克利想從紐澤西州遷回西岸，離母親近一點，所以打算把新創的蕭克利半導體實驗室（Shockley Semiconductor Laboratory）設在加州帕羅奧圖（Palo Alto）。蕭克利在加州長大，那裡已經成為無線電公司的聚集

地，那些公司在二戰期間發展、壯大，之後又得利於西岸多所知名學府穩定地提供人才。

東岸的哈佛和耶魯等大學，教授屬於全職工作，反觀西岸的史丹佛大學，以及往北四十哩、舊金山灣一側的柏克萊大學就沒那麼一板一眼，這種任教文化可溯及腓特烈‧特曼（Frederick Terman），他是一位鑽研真空管和電路電機工程的學者，二戰後返回先前任教的史丹佛大學，成為工程學院院長。

特曼允許史丹佛大學工程學院的學者，每週有一、二天可以做點別的事。❾ 在這種自由的資本主義精神下，學者和學生被鼓勵勇於冒險，創業得以社會化和商業化，許多公司創立之初，往往就是設在史丹佛大學。毗鄰史丹佛大學的史丹佛工業園區〔Stanford Industrial Park，後改名史丹佛研究園區（Stanford Research Park）〕，早期的租賃者包括特曼過去的學生威廉‧惠利特（William Hewlett）、大衛‧帕克（David Packard），在特曼鼓勵下，他們打造出音頻振盪器，華德迪士尼公司（Water Disney Corporation）買了很多台。

惠普公司（Hewlett-Packard）成為當時矽谷（Silicon Valley）的中流砥柱，而矽谷這名號始於記者唐納德‧赫夫勒（Donald Hoefler）在1971年1月撰寫的一篇報導中採用了他朋友建議，至於真正讓矽谷家喻戶曉的功勞，就得歸功於蕭克利在這裡播下的人才種子。

諾伊斯是其中一位新進人才，他自信滿滿地認為自己可以得到這份工作，面試的幾小時前就付了訂金買下鄰近公司的一棟房子。❿ 果然，他被錄取了，只不過工作沒做太久。

這支新進團隊由二十出頭的青年才俊組成，在1956年蕭克利獲得諾貝爾物理學獎時大受鼓舞，然而這股情緒尚未消退，現實就顯示他們的老闆是位暴君，不但沒時間投資他們，也沒時間投入產品研發工作。公司招募的第一批人才中，有七人決定辭職，此時他們需要一位首領，已經晉升為經理的

諾伊斯同意加入他們的行列。這批人在1957年9月提出辭呈，惱怒的蕭克利稱他們是「八叛徒」（Traitorous Eight）*，引起業界注意。

　　「當時我們不知道離職後這家公司會如何，」八叛徒之一的傑伊・拉斯特（Jay Last）說：「感謝上帝，要不是蕭克利太偏執了，否則我們還會繼續待在那裡。」⓫至少蕭克利的學術聲譽無庸置疑，但是後來他投入種族優生學研究所發表的言論引發爭議，其中甚至建議低智商者應該絕育。

　　這批人離開蕭克利的公司後，也許嘗試找過別的僱主，好在透過某位親戚，他們認識了精明的創業投資經紀商亞瑟・洛克（Arthur Rock），洛克建議這八人找位金主來投資創業。洛克日後說，當年如果不是薛爾曼・費爾柴德（Sherman Fairchild）出資，他們可能會各奔東西，或是去德州儀器上班。⓬

　　費爾柴德從小家境富裕，所以願意承擔一定程度的風險，也知道不是所有冒險都有回報。他父親在以銷售打孔卡計算機起家的IBM擔任第一屆董事會主席。他是家中獨子，獨自繼承父親的豐厚遺產，使得興趣廣泛、喜愛探索的他，有錢投資美酒、烹飪還有發明，其中著名的投資發明包括美國空軍在戰爭中使用的航空相機。極欲進軍電晶體這個熱門領域的費爾柴德相機儀器公司（Fairchild Camera and Instrument Company）拿出150萬美元支持「八叛徒」，在1957年10月創立快捷半導體。

　　資金部分倒是容易，技術方面就沒那麼順利了，當時還無現成的可用技術。公司位於帕羅奧圖、占地面積14,000平方呎（1,300平方公尺）的快捷半導體，必須自製矽晶圓、自建爐管以供擴散製程使用——利用高溫加

---

*八叛逆是指羅伯・諾伊斯、高登・摩爾、朱利斯・布蘭克（Julius Blank）、尤金・克萊納（Eugene Kleiner）、瓊・霍尼、傑伊·拉斯特、謝爾登·羅伯茨（Sheldon Roberts）維克托·格裡尼克（Victor Grinich）這八位半導體工程師。

入雜質以改變半導體電氣屬性的過程。儘管如此，被諾伊斯的魅力所吸引的早期人脈，是任何一家小型新創事業難以企望的。

快捷半導體的技術向前大躍進始於1958年，「八叛徒」之一的瑞士工程師瓊‧霍尼（Jean Hoerni）嘗試改進供應美國政府、用於義勇兵彈道飛彈（Minuteman ballistic missile）的電晶體製程，他提議用一層二氧化矽絕緣層來保護電晶體，改善可靠性、降低污染，提高平面製程（planar process）的產量。為此，霍爾尼把設備打造得更平坦，諾伊斯則是進一步在霍爾尼的基本結構上方加一層導電金屬層，讓所有電晶體和其他電子元件不需要電線就能連接起來。

然而1961年無線電工程師學會上湧現的積體電路狂熱，並未立即轉化為銷售，事實上快捷半導體內部有些人想專注在銷路好、利潤高的電晶體，並且終止積體電路的發展。伴隨創辦人之間的緊張關係逐漸升溫，霍爾尼辭職創辦了阿梅爾科公司（Amelco），這家積體電路公司是無數「快捷人」（Fairchildren）陸續離開快捷、自行創業的第一家公司。

美國政府是這項技術的救世主，1966年生產的第二代義勇兵飛彈率先大量採用積體電路，這些飛彈能夠在更遠的距離外射擊目標，精準度比第一代更高，為冷戰期間做好備戰準備。

此外，美國總統甘迺迪渴望在太空競賽中擊敗蘇聯，眼見蘇聯在1957年10月發射史普尼克1號（Sputnik 1）衛星，美國國家航空暨太空總署（NASA）和美國國防部成為積體電路的大客戶，毫不在乎價格地投入全國GDP的2％進行研發。這些體積較小、較輕、處理能力大幅提升的積體電路被安裝在阿波羅指令艙和登月艙的阿波羅導航電腦（Apollo Guidance Computer）裡，阿波羅計畫最終於1969年達成登陸月球的目標。

美國政府提供的支持不僅於此。阿波羅導航電腦使用積體電路之舉，雖然激起其他產業的興趣，但是1977年的一項研究顯示，在微晶片發展的頭十六年間，美國電子業投入的總研發經費中，有將近一半來自美國政府。

1964年以前積體電路的銷售量全來自美國政府，時至今日美國政府仍然是大買家。[13]

當時大家難以領會積體電路的潛力，但是有人認為他可以設想積體電路的發展方向，他就是「八叛徒」之一的高登・摩爾（Gordon Moore）。在快捷半導體擔任研發總監時，《電子學》雜誌請他預測半導體產業未來十年的發展，他撰寫了「在積體電路上擠入更多元件」（Cramming more components onto integrated circuits）一文，刊登於1965年4月19日發行的雜誌上。摩爾在文中推測，電腦運算力將大幅提升，相對成本將以指數級速度下降，這段發言被後人稱為「摩爾定律」。

這是一個聽起來悖理的論點。摩爾根據過去幾年觀察到的趨勢，預測未來十年晶片上能擠入的電子元件，包括：電晶體、電阻器、電容器，數量會每年增加1倍。1965年快捷半導體為客戶供應內含64個元件的晶片，摩爾的預測意味著到了1975年，晶片上的元件數量將達到65,000個，「我相信單一晶片上能夠容納如此多的電路，」他寫道。此外，摩爾也預見更多的積體電路終端市場，包括：家用電腦、汽車自動控制、攜帶式個人通訊裝置。[14]

摩爾認為1975年時晶片微型化還將繼續，展望未來十年，他把預測修改為每二年增加1倍。只是他從未想過，這個衡量標準（這項預測不應該被視為「定律」）會如此持久，提供熱情的科學家一個追求的目標。

「摩爾定律變成驅動產業進展的標準，而非記述產業進展，」摩爾在多年後這麼說。[15]在半導體產業，他的名氣遠大於其他的同事，甚至比諾伊斯這位出眾的表演家更響亮、更持久。

事實上，摩爾性格沈穩、凡事深思熟慮，跟諾伊斯正好相反，他鑽研細節，從不做表面工夫。摩爾出生於加州，屬於移民第五代，自加州大學柏克萊分校取得化學學士學位後，再進入加州理工學院深造，最終取得化學和物

理博士學位。他休閒時熱中釣魚，這種便於沈思的嗜好，一如他工作時喜歡安靜地思考，這種性格令他在快捷半導體贏得眾人的擁戴。除了他的大膽預測外，他的性格與特質成為諾伊斯再次另謀高就時招募的重要夥伴。

一個新時代來臨

　　早期的計算機為即將到來的消費性電子產品大戰提供了樣板。第一代的全電晶體計算機 IBM 608 裝在幾個大櫃子裡，1954年的售價為83,000美元❶，相較之下，後續發展出來的設備體積縮小、價格降低，而且處理能力倍增，讓製造商可以善用規模經濟的優勢。但是在消費者還不知道那些小玩意很快就會成為必備的地位象徵以前，大量的競爭者早就蜂擁而至，導致商品的利潤更薄了。

　　1969年時，日本 Busicom 電子產品公司是競爭當中的落後者，在過度擁擠的市場上表現得很差，走頭無路下公司決定放手一搏，尋求在計算機領域來個大躍進，因此找上發明積體電路而受到日本工程師崇敬的諾伊斯。

　　諾伊斯剛好也需要生意。他在快捷半導體愈來愈焦躁不安，覺得母公司費爾柴德相機儀器沒有從他那非常賺錢的半導體事業中，撥出足夠金額再投入研發。

　　在辭職信中他寫道：「我不想加入只製造半導體的公司，我寧願嘗試找一些小公司，試圖開發尚未有人做過的產品或技術。為了保持獨立（和小規模），度假回來後我也許會自創一家新公司。」❶

　　諾伊斯和摩爾在1968年7月18日共同創立NM電子公司（NM Electronics），然後很快改名為英特爾——英文名Intel是由「Integrated Electronics」的字母組成，只因為諾伊斯覺得這個名稱聽起來很迷人。跟隨他們一起離開的，還有年輕的物理學家安迪·葛洛夫（Andy Grove），在

快捷半導體時他是摩爾的屬下，任職研發部門。亞瑟・洛克再度為他們籌措資金，他自己也成為英特爾的首任董事會主席，「我很確信英特爾會成功，我從未對一家公司的成功如此有把握過，」他說。⑱

　　這家新公司選擇設計與製造記憶體晶片，而非邏輯晶片，因為記憶體晶片比邏輯晶片更容易設計，但是辛苦幾年以後，英特爾還是轉向較複雜的邏輯晶片領域。窮途末路的 Busicom 為了設計下一代的計算機，委託英特爾製造一套12片的客製化晶片，結合了記憶、邏輯、與外界溝通的輸入/輸出埠等重要功能。英特爾把這項委託計畫交給工程師泰德・霍夫（Marcian "Ted" Hoff）負責，而他提出一個更精簡的架構，把 Busicom 要求的12片晶片濃縮成4片晶片，其中一片晶片就包含了計算機中央處理器（central processing unit，CPU）的邏輯電路圖。

　　至於負責精修架構、設計晶片的是英特爾新進員工費德里科・法金（Federico Faggin），他來自義大利，先前任職快捷半導體在義大利的一家合資企業，1968年搬來加州進入快捷半導體公司工作，然後在1970年加入英特爾。

　　把中央處理器放入單一晶片的傑出創新——之後被稱為微處理器，放棄繁瑣的客製化，創造一種通用型晶片，除了可以量產外，還能藉由軟體編碼來執行特定任務，例如：Busicom 是用來執行數字計算。

　　這是半導體領域的重大創新與突破，不過與此同時，桌上型計算機的市場利潤持續下滑，Busicom 急於跟英特爾協商調降價格，原本 Busicom 擁有這晶片的所有權，協商後 Busicom 放棄了，英特爾同意降低晶片製造價格，並把60,000美元的研發費還給 Buiscom。1974年 Busicom破產，英特爾則邁向康莊大道。

　　1971年11月，英特爾在《電子新聞》（Electronic News）雜誌上刊登廣告，宣告：「集成電子產品的新時代來臨，」一片售價60美元的英特爾4004是：「一台晶片上的微型可編碼計算機！」⑲ 一個新時代拉開序幕。

PART 1

1985年到2000年
創業、失敗與機遇

Chapter3
從艾康電腦起步，設計未來

一場滑稽的對抗

　　1984年聖誕節前夕的最後一個星期五，辦公室裡的員工和學者都放鬆心情準備迎接節慶時，克里夫‧辛克萊爵士（Sir Clive Sinclair）手上握著一份捲成筒狀的報紙，徑直走進劍橋市中心的牛腰鞍酒吧（Baron of Beef），努力穿越壅擠的客人。

　　大家一眼就認出這位前額禿、蓄著薑黃色鬍子、臉上掛著眼鏡的電子業創業家，因為他親自出馬拍攝公司廣告而頻繁出現在電視上。不過，此時的辛克萊滿臉怒氣。

　　一進到店裡，辛克萊就瞧見了他的發怒目標，克里斯‧柯瑞（Chris Curry），他那耿直剛硬的前屬下，後來成為他的首要競爭對手。柯瑞蓄著烏黑的鬢角，總是穿西裝、打領帶。他們兩人曾經聯手推出各種電子器材：擴大器、計算機、口袋型收音機、迷你型電視機、電子手錶等，但是現下正夯的家用型電腦讓兩人在快速過熱的市場上相互競爭。

　　辛克萊的怒火源自柯瑞刊登了一則全國版報紙廣告，廣告內容質疑辛克萊研究公司（Sinclair Research）推出的「ZX光譜」（ZX Spectrum）電腦是否可靠。全版廣告暗指購買者如果不想在聖誕節後退貨，最好改買「艾康電子電腦」（Acron Electron）或「BBC微型電腦」（BBC

Micro），這兩款都是柯瑞離開辛克萊的公司後，與他人共同創辦艾康電腦公司（Acron Computers）所出產的電腦。

辛克萊非常生氣，那晚他暴怒地咒罵柯瑞，用報紙揮打他。「他極其粗魯地攻擊我、辱罵我，」柯瑞事後跟一家媒體說：「我試圖安撫他，但沒用。」❶

這場看似滑稽的對抗，背後原因其實很嚴重。雖然柯瑞聲稱自家公司最大的競爭對手是賈伯斯創立的美國蘋果公司，不過艾康電腦砸大錢登廣告來打擊辛克萊，卻是迫切地想提振銷售量的最後拼搏。辛克萊和柯瑞的公司都把自家財務拉到緊繃，因為他們都認定1984年聖誕節將為家用型電腦帶來另一波的銷售高潮。不幸的是，他們都誤判了。

柯瑞逃到附近的酒吧，辛克萊繼續追著他跑，此時兩人都知道，1985年將迎來殘酷又艱辛的現實。他們曾經努力地把電腦從愛好者的玩物轉變成普羅大眾的工具，現在因為供給泛濫，使得價格不斷下滑，他們在這個產業的領先地位正從指縫間流逝。

三年前的一項特殊措施，點燃了這個產業的榮景，但是榮景過後，衰退必定降臨。

英國廣播公司的電腦節目

1982年1月11日下午3點剛過，英國電視機前的觀眾看到了許多人自認為的遙遠未來。英國廣播公司（British Broadcasting Corporation，後文簡稱BBC）二台正在播出《電腦節目》（*The Computer Programme*）第一集，螢幕中像衣櫃般站立的超級電腦「Cray-1」每秒處理5,000萬條指令，產出未來十天的歐洲天氣預測。對門外漢來說，不那麼抽象的場景是鏡頭拉到老糖果舖，店剛打烊，那位不太像新技術早期採用者的老闆娘菲莉絲，正

熱情洋溢地把當天的存貨輸入家用型電腦。

「我只知道一件事，那就是別期望明天迎來電腦革命，」節目主持人克里斯‧塞爾（Chris Serle）說，他身穿棕色夾克、打領帶，像極了和藹可親的大學講師，他告訴觀眾：「電腦革命正在發生。」❷

這檔十集的節目不只為好奇的大眾揭開新技術的神秘面紗，也是英國政府深謀遠慮地贊助一項計畫的基石，旨在鼓勵家庭、學校和小型企業採用電腦。

這項「電腦知識教學專案」（Computer Literacy Project）源自倡導成年人繼續學習的BBC進修電視節目部，該部門播出了幾檔受歡迎的紀錄片，內容製作都圍繞相關主題，但是主管認為還需要更多的宣傳工作。在英國致力於協調就業與培訓服務的人力服務委員會（Manpower Services Commission）的贊助下，加上幾個政府部門提供的專業協助，BBC派遣記者大衛‧艾倫（David Allen）和羅伯‧艾爾柏瑞（Robert Albury）前往法國、荷蘭、德國、瑞典、挪威、日本和美國展開實際調查。根據調查與採訪結果，BBC製作出電視影集《矽晶要素》（*The Silicon Factor*），以及發表於1979年12月、總計50頁的調查報告《微電子學》（*Microelectronics*），這份調查報告在翌年夏季發送至每位英國國會議員的辦公桌上。

從影碟、語音合成、電子郵件到自動化工廠，艾倫和艾爾柏瑞說他們的調查與採訪取得：「這項新技術應用在世界各地的廣泛、非地方性觀點。」他們的調查報告旨在，促使英國對於主流電腦運算的發展趨勢保持正面觀點，並且：「有助於為多媒體教育定義有前景的領域。」❸這是一項影響數十年的挑戰：已開發國家如何確保國民在面對最新的科學進展時能樂見其成地蓬勃發展。

當然，這並非英國首次應付這種威脅。1963年時，工黨黨魁、未來的

英國首相哈羅德‧威爾森（Harold Wilson）就在工黨大會上發表重要的「白熱」（white heat）演說。威爾森是一位愛抽菸斗的前經濟史講師，在這場演講中他呼籲英國政府要培育更多的科學家，更有目的地運用他們的長才來提升全國生產力。他警告說，如果不支持全面自動化有關的工業變革，「唯一下場是英國停滯落後，最終被全世界惋惜與奚落。」❹

擔任首相後的威爾森言行一致，在英國政府推動下，1968年將三家公司合併為國際電腦有限公司（International Computers Limited），旨在能夠擁有一家與美國IBM等主要大型製造商抗衡的英國一流公司。

《微電子學》這份報告的其中一項討論重點是，新技術必須從小孩到成人全面普及。「必須幫助好奇或焦慮的人民了解新技術的性質與影響，」這報告中寫道：「想消除新技術的神秘感，就要把黑盒子變成灰盒子，不能認為只有精英才需要了解，更別說只有精英才能掌控技術了。」❺

BBC在1979年11月接受委託製作的電視影集，名稱暫訂為《手中的微控制器》（*Hands on Micros*），從新的角度檢視電腦運算的重要性。這部影集的製作人聚焦於如何發揮這檔教育節目的最大影響力，進而成為大眾認識電腦科技的入門跳板，顯著地推廣電腦使用量。秉持BBC創辦人約翰‧瑞斯（John Reith）的崇高傳統：提供消息、教育和娛樂，所以教育節目向中小學和大專院校提供多元的學習材料並不奇怪，只不過BBC這次明顯加大了力道。

儘管在電腦教育節目製作與推出之際，市面上早已充斥著上百種不同款式的電腦，BBC仍然做出一個大膽的決定，希望節目現場能用BBC自己的電腦來教導觀眾。問題在於，當時廣為使用的BASIC電腦程式語言並無共通標準，擔任電腦知識教學專案編輯的艾倫說，BBC跟當時合作的電腦製造商無法達成共識，「所以我們決定要打造一台自己的電腦，而且這台電腦會比市面上所有的電腦更好。」❻

這就解釋了為何在《電腦節目》第一集中，主持人塞爾從卡式磁帶載入

一支簡單的電腦遊戲時，他操作的是一台BBC微型電腦。

當時英國只有三家全國電視頻道可以收看，一整個世代的英國孩童皆受制於此，所以對於即將為BBC打造電腦的公司而言，這是一個鍍金的商業機會。

劍橋的精英

當時艾康電腦公司的艾康電腦已經獲得一些好評，這款電腦以工具箱形式出售，讓電腦愛好者可以組裝自己想要的版本，一套售價120英鎊，如果是現成組裝好的款式，一台售價170英鎊。白色塑膠箱體背後的綠色字體標示了電腦產地：艾康電腦，產於英國劍橋。

艾康有兩位創辦人，一位是成長於劍橋市的柯瑞，艾康電腦在1980年問市時，他精明地宣揚這款電腦為家用型電腦，並且由他全權處理所有商業事務，至於他的事業夥伴赫曼・豪瑟（Hermann Hauser）則負責大部分的技術工作。豪瑟意識到，劍橋大學的精英對於艾康電腦公司的持續成功有多重要，還挖掘到了一個令人意想不到的祕密武器：劍橋市費茲比利餐廳（Fitzbillies Cafe）的下午茶糕點。

為確保艾康電腦公司能夠穩定吸引劍橋大學培育出的青年才俊，豪瑟決心用美食誘惑他們。他們的辦公室和劍橋市的市集丘（Market Hill）相隔一條窄巷，樓下是東區電力委員會，費茲比利餐廳跟艾康電腦公司相隔不遠，大部分劍橋大學電腦實驗室的人，習慣到這家劍橋最知名的糕點店，品嘗最受歡迎的切爾西麵包（Chelsea bun），邊吃邊聊，然後往往在晚餐時段繼續開設計會議。豪瑟讓外界知道，絕大部分的下午四點時段，任何人只要路過艾康電腦公司，進來瞧瞧，都能免費喝茶、吃糕點。

其實當年就是這種不拘泥的學習風氣，吸引出生奧地利的豪瑟來劍

橋大學就讀。十六歲時，他的酒商父親把他送去劍橋語言學校學英語，他從此愛上這座城市的古老巷道和學術風氣。後來每年夏天，金髮高個兒、舉止文雅的豪瑟都會回到劍橋市，在俗稱卡文迪許實驗室（Cavendish Laboratory）的劍橋大學物理系當研究助理，這裡培育出許多著名學者，包括：原子核物理學之父厄內斯特・拉塞福（Ernest Rutherford），以及發現電子的約瑟夫・湯姆森（Joseph J. Thomson）。當取得維也納大學碩士學位的豪瑟決定攻讀物理學博士時，劍橋大學自然成了他的首選。

柯瑞的背景則大不同，中學時他從垃圾堆裡取得電視機元件，為當地的搖滾樂團打造擴音器，後來又決定不念大學，一邊自學、一邊賺錢。1964年當時十八歲的他先在派伊公司（Pye Ltd.）工作了幾個月，這家劍橋最著名的電子產品公司以製造電視機和收音機聞名。

1966年柯瑞加入辛克萊無線電器材公司（Sinclair Radionics），經過十年的磨練成為克里夫・辛克萊的得力助手。曾在出版社擔任編輯的辛克萊熱中於發明，他的極簡設計和勤奮不倦的工作精神，讓他經常在新興的電子產品類別中，推出轟動一時的產品，前提是公司廣告能夠引起消費者注意的話。後來該公司推出的電子手錶未能像先前的口袋式計算機那樣成功，財務虧損累累下，英國的國家企業局（National Enterprise Board）於1976年收購該公司的43％股權。

1977年當國家企業局過度干涉公司的經營時，辛克萊讓柯瑞另起爐灶，成立一家名為「劍橋科學」（Science of Cambridge）的公司，後來辛克萊離開辛克萊無線電器材公司，加入新成立的劍橋科學。1978年劍橋科學透過郵購通路銷售基本電腦套件而深受好評，這款電腦因為內含14個組裝元件而取名為MK14，套件包括：一塊簡單的電路板、一個鍵盤及計算機螢幕。由於柯瑞想進一步發展MK14，但是辛克萊不想，因此柯瑞找上在社團裡結識的豪瑟，合作發展微處理器，兩人在1978年創立一家顧問事業，名為劍橋處理中心（Cambridge Processor Unit），起初和劍橋科學共

用位於商舖樓上的辦公室。

「那是溫和、幾乎未曾被注意到的分道揚鑣，」柯瑞後來回憶：「後來才演變成微競爭。」❼

　　劍橋處理中心需要員工，因此某天豪瑟前往史蒂夫·佛伯（Steve Furber）位於劍橋大學工程系對街一棟老樓的辦公室。

　　為人謙遜的佛伯，研究領域從數學轉向空氣動力學，在勞斯萊斯（Rolls-Royce）擔任研究員時的上司是大名鼎鼎的約翰·威廉斯（John "Shon" Ffowcs Williams）教授，他最為人所知的貢獻在航空聲學領域，尤其是降低協和號客機噪音。佛伯是個吉他玩家，自己打造出哇音踏板和混音器，他也認為自己能夠打造一部飛行模擬器，便著手製作印刷電路板，在水槽中浸泡氯化鐵來進行蝕刻設計，後來又從加州訂購晶片，打算組裝一台電腦用來寫自己的博士論文。

　　豪瑟在電腦愛好者組成的劍橋大學處理器社團（Cambridge University Processor Group）聚會結識志同道合的佛伯，便邀請他加入劍橋處理中心。然而佛伯強調電子只是他的業餘愛好，「如果豪瑟能接受的話，那我很願意加入，」而且還不用給他薪水。佛伯為他們公司設計電子產品，豪瑟為佛伯的業餘愛好供應元件。

　　劍橋處理中心拿到的第一項專案是為吃角子老虎機生產電子控制器，來自威爾斯的客戶是因為MK14這項成功產品才找上他們，另一位公司成員羅傑·威爾森（Roger Wilson）也是基於相同理由才加入，他在1994年接受變性手術，改名蘇菲·威爾森（Sophie Wilson）。

　　絕頂聰明的威爾森出生在北約克郡偏鄉，父母都是教師，一家人心靈手巧，擅長各種工藝，家裡的車子、船、家飾品等，都由他們一手打造。「上大學時，我想要一台高傳真音響，我從無到有地自製了一台。打個比

方，如果我想要數位鐘，我會從無到有地自製一個，」威爾森說。他也曾經在假期打工的地方，自製了一台電子母牛餵食器。❽

威爾森足智多謀，設計出第一代艾康系統（Acorn System 1）的前身「Hawk」電腦，這是為工程師和實驗室工作者設計的電腦工具箱，由兩塊電路板組成。很快地，比起公司的電腦系統設計與製造業務，顧問服務顯得相形失色，所以後來「艾康」（Acorn）不但成為電腦品牌系列，又迅速變成公司名稱，在電話簿黃頁裡的排序先於另一家電腦供應商「蘋果」。為了網羅威爾森，確保他自劍橋大學畢業後馬上進到艾康工作，豪瑟請威爾森的父母前來劍橋市對岸的格蘭徹斯特村（Grantchester）共進英式下午茶，提出年薪1,200英鎊的優渥待遇。❾

艾康系統後續版本改良了螢幕、記憶體與軟碟機，但是柯瑞想要公司朝其他領域發展。他設計的艾康原子電腦（Acorn Atom）是以第三代艾康系統為基礎，被視為用來對抗辛克萊於1980年1月推出的產品「辛克萊ZX80」（辛克萊此時安身於劍橋科學公司，很快改名為辛克萊計算機公司，再易名為辛克萊研究公司），艾康原子電腦附帶印刷字體的鍵盤，售價僅要100英鎊。辛克萊 ZX80 和艾康原子電腦在些微價差上競爭，而且二者遠比市面上的美國進口電腦還便宜。

當柯瑞取得BBC電腦專案的合約時，他試圖讓 BBC 考慮使用艾康的下一代質子電腦（Proton），但是BBC 已經選擇使用自己的品牌「新腦」（NewBrain），這款新腦電腦是另一家由國家企業局擁有的紐伯里實驗室（Newbury Laboratories）所研發。諷刺的是，這款新腦電腦原先是在辛克萊無線電器材的研發下發展而成，國家企業局收購股權入主該公司後，把這項計畫轉移至紐伯里實驗室。

跟辛克萊無線電器材一樣，紐伯里實驗室也是國營事業，對於不想跟

任何大型商業公司扯上關係的 BBC 來說，由隸屬政府的公司來研發是最好的解方。不過當紐伯里實驗室無法準時交付產品時，BBC 被迫必須在少數幾家公司當中找到合作對象，其中就包括辛克萊研究和艾康，柯瑞抓住了這次機會。「我們非常嚴刻地對待此事，」柯瑞後來表示：「BBC 想要的，我們幾乎照單全收，辛克萊絕對不會這麼做。」[10]

在艾康內部，質子電腦被認為是一台妥協型機種，有兩部微處理器，掉入兩種需求鴻溝之中：一邊是想要打造小型、便宜電腦的工程師；另一邊是為專業人士打造大型、昂貴、工作站式電腦的工程師，而這些功能恰好可以滿足 BBC 要求的規格，現在艾康只需再要快速打造一台就行了。

狡猾的豪瑟為了促進威爾森和佛伯之間的良性競爭，他在1981年2月的一個星期天傍晚分別告知兩人，另一個人認為質子電腦原型有可能打造成 BBC 想要的規格，而且下週五就可以交付給 BBC 審查。這兩人起初抗議、懷疑，然後聳聳肩展開五天的馬拉松式合作，人工繪圖、取得元件，最後和同仁徹夜組裝。「我們合作無間，過程也不是一帆風順，但我會說，有拉鋸感的創造力大概是件好事」，佛伯後來這麼評論他和威爾森合作，威爾森有過人的記憶力，但是有時候比較剛硬、粗暴。

星期五早餐時間，距離跟 BBC 代表人員約定的上午10點只剩幾小時，產品出爐了，然而在此之前豪瑟才剛指出一條電線接錯了。接下來威爾森開始調整艾康的作業系統，創造一個只針對 BBC 使用的 BASIC 電腦程式語言，同時也改變了這家當時還不滿三歲的公司命運。

安謀公司的創立與發展過程歷經一些轉折時刻，但如果不是柯瑞完美地推銷、豪瑟說服威爾森和佛伯在那週奮鬥不懈地努力，就不會有這台艾康打造的 BBC 微型電腦。如果不是 BBC 微型電腦賦予艾康成功的契機，就不會有今天的安謀。

個人電腦時代來臨

個人電腦的夢想存在已久，1962年11月3日《紐約時報》（*The New York Times*）刊登一篇名為「口袋型電腦可能取代購物清單」（Pocket Computer May Replace Shopping List）的文章，文中轉述近期舉辦的工業工程師學會（Institute of Industrial Engineers）上，美國物理學家約翰・毛奇利（John Mauchly）預測：「沒有理由認為大眾男女無法學會使用個人電腦。」他是 ENIAC 的共同設計人，問世於1945年的 ENIAC 是世界上第一台可編碼的通用型電子計算機，起初被美國軍方用於計算火砲的射程表。⓫

這些機器最終能做什麼，以及體積能變得多小，儼然成為人們天馬行空又嚮往的東西，明明擺放於賓州大學摩爾電機工程學院（Moore School of Electrical Engineering）地下室的 ENIAC，體積離口袋型電腦還差十萬八千里呢。

1970年代，工程師絞盡腦汁地致力於把主機型電腦縮小成桌上型電腦。現今習以為常的尺寸和功能——人類擁有一台操作終端機，用滑鼠來操縱和移動螢幕上以符號代表的檔案和程式等，最早於1970年代中期在全錄公司（Xerox Corporation）的帕羅奧圖研究中心（Palo Alto Research Center）誕生。

不過接下來五年左右，產品研發熱潮並非著眼於設計美學，而是聚焦在內部的運算力和晶片價格。全錄也嘗試過在零售貨架和雜誌廣告上做出產品區隔，但是當時市場上的家用型電腦大多倚賴相同的運算能力。

艾康、蘋果、雅達利（Atari）、康懋達（Commodore）、任天堂（Nintendo）最早的遊戲機、BBC 微型電腦、甚至豪瑟與柯瑞在顧問事業所時設計的吃角子老虎機控制器，全都使用美國 MOS 科技公司（MOS Technology）開發出來的 MOS 6502 晶片。一如這個產業的傳統，MOS

6502晶片的問世背後，有著不滿、背叛和分道揚鑣的故事。

英特爾工程師泰德‧霍夫和費德里科‧法金開發出來的通用型微處理器 Intel 4004，打破舊模式，彈珠遊戲機、交通號誌控管器、銀行櫃員終端機等機種，都可以使用。但是在商業上用於個人電腦的第一款晶片是英特爾於1972年4月推出的8位元 Intel 8008 微處理器，這款產品不限於計算機使用。然而當時英特爾更聚焦在開發和銷售記憶體晶片，而非微處理器，因此讓競爭者有機可乘。

保羅‧高爾文（Paul Galvin）於1928年在芝加哥成立高爾文製造公司，隨著約瑟夫‧高爾文（Joseph Galvin）加入，後來公司改名為摩托羅拉（Motorola）。摩托羅拉一直走在電子業的尖端，發展出車用無線電器材、軍用通訊器材，還為美國太空總署的阿波羅登月計畫供應通訊器材。該公司於1974年推出的 Motorola 6800 晶片被廣泛用於收銀機和街機型遊戲機台。

查爾斯‧佩德爾（Charles "Chuck" Peddle）是開發 Motorola 6800 晶片的首席工程師之一，戴付黑框眼鏡、前額髮際線不斷後退的他，看起來像個專家，經常代表團隊向福特之類的工業客戶解說晶片性能。這些客戶對他講述的所有產品都很動心，唯獨折扣後仍然高達300美元的售價令他們退避三舍。

佩德爾說：「我們每次開會，總有人——哦，別忘了，他們都是聰明的傢伙，我都找公司裡最聰明的傢伙來跟我開會，說：『250美元的控制器太貴了，行不通啦』。」[12] 客戶要求佩德爾推出更便宜的產品，最好能低到每片晶片25美元。於是他下定決心努力嘗試。

好景不常，摩托羅拉高層想握有訂價權，他們要求佩德爾放棄追求低成本的研發工作。受挫於公司高層不願意大刀闊斧地改良產品，又覺察到市場上存在需求缺口，佩德爾和七名同事一起跳槽，幾乎是一半的 Motorola 6800 晶片研發團隊。此時的摩托羅拉才發表 Motorola 6800 晶片沒多久，這些人的叛逃令公司難堪，不過在科技產業，這種情形根本司空見慣。

這群人加入位於費城西北部小鎮福吉谷（Valley Forge）的 MOS 科技，公司工廠則在靠近諾里斯鎮（Norristown）的地方，專為德州儀器的計算機和雅達利的「乓」（Pong）桌球街機製造晶片，但是伴隨計算機市場萎縮，該公司需要開發新產品。福吉谷是著名的美國國家歷史公園，美國獨立戰爭時，喬治・華盛頓（George Washington）的軍隊在此艱困地紮營整頓，反攻英軍。佩德爾根據市場需求研判，發起另一場革命的時機已經成熟。

他想要開發出一款便宜、用途廣泛到足以被消費性電子產品和工業機器使用的晶片，「這晶片應該用在每台收銀機、每架飛機上的所有智慧型機件，無所不包，」佩德爾後來這麼說。[13] 但是他也承認：「從來沒有想過這晶片會成為電腦器材，從來沒有。」[14]

MOS 科技的新團隊首先開發出MOS 6501晶片，因為設計上跟 Motorola 6800 晶片有很多雷同之處，被摩托羅拉一狀告上法院，就此停售，但是後來的 MOS 6502 晶片經得起考驗，開始展翅高飛。佩德爾的團隊設計出一種名為「管線化」（pipelining）的概念，每條指令如同坐在一條輸送帶上般，加快晶片的資料處理速度。

不過他們發展出來的系統，最大的改變在於修正光罩（布滿積體電路設計圖樣的模板），讓製作過程不再因為每次發現一個錯誤，就必須重新製作光罩。當時晶片的不良率高達70％，製成後不良品數量龐大，成本甚高。這項新的修正技術提高 MOS 6502 晶片的良率到70％，從而使價格大幅下降。[15] 晶片功能當然重要，但是生產良率也是關鍵。

起初這項突破還引發一些爭端，原因在於潛在顧客認為，在1975年6月舊金山西部電子產品展會（Western Electronics Show and Convention）上推出售價20美元的 MOS 6502 晶片是個謊言。直到摩托羅拉和英特爾接連出招，宣布降低自家晶片價格（當時 Intel 8080 訂價為150美元），人們才相信20美元的 MOS 6502 晶片可能不是詐騙。

然而展會主辦者仍然不讓 MOS 科技在會場銷售晶片，佩德爾只好租下會場隔壁的飯店套房，讓他妻子雪莉負責接待上門的工程師，現場繳費，然後從玻璃罐中拿走晶片。排在隊伍中等候的一位年輕電腦設計師，名為史蒂夫・沃茲尼克（Steve Wozniak），他使用 MOS 6502 晶片設計出第一代蘋果電腦（Apple I）便在翌年問市。

蘋果的種子

當賈伯斯看到好友設計出來的東西時，他深信千載難逢的機會來了。

相差四屆的賈伯斯和沃茲尼克相識於1971年，因為愛惡作劇和電子器材而玩在一起，兩個人性格天差地別：賈伯斯富有魅力，不愛循規蹈矩，偶爾涉獵東方宗教；沃茲尼克天性害羞，他父親是洛克希德（Lockheed）航太公司的火箭科學家。

兩人都從大學輟學，賈伯斯在雅達利擔任技術員，沃茲尼克則在惠普設計計算機。兩人都參加自製電腦俱樂部（Homebrew Computer Club），一群電腦狂熱者聚集在此，交流最新的電子學概念。

在參加加州門洛公園市（Menlo Park）一間車庫舉辦的第一場自製電腦俱樂部聚會上，沃茲尼克對剛問世的 Altair 8800 電腦深深著迷，便將裡頭使用 Intel 8008 微處理器的技術規格，詳細記錄成一頁清單帶回家研究，立志打造出自己的獨立電腦。據沃茲尼克後來回憶，Altair 8800 使用 Intel 8008 晶片，「但是這晶片的價格比我一個月的房租還貴，」[16] 對那些購買量少的個體戶來說，實在負擔不起。Motorola 6800 晶片給惠普員工的優惠價是40美元，成了沃茲尼克的最佳選擇，直到他聽聞一款新的微處理器將在西部電子產品展會上推出，那就是更便宜、能夠讓他大顯身手的 MOS 6502 晶片。

賈伯斯鼓勵沃茲尼克別再分享他的好點子，而是開始把點子打造成產品來銷售。最早的訂單是在賈伯斯父母位於洛斯阿爾托斯（Los Altos）住家的車庫裡組裝，採納了賈伯斯的建議，他們選擇將品牌和公司名取為「蘋果電腦」，靈感源自偶爾吃果素的賈伯斯剛結束奧勒岡州果園的果素假期。就跟後來艾康在電話簿黃頁上的排序在蘋果前面一樣，蘋果在電話簿上的排序也在他的僱主雅達利前面。「蘋果的詞彙有趣、啟發靈感又不令人生畏，」賈伯斯說。**⑰**

　　很快地，三件套的第二代蘋果電腦（Apple II）於1977年推出，那年電影《星際大戰》（*Star Wars*）把未來主義的興奮感帶進電影院。跟康懋達寵物電腦（Commodore PET）和坦迪公司（Tandy）的TRS-80微型電腦一樣，第二代蘋果電腦以消費者為導向，配備彩色螢幕，並內建一些小遊戲。

　　蘋果為這款電腦發布的早期廣告中，敦促消費者：「清一清你家的餐桌，放上一台彩色電視機，接上你的第二代蘋果電腦，再接上任何標準規格的卡式錄放影機，今晚你就能開始探索個人電腦的新世界了。」**⑱**使用者可以：「透過編寫程式來創造千變萬化的美麗設計，」也可以：「整理、編索引和記錄家庭財務收支、所得稅、收據，甚至是唱片收集清單等資料。」

　　第二代蘋果電腦一推出，立刻獲得嬌小精瘦的前英特爾行銷經理麥克‧馬庫拉（Mike Markkula）的資助，除了浥注資金，他還幫助賈伯斯研擬事業計畫，就連傳奇創投家、二十年前為「八叛徒」找到薛爾曼‧費爾柴德當金主的亞瑟‧洛克也投資了。在向英特爾董事會解說個人電腦的優點後，沃茲尼克被馬庫拉的熱忱激起興趣，而馬庫拉則是從沃茲尼克的嬉皮外表看出潛力，因此把美國電子業集團特勵達科技公司（Teledyne）的董事會主席亨利‧辛格頓（Henry Singleton）也拉了進來，成為第三位金主。**⑲**

　　他們的信心獲得回報，第二代蘋果電腦的銷售量從1977年的2,500台激增至1981年的21萬台，部分得利於內建試算表套裝軟體VisiCalc的企業主

看中個人電腦的運用潛力，使得個人電腦成為美國市場上的一項新主流產品類別。❷

　　第二代蘋果電腦的成功，讓賈伯斯有錢可燒，但是也帶來頭痛課題：為了持續公司的動能以邁進1980年代，蘋果必須推出新產品——最好能夠迎合領導人賈伯斯的喜好，畢竟他的夥伴沃茲尼克只想遠離經營的鎂光燈焦點，專注地研發產品。

　　賈伯斯的同事建議他去觀摩帕羅奧圖研究中心研發的東西，那裡可是創新的溫床，卻因為母公司全錄有了影印機這樣賺錢金雞母，根本不重視這些創新，也未能善加利用。

　　帕羅奧圖研究中心的研發人員研發出奧圖（Alto）計算機，這是一款有圖形使用者介面的個人電腦原型，點擊式滑鼠可以存取文件和資料夾中整齊組織的資訊。全錄沒能看出奧圖的創新潛力，將其受限於只有員工和政府夥伴能夠使用的工作站。

　　近年，向來以企業客戶為主的全錄經理人決定，最佳的事業前景是找到最了解消費者市場的對象一起合作。蘋果計畫掛牌上市的前一年，全錄就想購買蘋果的股份，於是和賈伯斯談了交易，讓全錄以較低的價格取得一些蘋果股份，全錄則是讓賈伯斯帶隊參觀帕羅奧圖研究中心。

　　全錄內部小心翼翼地看待賈伯斯及其團隊在1979年12月的參訪，但是負責展示奧圖的帕羅奧圖研究中心工程師之一賴利・泰斯勒（Larry Tesler）卻認為自己遇到了伯樂，日後他說：「當時蘋果管理階層請教我的問題比全錄管理階層過去的所有問題要好得多，很明顯，他們確實懂電腦。」❷

　　畢業於史丹佛大學的泰斯勒在1973年加入帕羅奧圖研究中心工作，研發「Smalltalk」程式語言和「吉普賽」（Gypsy）文書處理器，但是他最

著名的創新，是開發出在文字文件中移動內容的「剪下、複製、貼上」功能。他強烈認為，未來應該讓沒有學過電腦科學的人可以自在地使用個人電腦，不過他的觀點在帕羅奧圖研究中心遭到許多人輕蔑，他們認為通俗、業餘型電腦沒什麼商業潛力。

全錄取得的蘋果股份上漲很多，但是蘋果公司在這筆「交易」中獲得的價值更高。實際上這兩家公司之間對於購買或授權帕羅奧圖研究中心的技術，討論最終沒有下文，因此雙方其實沒有任何商業合作。

但是賈伯斯從帕羅奧圖研究中心汲取了兩種創新。一返回總部，他馬上下令員工開始研發自己的圖形使用者介面。泰斯勒在1980年7月加入蘋果，還有多名帕羅奧圖研究中心的同事跟他一起跳槽，這意味著他的直覺、易於使用的設計方法將被帶到未來的個人電腦設計裡。與此同時，數千哩外的英國劍橋市，一群工程師將泰斯勒視為一個強而有力的盟友。

繁榮與衰退

這是絕大多數電腦工程師最接近搖滾巨星殿堂的時刻，業餘音樂玩家的史蒂夫‧佛伯與同事羅傑‧威爾森和克里斯‧透納（Chris Turner）來到倫敦市中心的電機工程師協會（Institution of Electrical Engineers）介紹BBC 微型電腦時，一看到會場出席人數，他就知道這款電腦即將大賣。

主演講廳在靠近泰晤士河滑鐵盧橋的薩沃伊廣場（Savoy Place）活動會堂，場內可容納數百人，但在1982年的這一天，出席人數高出3倍之多，一些人遠道而來，例如：有人千里迢迢從伯明罕趕來。「因為需求太多，我們被安排再多辦兩場說明會，後來又在英國和愛爾蘭各地舉辦，」1981年10月才正式入職艾康電腦公司的佛伯說。[22]

一開始只是在一檔電視節目裡陪襯的BBC 微型電腦，快速變成一種文

化現象。專案啟動之初，BBC認為這款電腦的銷售量可能落在12,000台，但是跟艾康簽約後，兩款售價分別為23英鎊和335英鎊的電腦，訂單數量在1981年12月就已經達標，此時《電腦節目》甚至還沒開播呢。❷

為點燃民眾的興趣，媒體廣泛報導，把家用型電腦描繪成邁向繁榮的通行證。不過艾康在生產上卻出現問題，原因說來諷刺，繼紐伯里實驗室因延遲交付新腦電腦而被艾康取代，艾康現在也因為需要更多時間來生產BBC微型電腦，導致《電腦節目》被延後至1982年1月播出。

BBC微型電腦裡用來控制螢幕顯示的晶片，是英國費蘭提國際公司（Ferranti International plc）生產的自由邏輯陣列（uncommitted logic arrays），由於費蘭提未能生產出足夠的晶片，艾康花了六星期的時間來解決此問題，這也意味著《電腦節目》開播時，僅有少數觀眾能收到電腦。除此之外，一些來自海外的元件成本增加，BBC必須批准這款電腦提高售價。

政府提供的支持遠遠不僅於此。這款電腦還被英國工業部選為可獲得50%政府補助的兩款設備之一，這項補助旨在1982年年底前，每所中等學校都要配備一台BBC微型電腦。1982年被定為英國的「資訊科技元年」，負責的資訊科技部部長肯尼斯・貝克（Kenneth Baker）熱切地出席BBC微型電腦的發布會。與此同時，全國教師紛紛把這款電腦列入學生的課表中、家長爭先恐後地為孩子添購他們在電視上看到的設備，一切就等著英國學子在課堂上親身體驗。

時任英國首相柴契爾夫人（Margaret Thatcher）在1981年4月6日「微型電腦入校園」（Micros in Schools）專案演說中宣布：「電腦是每位學子的個人教師，一位有著無限耐心的教師，能夠依據每個人的學習速度從旁指導。對孩子們而言，這很有趣，同時也有很高的教育價值。」❷

艾康在1982年1月生產1,000台BBC微型電腦，2月、3月分別生產2,500台和5,000台。到了10月份，正當艾康差不多趕上積壓的訂單時，英國政府宣布優惠專案的對象延伸至小學，那年聖誕節前，艾康總計已出貨67,000台㉕，工業部一再督促克里斯·柯瑞要趕上需求量。

克里夫·辛克萊也被ZX光譜電腦的供給問題搞得焦頭爛額，這是他未能贏得BBC合約、為了反擊而推出的電腦，定價分別訂在175英鎊和125英鎊，還附一個橡膠材質的鍵盤，銷售量遠大於BBC微型電腦。辛克萊的削價策略很成功，促使艾康在1983年8月推出BBC微型電腦的經濟版艾康電子電腦（Acorn Electron）。

次月，艾康在英國老牌證券商嘉誠集團（Cazenove Capital）的輔導下掛牌上市。此前在柴契爾政府推動民營化下，嘉誠經手了多家公司在未上市證券市場（Unlisted Securities Market）的掛牌交易，相較於其他公司，艾康根本是無足輕重的小咖。沒想到獲利從1979年僅3,000英鎊激增至860萬英鎊的艾康，準備公開上市時的估值來到了1.35億，這也使得豪瑟和柯瑞的帳面身價分別達到6,400萬和5,100萬英鎊。這兩人當年創立劍橋處理中心時，分別只投資了50英鎊，之後創立艾康時，投資額也同樣各出50英鎊。

艾康的新投資人指望他們取得爆炸性成長，但是大幅度成長涉及更大的複雜性，部分原因在於這個產業現存的全球供應鏈，其中記憶體晶片得提前一年下訂單，好讓位於威爾斯和香港的製造工廠能夠及時取得所需的組裝元件，再加上艾康原本的主要市場通路是郵購，現在轉到實體零售通路就意味著必須擴增銷售團隊。1983年聖誕節季，艾康電子電腦供不應求，柯瑞決心翌年不要再為生產大傷腦筋。

家用型電腦現在正夯，艾康贊助三級方程式賽車手大衛·杭特（David Hunt），他的技術遠不如他哥哥、1976年一級方程式賽車世界冠軍、同時也是著名的花花公子詹姆斯·杭特（James Hunt），但是這對公司宣傳效果還算不錯。艾康砸大錢搭頭等艙和住高級飯店，追蹤杭特在世界各地的車賽。

艾康也搬進更大的辦公室，新址在劍橋市市郊卻利辛頓區（Cherry Hinton）富邦路（Fulbourn Road）上的前供水廠，在入口處還鑲上艾康的綠色標誌。一部宣傳影片展示了公司內部日常生活的忙碌場景，位於後方的研發大樓正在施工，宣傳片中說：「建築包商密集地趕工，因為艾康需要更多空間，」顯示公司啟動了大量的新計畫。❷

艾康雄心滿滿，或許該說太滿了。在累積了600萬的虧損後，艾康被迫停止擴編進軍美國市場的計畫，更糟的情況還在後頭——英國政府的「微型電腦入校園」專案終止了。艾康常被拿來跟蘋果做比較，還被稱為「英國的蘋果公司」，但是蘋果不僅在美國市場上讓艾康陷入苦戰，還把目光遠眺到英國的教育市場，尋求取得更大的市場占有率。

1984年聖誕季節，家用型電腦價格下滑，存貨堆積。拜BBC的專案所賜，英國的家用型電腦滲透率達到舉世之冠，而且逐漸被視為遊戲機，許多消費者不再一頭熱了。當辛克萊和柯瑞在牛腰鞍酒吧爆發衝突之際，光碟機正快速成為當年聖誕節必買的電子禮品。

早在艾康股票暫停交易的1985年2月6日之前，倫敦市和財金媒體早就嗅出血腥味。《星期日泰晤士報》（*The Sunday Times*）在當年1月13日刊登標題為「艾康星光暗淡」（Acorn's Star Fades）的報導，關切該公司的前景，因為零售商削價認賠清倉BBC微型電腦和艾康電子電腦。就連該公司的投資銀行拉札德兄弟公司（Lazard Brothers）也被引述承認：「這兩款電腦的銷售量令人失望，艾康陷入經營困境。」艾康聲稱聖誕季節賣出20萬台電腦，然而劍橋市三哩外的倉庫裡正堆放了25萬台存貨。

根據1985年2月10日的《星期日泰晤士報》報導，艾康和新財務顧問克羅斯兄弟集團（Close Brothers Group）密集開會，試圖商議出財務拯救計畫。該報導指出，早前原財務顧問拉札德兄弟公司，以及十七個月前輔導艾

康上市的嘉誠集團已經：「在同情下遞交辭職函。」報導中，豪瑟和柯瑞被描述為：「協商風格強硬的頑固者」、「他們的最佳資產就是談判合約的能力」。報導特別指出柯瑞，說他：「已經變成孤立寂寞的人」。❷⓱

在 2 月 20 日上午達成的協議中，義大利電腦商奧利維提公司（Olivetti）同意以 1,200 萬英鎊收購艾康 49％的股權，提供現金讓艾康支付債權人。艾康早期成功背後的行銷首腦柯瑞，早已多角化經營，甚至跨足出版業，很快就離開艾康，創立通用資訊系統公司（General Information System），專門製造智慧卡和智慧卡讀卡機。

順便一提的是，柯瑞的前僱主兼打架對手辛克萊在那年 1 月推出了另一項創新：辛克萊 C5（Sinclair C5）。這款時速 15 哩的電動車很快就遭到市場批評與奚落，汽車業務在 10 月宣告破產，虧損高達 700 萬英鎊。翌年 4 月，辛克萊的電腦事業僅以 500 萬英鎊賣給競爭對手安姆斯特達（Amstrad）。「酒吧爭吵那件事不嚴重，」辛克萊後來說：「我想，他（指柯瑞）覺得丟臉，但我們很快就言歸於好了。」❷⓲

豪瑟繼續留在奧利維提主導的艾康，領導研發實驗室，在奧利維提快速收購艾康股權的盡職調查中，他提及自己的工程師團隊正在進行一項大有前景的新專案，但是直到幾個月後，入主的義大利領導階層才充分了解他們買到了什麼東西。

沒錢，沒人

一年前的 1984 年春季，艾康工程部的重要人員收到他們的技術總監約翰・何頓（John Horton）寄來的一封信。艾康向來以洩密聞名，局內人經常向電腦業競爭對手洩露各種機密，但是現在公司有件事必須嚴格保密：A 專案（Project A）。

「諸位應該很清楚，如果專案資訊或『A專案』的存在被外界得知，將對公司造成極大損害，」何頓在信中嚴厲地寫道：「因此我請求各位寫下約定書，同意你們不會跟公司外部或公司內部非『A專案團隊』的任何人提到『A專案』的存在或內容。」[29]

在和辛克萊研究激烈競爭的同時，艾康已經在思考未來了。他們面對許多競爭者，為了生存，需要一個性能更好的微處理器，目前公司的成功高度仰賴8位元的 MOS 6502 晶片，所以未來他們必須升級 MOS 6502 的性能。

艾康的新進人員、從劍橋大學取得電機工程碩士的圖朵·布朗（Tudor Brown）被交付一項任務，負責評估市面上摩托羅拉、英特爾和國家半導體（National Semiconductor）等公司開發的16位元處理器。評估過程中沒有出現令他眼睛為之一亮的東西，所以最終浮出的選項是取得英特爾16位元80286晶片的授權，然後再來修改。80286晶片發布於1982年2月，用來供應第四代 IBM 桌上型電腦，這款電腦主要用來攻占桌上型電腦市場，尤其是企業市場的個人電腦。不過英特爾拒絕授權給艾康，而這也成了影響後續命運的關鍵決定。

在辯論該怎麼做之際，羅傑·威爾森和史蒂夫·佛伯被安迪·赫伯（Andy Hopper）放在他們辦公桌上的一些研究報告所吸引。赫伯是劍橋大學電腦系講師，也是艾康的董事，人脈甚廣。

赫伯從加州大學柏克萊分校取得一項1981年研究計畫的細節，該計畫旨在生產單一晶片上的高性能中央處理器：精簡指令集電腦（reduced instruction set computer，後文簡稱 RISC）。領導學生進行這項研究計畫的是加州大學柏克萊分校電腦科學教授大衛·帕特森（David Patterson），一年前的1980年，他和貝爾實驗室的大衛·迪佐（David

Ditzel）合寫了一篇研究報告「論精簡指令集電腦的益處」（The Case for the Reduced Instruction Set Computer）。

此時距離微處理器問世不到十年，但是日益增加的複雜度已經引起一些工程師的關切。指令愈來愈多，「只增不減」意味著一款晶片系列的最新版本能跟舊版本相容，但是速度可能變慢又笨重。

與此同時，微晶片已經激發科學家如同宗教般的熱情。舉例而言：開發者會辯論 MOS 6502 和 Zilog Z80 的通用性，二者分別是艾康電腦和辛克萊電腦使用的晶片。但是 RISC 相對於複雜指令集電腦（complex instruction set computer，後文簡稱 CISC）的利弊，將所有問題提升至全新層次。

IBM 的研究員約翰·寇克（John Cocke）在1975年領導團隊為電話交換系統設計微控制器時，發展出 RISC 原型。他主持的計畫名為 IBM 801計畫，因此開發出來的晶片就取名為801晶片，據說801晶片比當時現存的所有晶片速度快10倍，迪佐認為，這結果將激發其他人加入實驗，「如果你現在不研究 RISC，IBM 將完全主宰這個產業，」他說。[30]

話雖如此，不過 RISC 的發明者也很可能是出生於威斯康辛州的「超級電腦之父」西摩·克雷（Seymour Cray），他在1964年設計出 CDC 6600，使用的架構相似於寇克的架構，但是他沒有使用「RISC」這個名稱。在史丹佛大學，約翰·漢尼斯（John Hennessy）也主持一項 RISC 研究計畫，名為「MIPS」。

RISC 的擁護者指出，在80％的時間裡，晶片只使用20％的指令，因此最好把其餘的指令抽出來，讓晶片性能集中於最常用到的那些指令上。由於只剩下少數簡單指令，RISC 晶片速度明顯更快、功耗更低，反觀 CISC 晶片需要花更多時間去判讀和處理複雜的指令。

帕特森和迪佐研究各種32位元架構，這些架構代表電腦運算力的另一大躍進。在他們合寫的研究報告中，質疑了當時流行的觀念：「電腦複雜度

不斷增加，對新型電腦的成本效益有正面影響」，行銷材料中經常用複雜指令集來證明電腦性能更佳。他們在報告中寫道：「為了保住飯碗，設計師必須不斷向內部管理階層提出新的、更好的設計。指令數量和『性能』常被用來推銷宣傳，而不管晶片的實際使用情形或複雜指令集的成本效益。」

帕特森和迪佐也批評「向上相容」（upward compatibility）的概念，亦即新版的設計必須大幅地注入新的、更複雜的特性，他們寫道：「新架構往往有個習慣，會加入競爭者的成功產品中所有的指令，這或許是因為設計師和顧客沒有真正了解何謂『好』的指令集。」

他們在結論中寫道：「我們認為，至少未來十年，每一個電晶體都很寶貴。雖然架構複雜性的趨勢可能是改進電腦性能的一條途徑，不過這篇研究報告建議另闢途徑：RISC。」❸

不是所有人都贊同他們的觀點，「抱持懷疑看法的人很多，」迪佐回憶他們當時引起的回響。❷ 幸好威爾森和佛伯很感興趣，他們也想知道對艾康助益莫大的 MOS 6502 晶片是否還有前景。

佩德爾開發出 MOS 6502 晶片所引發的初期狂熱，沒能保住 MOS 科技的獨立性，在這款晶片催生出家用型電腦的榮景前，他們的計算機客戶康懋達在1976年為了預防商業競爭，買下 MOS 科技。

起因於早年以口袋型收音機聲名大噪的德州儀器，想重新奪回在計算機市場的龍頭地位，便使用 MOS 科技為包括康懋達在內打造的晶片，然後發起價格大戰，把自家的計算機售價，訂在低於康懋達製造成本的價位，導致原本早就脆弱的計算機市場更無利可圖。

此舉造成雙重影響。康懋達快速擴張進入家用型電腦領域，同時仍然來者不拒地繼續對外銷售 MOS 6502 晶片，艾康也包含在內。但是在資金吃緊下，康懋達逐漸顧不上晶片的發展。

由佩德爾招募進入摩托羅拉、後來一起轉往MOS科技的布局設計工程師比爾·曼施（Bill Mensch），在1977年從MOS科技辭職，返回家鄉亞利桑那州靠近在鳳凰城旁邊的梅薩市（Mesa），並在1978年創立西部設計中心（Western Design Center, Inc.），繼續以MOS 6502晶片為基礎來研發晶片。㉝

1983年10月，威爾森和佛伯造訪了西部設計中心，當時他們並未留下什麼深刻印象，他們不僅認為MOS 6502晶片已經走到盡頭，而且西部設計中心只有幾位年輕員工，委身在市郊的一棟平房裡。「離開時我們深信，如果他們能夠打造出處理器，我們當然也能，」威爾森說。㉞

在豪瑟的支持下，1983年10月艾康RISC機器（Acorn RSIC Machine，後文簡稱ARM）計畫正式展開，代號「A專案」，而且目標很崇高，威爾森和佛伯不只想開發出自己的16位元晶片，他們還想超越市面上所有晶片，設計出一款性能比BBC微型電腦高10倍、但價格相似的32位元處理器。

他們的目標是晶片領域的一次大躍進，這支團隊曾經為BBC微型電腦設計自由邏輯陣列的一部分，但是從未設計過整部處理器，他們決心試試看學術研究計畫的模式行不行得通，然後再推進商業領域。A專案的簡單性與低成本源於豪瑟為他們提供了兩個條件：沒錢、沒人。「我始終認為，我的最大貢獻就是啟動專案，」豪瑟說。

那時還有其他研究RISC的計畫，不過著重在高端的商業工作站，威爾森和佛伯認為，嘗試做更簡單的東西比較有趣，他們創造了一句口號：「MIPS for masses」，MIPS為millions of instructions per second的縮寫，每秒百萬條指令之意、masses指的是大眾，這口號代表：盡可能讓更多人獲得更便宜的電腦運算力。

1985年4月26日，為艾康製造晶片的是位於加州聖荷西的VLSI科技公司（VLSI Technology），當第一代ARM微晶片的首批樣本送達英國，佛

伯團隊馬上用 BBC 微型電腦來測試，一看到電腦計算出正確的圓周率，他們開心地開香檳慶祝，「A專案」的神秘面紗已經揭曉了，佛伯打電話告訴一位記者，艾康開發出這款新處理器的故事，但是這位記者不敢置信。

　　第一代 ARM 有25,000個電晶體，數量只有摩托羅拉新款晶片的1/10，而佛伯的測試卻顯示，第一代 ARM 的性能還是贏過摩托羅拉晶片。ARM晶片設計相當簡單，參考模型只用808條 BASIC 程式指令寫成。更棒的是，晶片的耗電量非常低：佛伯把第一代 ARM 插入開發板上測試時，除了運行良好，他們還觀察到，測電的安培計指針停留在零，乍看之下好像處理器不用電力，但實際情況是，這塊開發板有缺陷，完全沒有電流輸入，之所以仍然可以運行，是因為晶片汲用了邏輯電路外溢的電，實際上只用了0.1瓦特的電力。在設計階段，他們聚焦在維持低成本，所以使用便宜的塑膠封裝，而非其他處理器使用的陶瓷封裝。他們原先希望開發出的晶片性能比 BBC 微型電腦晶片高10倍，但是實際上第一代 ARM 的性能甚至高出了25倍。

　　成功來得正是時候，艾康股票在暫停交易七個月後，8月13日恢復交易，奧利維提再度注資，把艾康持股從先前的49%提高到80%。

　　佛伯最終找到相信他的人，在1985年10月出刊的《艾康用戶》（Acorn User）雜誌，刊登一篇標題為「艾康擊敗全球，開發出超快晶片」（Acorn beats world to super-fast chip）的報導，文中說：「首次運行的晶片，性能無疑是鼓勵奧利維提繼續留在艾康的一個重要因素，就在協商再次注資的關鍵階段，傳來了這個成功的好消息。」[35]

　　第二版本 ARM 晶片設計在1987年被用於艾康阿基米德電腦（Acorn Archimedes），為艾康帶來不錯的銷售成績。不過過沒多久，ARM晶片事業就從艾康分割出去，成為一家獨立的公司。

航向未來

蘋果幾度嘗試挖角百事公司（Pepsi）總裁約翰·史庫利（John Sculley），在百事待了十六年的史庫利都沒點頭，直到賈伯斯說了一句後來流傳不朽的話，終於打動了他。1983年3月的某一天，在曼哈頓的一棟高樓陽台上，賈伯斯和史庫利眺望著遠方，賈伯斯問史庫利：「你想餘生賣糖水，還是跟我一起改變世界？」

蘋果想借重史庫利的領導經驗、專業素養和行銷長才，史庫利在1983年4月接掌蘋果執行長，賈伯斯擔任董事會主席。但是兩人共事僅僅兩年出頭，史庫利就想把賈伯斯調離績效不振的麥金塔（Macintosh）事業部門，連董事會也力挺史庫利。

麥金塔電腦是賈伯斯的驕傲與樂趣所在，在1984年美式足球超級盃時，以昂貴的歐威爾風格廣告首度曝光，銷售很快就超越了賈伯斯心愛的麗莎電腦（Apple Lisa）。麥金塔電腦是1983年蘋果推出的桌上型個人電腦，設計靈感來自參觀全錄帕羅奧圖研究中心時看到的種種創新。但是一波熱賣後，銷售量就萎靡不振，當時市場主流是IBM個人電腦及抄襲IBM的冒牌電腦。在重創艾康和辛克萊研究的1984年聖誕季節，力撐蘋果的其實是第二代蘋果電腦，這款老電腦在蘋果內部仍有強勁的支持者，並且跟相信麥金塔才能引領未來的人馬分裂不和。

史庫利和賈伯斯的友誼多年來有目共睹，只是沒想到這對雙人拍檔最終導致蘋果內部的文化衝突。令史庫利聲名大噪的，是他在百事推出的行銷策略「百事挑戰」（the Pepsi Challenge）──讓人們盲測可樂，然後選出他們覺得最好喝的那一款，盲測結果顯示，美國人其實更偏好百事可樂，而非可口可樂，這系列廣告顯著提升了百事可樂的市場占有率。史庫利溫文有禮、體貼入微，他讓出太多權力給賈伯斯，而賈伯斯雖然總有些粗魯、失禮之舉，但是善於激發人們的強烈忠誠度。「他學東西不快，」賈伯斯如此評

價史庫利，他也抨擊史庫利不愛用蘋果產品，甚至還批評他用人不善：「他想晉升的人大多是笨蛋。」❸❻

賈伯斯於1985年9月辭職後，史庫利試圖重振蘋果的營收。為了尋求其他發展，蘋果在1986年成立「先進技術團隊」（Advanced Technology Group），負責搜尋和培育頂端創意。富有想像力的賈伯斯不在了，工作喪失樂趣，而且指出公司在過去幾年朝錯誤方向發展的沃茲尼克，比賈伯斯早幾個月離開。先進技術團隊的職能類似「蘋果研發實驗室」，如果賈伯斯被拔除管理職責後選擇繼續留任，大概會交給他負責吧。六年前從全錄挖角過來的賴利・泰斯勒，在蘋果內部被視為是能夠在壓力下勇敢又冷靜的人，因此拔擢他為副總，領導先進技術團隊。

與此同時，史庫利受到艾倫・凱伊（Alan Kay）的影響。凱伊是全錄帕羅奧圖研究中心的元老級研究員，於1984年成為蘋果研究員（Apple Fellow）──這是旨在把個人電腦領域的創新者和公司連結起來的合作方案。凱伊在1960年代就構想打造一款他稱為「動態筆記本」（Dynabook）的設備。這是一款主要為小孩打造的電腦，附帶鍵盤、觸控螢幕和寫字的觸控筆，可以像筆記本般地隨身攜帶，透過無線射頻來跟大型電腦連結。留著小鬍子的凱伊在1972年的一份筆記中推測未來：「將來會出現可攜式的個人資訊操縱器，」只用1片、至多2片晶片，「這些晶片內含幾千個電晶體。」❸❼

可攜式、運算力強大、普及：這是科技界爭相追逐的熟悉夢想。賈伯斯和凱伊交談時對動態筆記本充滿興趣，這抱負和ENIAC的共同設計人約翰・毛奇利當年做出的預測如出一轍。動態筆記本的構思啟發了全錄奧圖電腦的原型設計，他的抱負在後來1987年出版的自傳《蘋果戰爭：從百事可樂到蘋果電腦》（*Odyssey: Pepsi to Apple…a journey of adventure, ideas and the future*）結語中再次出現。

史庫利寫道：「二十一世紀初期，我們應該會看到未來世代版的麥金塔，它很可能是一種名為『知識領航員』（Knowledge Navigator）的美妙機器、一位世界探險家、一台如印刷機般激勵人心的工具，」人們可以用它來：「出入圖書館、博物館、資料庫或機構檔案室……，把巨量資訊轉化為個人化、易於了解的知識。」❸

史庫利說，領航員長什麼樣子一點也不重要，「其實現今最強大的個人電腦，在未來十年間將逐漸『神隱』，像馬達一樣，被裝入一台體積如同口袋大小的計算機裡。」他指出：「第二代蘋果電腦的晶片已經小到可以掛在耳環上了。」

接著在那年的一場主題演講中，史庫利融入了「知識領航員」的概念，用一支影片展示一位大學教授在一台如同現今平板電腦般的設備上處理事務。蘋果內部當時已經在設法實現這類創意，史庫利從旁協助。

工程師史蒂夫・薩科曼（Steve Sakoman）在惠普期間，主要研發開創性、但造價昂貴的「惠普手提電腦」（HP Portable），在1984年進入蘋果後則是研發第二代麥金塔，之後為留住這位人才，蘋果的產品發展副總尚-路易・加西（Jean-Louis Gassée）同意讓他追求自己的夢想，設計一款可筆寫輸入的現代機器。薩科曼稱此為「牛頓」（Newton），以著名的英國數學家牛頓（Sir Isaac Newton）來命名，蘋果最早的標誌設計靈感，部分也是源自牛頓被樹上掉落的蘋果啟發而提出萬有引力。

由於和史庫利發生歧見，加西和薩科曼還是於1990年初離開蘋果，改由泰斯勒領導「蘋果牛頓」專案，「看看我能否拯救它，把它變得比之前的模型稍加務實一點，」泰斯勒回憶。❸

結果泰斯勒接手後才發現，歷經三年的研發，蘋果牛頓已經失控，變得太大、太貴、不切實際，「我敦促蘋果牛頓團隊，把目標價格從6,000美元左右，下壓到4,000美元左右，然後再降低至2,000美元，甚至更低，」他

說。⓬

　　牛頓變得如此昂貴的其中一項原因，在於裡面安裝了三部微處理器。在找不到能夠替換蘋果牛頓內裝的晶片下，薩科曼去了 AT&T 公司，找上了大衛・帕特森的 RISC 合作者，也是他之前的博士班學生大衛・迪佐，他當時正在實驗「C語言精簡指令集處理器」（C-language Reduced Instruction Set Processor，後文簡稱 CRISP）設計。

　　AT&T 有一個很大的晶片製造事業，在 AT&T 因壟斷而在1984年被拆分前，這項事業只生產公司內部使用的晶片，但是現在調整經營方向，開始對外供應晶片。

　　蘋果公司同意資助 CRISP 低功耗版本「哈比人」處理器（Hobbit）的研發，以換取獨家使用晶片一段期間，據估計，蘋果已經投入了約500萬美元，但是在泰斯勒看來，哈比人處理器：「充滿錯誤，與我們的目的並不相符，而且過於昂貴。」⓭ 光是哈比人處理器，遠不足以運行蘋果牛頓的所有軟體。AT&T 說如果要調整，得再追加幾百萬美元的資金，因此泰斯勒開始尋找其他解方。

　　更早些時候，ARM 已經在建造當中。軟體工程師保羅・加瓦里尼（Paul Gavarini）原本任職晶片製造商齊洛格公司（Zilog，辛克萊電腦就是使用他們家的 Zilog Z80 晶片），他在1985年11月跳槽加入蘋果先進技術團隊。在一次造訪米蘭的奧利維提時，他聽聞奧利維提旗下的劍橋市艾康設計出一款有趣的晶片。帶著為蘋果打造一台新設備的全權委任書，加瓦里尼在1986年初從劍橋市返回美國時，口袋裡已經裝著幾片ARM晶片。

　　不是人人都對 RISC 感興趣。1985年時，加瓦里尼的同事湯姆・皮塔（Tom Pittard）主持了一場由美普思電腦系統公司（MIPS Computer Systems，現今 MIPS 科技的前身）舉辦的說明會，主講者是公司創辦人暨史

丹佛大學教授約翰·漢尼斯，當時蘋果裡沒有人理解他們正在研發的產品。

ARM 就幸運多了，歷經一些實驗，加瓦里尼和皮塔打造出一台能運行第二代蘋果電腦和麥金塔程式的裝置（實際上是結合了蘋果兩大鬥爭派系的產品），非但如此，這裝置也能跑微軟視窗系統（Microsoft Windows）。這項「莫比烏斯專案」（Möbius Project）很成功，但是蘋果內部的派系卻容不下它，公司園區裡的兩棟樓之間被取名為「非軍事街區」（the DMZ，為 demilitarized zone 的縮寫），兩邊陣營的分歧可見一斑。

緊要關頭來了，加瓦里尼和另外兩人向史庫利在內的蘋果高層展示莫比烏斯，提供他們評估。加瓦里尼回憶，莫比烏斯的運行速度比第二代麥金塔快 4 倍，但是「他們全都偏好摩托羅拉的晶片，」蘋果的麗莎電腦和麥金塔系列全都採用摩托羅拉晶片，現在要改用另一家公司的晶片，「他們才不想聽到這個。」

莫比烏斯專案就此打住，加瓦里尼說，他收到一封加西發起的連署簽名信，要求他停止使用 ARM 晶片，否則將開除他，於是這專案被打包塵封在皮塔的辦公室裡。

直到泰斯勒接手蘋果牛頓專案後的某一天，他打電話給皮塔，要求查看那晶片的性能。簡短說明他們的發現後，皮塔拿出一片 ARM 晶片交給對桌的泰斯勒，現在泰斯勒對這晶片感興趣了。

沙漠上的交談

當了幾年顧問、向工程公司建議如何在設計與製造過程中運用電腦後，麥爾坎·柏德（Malcolm Bird）決定投身另一家公司任職，好讓他能夠把點子化為實現。

但是加入艾康擔任技術總監三個月後的1990年2月，他在一項任務中

幾乎走投無路了。柏德先前是英國博安顧問公司（PA Consulting）的經理人，這家知名顧問公司的創立宗旨，是藉由提升工作者生產力來幫助英國戰事，所以進入艾康時柏德胸懷大計。他在艾康的早期工作之一是開發可以利用ARM的產品，另一項非常重要的任務是找到願意資助ARM發展的合作對象。

為了找到金主，柏德跑遍世界各地。柏德造訪奧利維提主管暨艾康董事會主席艾爾塞里諾·皮歐（Elserino Piol）交給他的對象清單，皮歐經常從義大利飛到卻利辛頓區的艾康，邊抽雪茄，邊聽取工作會報。艾康和奧利維提高層都清楚ARM的潛力，只差沒有錢可以發展它。

在追逐稱霸RISC處理器市場的競賽中，行家投資押寶在由約翰·漢尼斯及其史丹佛大學團隊所創立的美普思電腦系統公司。這家晶片設計公司的生意蒸蒸日上，在出售設計給迪吉多（Digital Equipment Corporation）、矽圖（Silicon Graphics）等公司後，在1989年12月掛牌上市，展開更雄心萬丈的計畫：成為使用自家晶片來製造電腦設備的供應商。與此同時，在大衛·帕特森擔任顧問的昇陽電腦公司（Sun Microsystems），用加州大學柏克萊分校設計的原始RISC建構可擴充處理器架構（Scalable Processor Architecture，後文簡稱SPARC）也獲得了很好的進展。

使用第二代ARM的愛康阿基米德電腦自1987年6月上市後，銷售很不錯，但是如果不想像MOS 6502晶片那樣走到盡頭，勢必得繼續發展ARM技術。

業界對ARM無比好奇，但是這項技術被埋在一家已然風光不再的劍橋市中型公司裡，沒人有興趣投資，令柏德特別驚訝的是，歐洲的晶片製造商意法半導體集團（SGS-Thomson，後易名為STMicroelectronics）、荷蘭的飛利浦也沒有遠見或信心參與鄰國公司研發出的技術。

艾康知道蘋果對ARM感興趣，主因是蘋果向艾康的製造夥伴VLSI科技購買開發系統來評估ARM處理器。一系列研究下來，蘋果對隱藏身後的

技術產生巨大疑問。等到艾康得知蘋果正在研發一款需要高性能、低功耗的晶片時，柏德卻苦無機會跟蘋果接洽，他以為蘋果的研發專案已經中止，或者已經找到解決方案了。

這天深夜，柏德坐在艾康位於劍橋新市路（Newmarket Road）上的空曠辦公室裡，幾乎走投無路的他不禁想，如果沒人買ARM，也無法找到資助夥伴，該如何放緩研發腳步，一邊尋找生存機會。「很顯然我們無法靠自己繼續發展ARM，」柏德說：「但是我們又必須加速發展才能不落人後。」

苦惱之際，電話鈴響，然後一切為之改變。

柏德接起電話，是艾康的共同創辦人赫曼・豪瑟從美國打來的，他要提供一條線索。廣結人脈的豪瑟在一場技術研討會上遇到蘋果的某人。

愛絲特・戴森（Esther Dyson）主辦的「個人電腦論壇」（Personal Computing Forum）是美國電腦業界人士一定要出席的場合，這位個頭嬌小的《發布1.0》（Release 1.0）產業通訊編輯，舉辦的論壇快速成為精英級高科技研討會，在這裡往往可以發現創新、達成交易。「她看出，電腦是個匯集所有振奮人心的智慧、能夠形塑世界思想的產品，」史庫利在其自傳中寫道。[42]

那年1月，四百多位傑出人物及同行齊聚在亞利桑那州土桑市（Tucson）市郊沙漠丘上的拉帕洛馬威斯汀渡假飯店（Westin La Paloma Resort），討論著未來、聊聊各自的工作。賈伯斯也在其中，悲嘆他離開蘋果後打造9,995美元的NeXT電腦銷售不佳，比起當年麥金塔剛推出頭幾個月的風光，不可同日而語。會場邊上，豪瑟拉著賴利・泰斯勒聊天。

此時的豪瑟仍然是艾康的董事，他盡全力保護ARM的預算免遭刪減，但是在離開奧利維提的研發工作後，大部分時間都投入他自掏腰包100萬英

鎊創立的新事業「活躍圖書公司」（Active Book）。這家公司已經打造出一款外型像本書的電腦原型，內部使用的是 ARM 晶片設計，豪瑟運用他的人脈來展示這款產品。

自從聽取湯姆·皮塔簡報 ARM 晶片的性能後，泰斯勒就一直遠距關注 ARM 的進展，不過礙於 ARM 隸屬艾康，是蘋果的競爭對手，他無法進一步取得合作關係，更失望透頂的是，他也找不到能取代哈比人晶片的解決方案。在年度個人電腦論壇上，豪瑟認為這是值得一試的機會，「你們現在採用 ARM 會不會太遲呢？」他問泰斯勒：「我們要怎麼做才行得通？」

察覺到機會的豪瑟打電話向柏德概述了他跟泰斯勒的對話，然後告知泰斯勒的詳細聯絡方式。柏德立刻接洽泰斯勒，在交談中，他保證可以解決泰斯勒最大的疑慮：艾康願意把 ARM 劃分出去，成為一家獨立的公司。

聽到這消息，泰斯勒心滿意足了。於是雙方展開一段密集的活動期。

Chapter4
十三人駐紮於一間穀倉

座落在英國的小村莊

斯瓦漢姆布貝克（Swaffham Bulbeck）位於東劍橋郡的一座安靜村莊，1982年村裡的夏季劇院公司首度製作並公演了作家威廉·吉伯特（William S. Gilbert）與作曲家亞瑟·蘇利文（Arthur Sullivan）的歌劇，此後年年演出成為慣例。那一年的劇目是由當地居民挑選的《陪審團的審判》（*Trial by Jury*）獨幕喜歌劇，這是吉伯特和蘇利文兩位維多利亞時代雙人搭檔創作的其中一齣成功代表作。❶

當時這齣歌劇的表演場地在一棟長穀倉裡，那時正值6月飼養火雞的安靜季節，這棟建物本來就是用來飼養火雞，鼎盛時期，大衛·雷納（David Rayner）在這座農場一年飼養25,000隻火雞，拔火雞毛是年輕村民為聖誕節賺點外快的活兒。❷

雷納夫妻及家人於1962年遷居斯瓦漢姆布貝克後，就成為當地廣受歡迎的人物。從這座村莊的名稱就能看出其歷史悠久：Swaffham 這個字與施瓦（Swabians）家族有關，他們在十六世紀時從德國西南部遷徙到此地定居；Bulbeck 則源於法國博爾貝克（Bolebec）家族，他們族成員在1066年諾曼人侵略英格蘭後來到這座莊園，然後1150年左右在這裡修建了一座女修道院。

這座十五世紀時興建的莊園屋，周圍有條壕溝毗鄰村的南角，雷納一家人買下破舊的柏格府邸（Burgh Hall）後，著手翻修了這棟英國二級保護古蹟。跟多數農民一樣，雷納必須靠創業求存，因為財務回報率差，他很快就放棄位於府邸附近2,500英畝農場的畜牧事業，轉向開發他購得的劍橋郡南方土地，創建史考戴爾斯花園中心（Scotsdales Garden Centre）。

　　然而歷經時日，新法規不容許他隨心所欲地飼養家畜，因此他那片低緩起伏的牧場，搖身一變成為農耕地，只能用來耕作小麥、大麥、油菜籽、豆類等植物。這轉變意味著他之後不太會使用農場上的四棟老舊建物，包括：長穀倉和靠近院子後方的哈維穀倉（名稱究竟從何而來，因歷史久已遠不可考），現代農耕機械大多是放在易於取用的庫房裡。

　　到了1980年代後期，雷納決定把穀倉改建成辦公建築來開創新財源，於是這裡不再當成村莊每年夏季歌劇演出場地、不再飼養家禽、不再堆放農作物。改建工程為了獲得當局批准，哈維穀倉保留了原來的木材骨架。當時有一位租客原本已經同意簽訂租約，但是最終沒有承租，因此在1991年年初時，這棟物業仍然閒置中，無人租用。

　　每家公司都有個起源，一個點子變成一項產品，有了產品就需要策略，然後用投資人的錢去做生意，當然，過程中也少不了找個場所來安置員工。蘋果創辦人賈伯斯一開始在父母位於洛斯阿爾托斯住家的車庫裡組裝電腦，那時可能是仿效比他們年長四十多歲的大衛‧帕克，帕克和威廉‧惠利特，他們在帕克位於帕羅奧圖住宅的車庫創立了惠普，為矽谷傳說寫下新的篇章。

　　從斯瓦漢姆布貝克遠眺，或許會覺得哈維穀倉和劍橋之間的車程並不遠，但是對於來到此地的訪客，看到茅草蓋頂、木材支撐的房舍，彷彿踏入了久遠的從前。不過比起回首過去，來到這裡設立辦公室的13名男子更關切如何塑造未來。穀倉租金很便宜，又可以立刻入駐，對於急需場地的他們來說，這是很英式的解決方案，事實上穀倉的典雅風格很合適他們。

所以在1991年3月，斯瓦漢姆布貝克的居民名單上添加了一個新名字：艾康RISC機械公司（Advanced RISC Machines，簡稱ARM）。

新金主和新事業計畫

雖然麥爾坎‧柏德在1990年2月還沒有從蘋果那裡聽到任何振奮人心的消息，但是這並不代表ARM團隊的未來已經安穩了。ARM隸屬的艾康先進研發團隊知道，他們的上司和奧利維提的主管們努力尋找投資者或買家已經有一段時間了，因此柏德不想期望過高，他只知道自己必須快速行動，抓住泰斯勒對ARM技術的興趣，因為公司裡的重要成員已經待不住了。

此時距離ARM晶片設計被製造出來的1985年4月，已經過去近五年了，在半導體業，五年的時間如同一輩子，看到RISC處理器的競爭對手美普思取得非常好的進展，ARM團隊十分羨慕。「我們當中好幾個人早就受夠了，」圖朵‧布朗說：「我們研發出了這麼棒的技術，卻無法施展，沒有方向感令人灰心喪志。」

先進研發團隊成員都很團結，他們知道團隊當中有任何一人離開，會讓其他人失望。但是到了此時，這種團結精神遠遠止不住他們出於絕望而試圖去尋求其他的工作機會。專案團隊隨時可能解散，「如此一來，這項技術將被束之高閣，我們終將分道揚鑣，」團隊成員麥克‧穆勒（Mike Muller）說。❸

英國晶片公司英茂司（Inmos）已經在去年4月賣給意法半導體集團，這家公司在1978年創立時，獲得英國政府透過國家企業局提供5,000萬的補助，當時他們的新創事業被寄予厚望，被視為有機會催化更廣大的英國半導體產業。

英茂司的重要產品是晶體電腦（transputer），這是一種32位元的器

材，透過平行處理來突破中央處理器的性能瓶頸。這意味著晶片能夠同時處理不只一個指令，並且可以跟其他處理器串聯。

英茂司總部設在布里斯托（Bristol），由著名建築師理查·羅傑斯（Richard Rogers）設計的工廠位於南威爾斯的紐波特（Newport），這家公司被譽為英國的成功企業故事，製造的產品被用於早期的視訊電話、雷射印表機、美國太空總署的地面控制系統。但是有個問題一直困擾英茂司，那就是外界認為他們家的產品更適合運用在科學領域，而非高量產的消費領域。

索恩百代（Thorn EMI）在1984年收購英茂斯的76％股權後，開啟投資需求的大門，從此公司走上英國科技公司被外國公司收購的熟悉老路。根據一則難以證實的消息，在意法半導體收購英茂司的尾聲，還發生一段尷尬的插曲。據說完成收購與接管的當天，意法半導體集團那位風度翩翩的義大利籍執行長帕斯奎爾·皮斯托里奧（Pasquale Pistorio），來到布里斯托西阿茲特商業園區（Aztec West）的英茂司總部，口誤地對他的新員工說，他非常高興能夠買下英特爾。

眾多人苦惱憂心為何英國無法維繫自己的晶片產業，但最起碼，英茂司現在有資金可以用來改善晶體電腦了。皮斯托里奧在新聞稿中宣布：「我們打算傾注意法半導體的所有財力和行銷能力，支持英茂司把晶體電腦發展成世界標準。」❹

他計畫一部分去發展數位訊號處理器（digital signal processor，後文簡稱DSP），轉譯類比的聲音和影像，這項研發將成為行動通訊的重要組成元件。為此，意法半導體準備挖角ARM團隊中渴望獲得新資源的幾名成員。

正當ARM團隊人心惶惶、覺得公司即將收攤之際，更雪上加霜的是，ARM架構的共同創辦人史蒂夫·佛伯宣布辭職去當曼徹斯特大學電腦工程系教授。當時他年僅三十七歲，雖然認為能申請到這份工作的機會不大，但是出於ARM的發展遠遠落後競爭者的不滿，出生曼徹斯特的他，萌生返鄉

嘗試新發展的渴望。

　　佛伯離開時並不知道蘋果對 ARM 感興趣，他必須放棄為 ARM 晶片設計的事業計畫，「我們需要數百萬的銷售量才能回收公司的事業成本，這遠遠超出我們的期望。」他說。

　　阻止佛伯的離去已然太遲了，但是柏德設法說服其他人留下，同時也積極地與蘋果商談。自1990年5月起，在艾康董事會的強力支持下，他頻繁飛到加州庫柏蒂諾（Cupertino）蘋果公司總部，盡全力協議合作方案。

　　一次一位矮個頭的男子輕鬆從容地步入會議室，靠在前方講台桌邊聆聽討論，幾分鐘下來不發一語。柏德後來才知道，那位就是蘋果執行長史庫利。對於到底要使用 ARM 設計來做什麼，蘋果內部還不清楚，但是這專案顯然已經上達天聽。

　　協商的同時，蘋果也在評估 ARM 工程師們的聲譽，「蘋果想知道我們了不了解他們的問題，知不知道他們想要改變什麼，如此一來他們才能放手讓我們去做，」穆勒說。❺

　　直接買下 ARM 對蘋果來說不成問題，不過與艾康成立合資企業的構想更快塵埃落地，原因在於兩邊都不想讓另一方獲得更多控制權。泰斯勒傾向蘋果在這家新公司的股權低於一半，這樣向上報告會更簡單一些。他同意以150萬英鎊取得這家新公司的43％股權。

　　艾康也持有相同比例的股權，儘管他們的投入貢獻主要來自智慧財產價值和投入新事業的人才。VLSI 科技出資25萬英鎊，外加授權使用合資公司的軟體，持有股份較少。蘋果還堅持把「Acorn （艾康）RISC Machine」中的 Acorn 拿掉，改為 Advanced（先進的），因為蘋果不想被外界認為跟艾康這家競爭對手走得太近。

　　當投資提案呈交到蘋果董事會時，柏德再次親自致電給每位董事，說

服他們相信，支持一家英國新創公司是個不錯的點子。蘋果董事會成員都是業界享有精明投資聲譽的知名人士，1970年代蘋果創立之初提供資金的那三人仍然是董事會成員：時任蘋果董事會主席、曾任蘋果執行長的前英特爾行銷經理麥克‧馬庫拉、創投家亞瑟‧洛克、特勵達科技董事會主席亨利‧辛格頓。

對於一筆額度不大的投資，儘管投贊成票不是問題，但是合約仍然拖到最後一刻才敲定。泰斯勒精明地保留兩款處理器選項，防止ARM從艾康獨立出來一事生變。最後一刻，VLSI科技試圖透過重新談判來提高持股比例，但是泰斯勒不同意。11月初，泰斯勒打電話告訴VLSI科技的副總克里夫‧羅伊（Cliff Roe）別再節外生枝，否則蘋果將完全退出這項計畫，話一講完，啪地一聲掛掉電話。

雙方僵持不下時，柏德對羅伊說：「你真的想毀了整個交易嗎？」羅伊最後果斷放棄，柏德打電話通知泰斯勒，當時他正在開會，通完話後泰斯勒回到會議室向同事宣布，被列為最高機密的蘋果牛頓將使用ARM設計的處理器。

這是一個值得玩味的時刻。廣大的RISC開發者看到蘋果選擇ARM設計，而非舉世最大的晶片公司AT&T。如同在傷口上灑鹽，自1983年年末起，AT&T擁有ARM母公司奧利維提的25％股權，奧利維提製造的電腦，在北美市場是掛上AT&T的品牌來銷售。

「我著迷ARM沒有任何理由，」泰斯勒說：「它有著獨特且洗練的指令集，是一種RISC，但又不完全像RISC。」[6]

ARM很適合蘋果。當時蘋果沒有太多選擇，ARM不是量產產品，而是正在實驗、尚未確立的產品類別。泰斯勒說：「我們想要合作廠商為蘋果客製化產品，但是又找不到願意跟我們合作的大公司，因為他們不想開發蘋果的客製版本，我們成了市場的小眾。」[7]

ARM也很便宜。花錢買下150萬英鎊的股權，就能讓晶片事業成為一

家獨立公司，換算下來相當於250萬美元：「這比我們必須付給AT&T的錢還少，」泰斯勒承認。❸

任職曼徹斯特大學一段時間後，佛伯前往紐澤西州的AT&T，主講一個專題研討會，他回憶：「我們在牆上貼了一張蘋果海報，把它當成飛鏢的靶板。」

現在各方都如願以償，大概只有VLSI科技除外：蘋果有了AT&T以外的選擇；艾康在一項有前景、但沒錢投資的技術（和新事業）中擁有股權；ARM嘗試獨立運作。不過也從此開始，艾康和ARM走上不同的命運轉捩點，當然，這時候沒人知道未來會發生轉變。

ARM獲得資助成為獨立公司後，也不是人人都有好心情，「人們認為這是榮耀創業的開始，但是我們卻覺得自己不討人喜歡，」選擇加入ARM的約翰・畢格斯（John Biggs）說。畢格斯在大學休假期間開始進入艾康工作，合編艾康電子電腦的使用者手冊。「艾康資金吃緊，晶片設計很花錢，他們根本負擔不起，」他說。

蓄著一臉鬍子、說話溫和圓滑又可靠的賈米・厄克哈特（Jamie Urquhart）擔任這家新公司的總經理，他是先進研發團隊的三名設計師之一，與同事共用一台阿波羅電腦來跑VLSI科技供應的晶片設計軟體。有很長一段期間，厄克哈特每天清晨五點就來到辦公室設計RISC電路，中午再交班給一名同事。阿波羅電腦的運作能力有限，工程師必須前往VLSI科技位於慕尼黑的辦公室，在晶片上測試他們的設計。

厄克哈特把ARM的智慧財產從艾康獨立出來，並且把團隊縮減至12人，他們判斷這是新創公司要成功所需的最少人數，團隊中的成員都是自願加入，大多擅長軟體和系統設計領域。

當艾康確定獨立成立合資公司時，新ARM團隊搬到艾康總部後方研發

部所在的銀樓（Silver Building）頂層。如果還有艾康員工不知道組織異動的話，看到ARM團隊從原單位拆下窗戶搬到頂層去，就會知道這消息了，這些窗戶有特別的塗層，減少自外射入的刺眼強光。至於最後一刻選擇不加入新團隊的是羅傑·威爾森，他誓言忠誠艾康。

新公司成立於1990年10月16日，取名「史戴廷」（Styletheme Limited），這是從英國公司註冊處買下的現成空殼子，也是蘋果英國分公司、艾康和VLSI科技的合資企業。然後在11月22日，公司正式改名為安謀。*

11月27日，一份樂觀的新聞稿宣布這家公司的成立，並且言明它必須尋求蘋果和艾康以外的生意。該公司的使命是：「因應與進軍不斷成長的低成本、低功耗、高性能的32位元RISC電腦晶片市場」，策略包括：「為個人和可攜式電腦、電話、消費性電子產品和車用電子產品的嵌入式控制器供應晶片設計」。

新聞稿中指出，截至目前為止，基於ARM設計的晶片已經銷售130,000片，讓「ARM成為領先的處理器」，VLSI科技和日本的三洋電機（Sanyo Electric）都取得ARM授權，艾康電腦也使用ARM晶片，VLSI科技也設計了一些使用ARM晶片的控制器，第三代ARM每秒可處理2,000萬條指令。泰斯勒說：「現在需要新的產品與標準。」艾康的常務董事、蓄著小鬍子的蘇格蘭人山姆·沃喬普（Sam Wauchope）則是談到「訴諸一張積極進取的產品路徑圖」的計畫。

就如同當初是在經濟困境逼迫下研發出這款產品，出售ARM事業也是經濟所迫，艾康從未打算自行製造晶片，也沒錢做。這些晶片很大程度上是為了符合VLSI科技的製造規格來設計的，因此接下來的問題是：新公司該

---

* 1990年成立時的公司名稱為Advanced RISC Machines Holdings Limited，1998年掛牌上市時才改名為ARM Holdings，ARM不再是首字母縮寫，因此正確來說，從公開上市後才正式中譯為安謀控股公司。

如何調整設計方向，以及誰會購買產品。

在英國科技領域，安謀的成立是一則大新聞，除此之外的其他領域，鮮少有人關注。同一天，英國關注的焦點是約翰‧梅傑（John Major）當選保守黨黨魁，有望接替柴契爾夫人成為英國首相。

ARM成為獨立公司的第二天，這位女士——支持政府擁護本土硬體，使得數不勝數的艾康電腦進入英國校園，讓艾康發家致富，從而在研發新款晶片設計中獲得一點喘息空間的柴契爾夫人，前往白金漢宮向女王遞交辭呈。約翰‧梅傑被任命為新的英國首相。

這是英國另一個新開端，也是12名工程師滿懷期望的新開始，現在他們需要有人來領導他們。

銷售員入列

1990年12月中旬的一個霧濛濛夜晚，一群男子走進瑰冠酒吧，這家舒適的十六世紀酒吧位於鄰近赫特福郡（Hertfordshire）巴爾多克（Baldock）的艾許威爾村（Ashwell）。他們從劍橋市出發，驅車往西南方向前行，濃霧降低能見度，車行速度緩慢。進入酒吧，買了酒，入坐，他們的客人馬上不留情面地讓他們知道自己不愛等人，「你們遲到了四分鐘！」他嚴厲地說：「如果遲到五分鐘，我就走人了。」

大家相互自我介紹時，同事們彼此抬眉相覷，心照不宣的暗語是：真是個粗暴的開始。畢竟這不是交際應酬，也不是找尋新的投資機會，這個男人是來面試成為這群ARM工程師的領導人。

羅賓‧薩克斯比（Robin Saxby）是一位沒耐性、但熱情又自信的人，一頭亂髮，喜歡直率地講出知名人物來自抬身價。他是旅行推銷員，有著一雙灰藍色眼睛，灰褐色頭髮垂貼前額，非常擅長與人深交。

邊喝邊聊中，ARM團隊很快發現薩克斯比是個虛張聲勢的人，這是他身上的其中一項矛盾特質。就像班導師迎接新班級一樣，他的開場白明明想展示自己的權威，卻又帶點關切——劍橋的科技工作者太自負，不懂守時和滿足顧客需求的重要性。不過這群工程師完全不擔心他會憤而離席，薩克斯比對這份工作太感興趣了，肯定不會這麼做。

　　ARM有一條獨立的路，有一款潛力無窮的晶片設計，卻沒有領導人。找執行長的任務落到柏德和泰斯勒身上，他們委託獵人頭公司海德思哲（Heidrick & Struggles）尋覓人選。

　　薩克斯比很快竄升到名單最上頭，他是摩托羅拉的老兵，熟悉半導體市場，懂得如何宣傳新東西。科技產業的客戶都很聰明，但是也會被頂尖銷售員的才能打動，很多時候產品失敗是因為客戶不知道如何使用它們，以及客戶不願意嘗試。

　　1947年出生的薩克斯比，成長於切斯特菲爾德（Chesterfield），年幼開始著迷於電子設備，八歲時得到一只電子工具箱，十三歲時已經在為鄰居修理收音機和電視機，他們在酒吧裡向他在工廠裡當保安的父親下單，排隊等候羅賓這小伙子為他們修理東西。

　　1960年代在利物浦大學工程系讀書時，他為搖滾樂團打造擴音器，然後在宿舍舉辦舞會。他在1968年取得電子工程學士學位，畢業論文聚焦於彩色電視機的問世。畢業前，薩克斯比拒絕了BBC的工作機會，理由是：「我想要樂子，為小而精實的組織工作比為大組織工作有趣多了。」❾

　　他先在消費性電子產品公司蘭克布希墨菲（Rank Bush Murphy）工作，設計彩色電視接收器，這些接收器的積體電路板只用了50個電晶體，接著在短暫任職派伊公司時，適逢摩托羅拉進軍歐洲，他被較優渥的薪資和公司用車——黑色內飾、白色車身的福特跑天下（Ford Cortina）所吸引，

於是進入該公司。

　　薩克斯比發現，摩托羅拉的文化比他所知道的多數英國公司更積極進取，原本是做設計工作的他，後來轉為銷售工程師，向顧客說明產品的技術特色。他先是負責消費性電子產品這塊，再轉去電腦事業單位。他了解成功來自調整技術去吻合顧客的需求。他有能力，也有抱負。

　　由於自己想當主管，又不願意為了更高階的職務而舉家遷居海外，薩克斯離開了摩托羅拉，進入製造車庫門的韓德森保安公司（Henderson Security），當時韓德森保安想要一位新主管來整頓保安事業部門，但是薩克斯比和新老闆意見不和，自然在這家公司待不久。

　　「我基本上很樂觀，」薩克斯比說：「我說過，每個機會都會偽裝成問題。不嘗試，就沒有學習。」

　　下一份工作是歐洲矽結構公司（European Silicon Structures），這是一個新創事業，意圖發展取代光罩技術的「電子束」（e-beam），以更便宜、更簡單的方法把設計圖複製到晶圓上。該公司已經從奧利維提、飛利浦、英國航太（British Aerospace）、紳寶（Saab）、西班牙電信（Telefonica）這些歐洲大公司身上募集到1億美元資金，在歐洲共同體（European Community）準備於1992年拆除貿易壁壘下，歐洲矽結構被視為各國冠軍企業通力合作的一項試煉。薩克斯比對於任職一家本土新創、對抗強權美國企業的事業前景振奮不已，問題在於這項技術行不通，歐洲矽結構燒錢燒得很快。

　　歐洲矽結構美國分部的問題層出不窮，包括：議程衝突、員工太自負及揮霍過度等，薩克斯比試圖整頓，卻搞得焦頭爛額。就在此時，獵人頭公司海德思哲的電話打來，給了一個有趣的提議。

　　起初，薩克斯比對這項提議不太感興趣，畢竟新工作又涉及奧利維

提，讓他想到了目前的工作窘境。但是蘋果這名字讓他豎起耳朵，艾康和蘋果打算採取的授權模式，跟他在摩托羅拉時撰寫的事業計畫一致，當時他構想分拆摩托羅拉的微處理器事業單位，使其獨立地向更廣泛的客戶提供設計服務。現在ARM也許是相似模式的實驗機會，更棒的是，ARM是張空白畫布，他可以自由揮灑，把自己的管理點子付諸實現。

當時這產業的規模太小，薩克斯比熟知艾康，事實上如果當年他的銷售工作做得更有成效的話，ARM晶片設計可能根本不會問世，當然也不會有眼前這個執行長職缺。

在摩托羅拉時，薩克斯比的工作地點在倫敦北部的溫布利（Wembley），不過他其中一項銷售技巧，是陪潛在顧客飛到蘇格蘭的格拉斯哥，帶他們參觀位於東南方東基爾布萊德（East Kilbride）的晶片工廠。他能言善道又熱情，展示完摩托羅拉的廠房投資，再來強調摩托羅拉產品的細節，接著就是喝酒吃飯的輕鬆時刻。

有一次為了爭取下一款艾康電腦使用摩托羅拉的68000晶片，他帶著赫曼・豪瑟和克里斯・柯瑞去蘇格蘭，回程的飛機上他繼續推銷，柯瑞起身朝飛機後方走，豪瑟也聽煩了，只好假裝睡著。

他們認識彼此有一陣子了，薩克斯比曾經銷售晶片給艾康前身，也就是劍橋處理中心的吃角子老虎機專案，後來當艾康需要推薦人來贏得關鍵的BBC電腦合約時，薩克斯比還為他們寫了一封支持信。因此，或許可以說，他間接地幫助了ARM的誕生。

他和豪瑟就像這樣建立起友誼，兩人喜歡結伴去滑雪，豪瑟未來的紐西蘭籍妻子潘蜜拉也會同行，英國人和紐西蘭人滑雪速度相當，身為奧地利人的豪瑟則是技高一籌，屢屢超車，還回過頭取笑他們。

儘管有交情，但是薩克斯比沒有詢問豪瑟有關ARM的工作機會，這舉動倒是令人意外。他諮詢許多朋友和前同事的意見，包括投資歐洲矽結構的安宏資本公司（Advent International）員工約翰・百里爾森（John

Berylon），百里爾森幫他跟蘋果搭上線。

　　說來巧合，一切彷彿是上天的安排。1990年12月5日，薩克斯比在新市路上的艾康總部和泰斯勒首次會面，兩人相談甚歡，隨後他們和柏德決定共進晚餐。薩克斯比的車子就停在外面，三人發現他們的車都是紳寶9000（Saab 9000），「他（薩克斯比）顯然是個適任者，」柏德開玩笑地說。

　　ARM技術說服了薩克斯比，後來他也認同ARM的員工，有韓德森保安公司的前車之鑑，他覺得跟ARM團隊合得來是很重要的一環。薩克斯比在希斯洛機場（Heathrow Airport）和ARM團隊的兩位資深成員賈米‧厄克哈特及圖朵‧布朗見面，當時這兩人從劍橋開車送泰斯勒去機場，握手道別後，泰斯勒匆匆登上協和號客機返回美國。

　　艾康和蘋果高層都很滿意薩克斯比，願意提供他這份工作，但是在點頭答應前，薩克斯比想知道未來會密切共事的工程師們能否接受他。有歐洲矽結構的經驗，薩克斯比知道新創公司的經營必須維持低成本，他想知道那12人是不是具備新創事業所需的人才特質。

――――――――――

　　瑰冠酒吧位於艾康劍橋總部和薩克斯比的住家之間，他和教師妻子派蒂和兩名小孩住在伯克郡（Berkshire）的梅登黑德市（Maidenhead）。身為經常差旅的商務人士，他已經有一支行動電話，而ARM團隊成員都沒有，所以沒辦法提前打電話告知他，濃霧會讓他們稍稍遲到一會兒。

　　結果來看，這是個友好的夜晚。末了，薩克斯比給了他們一項作業，他想知道成員們對於ARM如何追求成功的想法，因此他要求厄克哈特帶領團隊，評估ARM的優勢（strengths）、弱勢（weaknesses）、機會（opportunities）與威脅（threats），也就是SWOT分析。

　　此時ARM全體無異議地接受了薩克斯比，所以SWOT分析就是下次他們會面時要討論的內容。薩克斯比於1991年2月18日正式加入ARM擔任

總裁暨執行長，不過實際上向歐洲矽結構提出辭呈並等候正式卸任那段期間，他就開始積極參與ARM經營。他的特質是，只要看到有潛力的機會，總是破釜沉舟，全力以赴。

嚴峻的現實考驗

相較於1990年11月宣布創立ARM那份雀躍的新聞稿，隨便整理的第二份內部文件就遠沒那麼歡樂了。1990年12月18日的早上10點，ARM工程師帶著文具在卻利辛頓區的艾康會議室集合，接下來一小時，他們一起討論薩克斯比要求的SWOT分析。

他們製作出的單頁報告，仔細且平衡地評估ARM的利弊，既不過於負面，也不過度自負。對於身處艾康這家相對安穩的公司環境，這是12人面對現實的時刻。

這份報告標題為「ARM公司的SWOT分析」，右上角還手寫了「機密」字眼，報告中是這麼描繪這家新公司的基礎技術和出色的團隊優勢：「靈活、敏感、有活力、成功（截至目前為止）、有熱情」，以及：「有豐富的系統設計經驗」。相對於這些優點，報告也指出無可否認的缺點：「糟糕的商業起始點、資源有限、倚賴第三方支援」。

接下來報告點出了許多機會，涵蓋了在新興技術領域和地區性的機會，這12人根本不知道其中一些機會將在未來數十年變得多大。但是在「可攜帶」（這份報告中最接近行動電話的字眼），以及「嵌入式控制」（基本上指的是個人電腦世界以外的任何微晶片用途）等機會外，當前的威脅更明顯。ARM目前只有一位顧客，無法掌控收入、又有眾多的競爭者，最重要的是，在「專利」這詞彙旁邊，一位團隊成員以斜體大寫字寫下：「一個也沒有」。

其實閱讀這份報告之前，薩克斯比早就洞察這一切。艾康培育的創新、加上蘋果挹注的資金絕對足夠創立ARM。由於ARM處理器可能適合較大的晶片系統，當前明顯的發展途徑是把晶片設計授權給他人去製造晶片，然後對每個使用ARM設計的器材收取權利金。不過薩克斯比的想法跟其他投資者研擬的事業計畫不同，「他把那些計畫丟進垃圾桶，」約翰·百里爾森說。

ARM想要生存，必須在艾康和蘋果預設的授權費和權利金收入外，加快發展腳步。在薩克斯比設定的目標中，首先要讓低功耗的ARM晶片成為全球標準，儘管對於一家英國公司來說野心太大，相比之下，許多規模更大的英國同業就顯得過於保守。薩克斯比不打算跟已經制霸個人電腦晶片市場的英特爾打對台，他放眼其他領域：進軍嵌入式器材市場。這代表他們得創造一系列引起廣大興趣的標準產品，然後在各種類別與地區尋找顧客，這是他在摩托羅拉學到的技巧。

薩克斯比的想法很合時宜。對現金永無止盡的追求導致英茂司之類英勇、但失敗的競爭者被收購，加上世界正逢金融危機，利率飆高、通膨攀升衝擊著許多美國的儲蓄存款機構，經濟不景氣就此擴散開來，迫使晶片產業的業者重新思考他們的焦點。

半導體屬於高度資本密集型產業，但是直到此時行業內的公司才認知到，自己不能一手包辦所有事。台積電之類的晶圓代工廠開始提供另一種製造選擇，而設計晶片的軟體、把設計蝕刻到矽晶圓上所用的機器也愈來愈專業化。

基於相同原因，再加上成本和複雜度的提高，晶片公司不再繼續設計那些實際上無法產生終端產品差異化的基本元件，並且把這些「元件庫」（cell libraries）業務拆分出去，例如：ARM的生產夥伴VLSI科技於1991年3月成立一家名為「羅盤設計自動化」（Compass Design Automation）的100％持股子公司；同年艾堤生元件公司（Artisan

Components）創立，該公司在2004年被安謀收購。

　　成立這些公司的唯一目的是確保創意被記錄下來，以及在製造方法改變時更新流程，然後把所謂的「實體」智慧財產（IP）——涵蓋記憶體之類特定流程的預先設計區塊，授權給想將其納入自家設計裡的業內公司。

　　電子授權不是什麼新東西，1950年代和1960年代用美國設計的電晶體、再送到日本製造的收音機就是一例。不過現在半導體產業進入一個全新的階段，特色是便利、夥伴關係和專業化：規模最大的製造廠原本得花上數百、數千萬美元自行發展的元件，現在改為支付小筆權利金，從專業公司那裡取得設計。如同實體晶片多年來足跡遍布全球，現在創意也在全球流動。當然，這一切都是以沒有過多政治領袖的疑慮和干預為前提。或許，這是一家沒有製造實體產品的公司，終於可以施展身手來發揮影響力的時代。

　　在掌握機會之前，薩克斯比得先讓他的投資者滿意。合約上，ARM有義務為艾康打造一款新的浮點加速器（floating-point accelerator，後文簡稱 FPA）晶片，改善高端工作站的性能，這是艾康積極經營的一個市場區隔。至於蘋果只想要用於蘋果牛頓電腦的 ARM 600晶片，他們派當年和沃茲尼克一同參加第一場自製電腦俱樂部聚會的工程師艾倫・鮑姆（Allen Baum）去劍橋市擔任溝通人。這兩項產品都無法為 ARM 創造收入，雖然陸續有一些顧問性質的業務，外界對專業晶片也有少量需求，但是賺到的錢微不足道。

　　薩克斯比從來就不相信艾康和蘋果預估的晶片採購數字，也不相信這些預估數字所帶來的收入，他知道自己必須在這兩家公司外另闢財源。他估算，如果 ARM 想要在以 RISC 基礎為設計標準的市場上成為領先者，2000年前必須銷售2億片使用 ARM 設計架構的晶片。❿

　　除此之外，這段時間 ARM 如果想生存，必須維持低成本。早前的事業

計畫建議招募專業銷售與行銷人員，並於不久後進行新一輪的募資，薩克斯比否決這兩個構想，把銷售簡報說明會的工作交給賈米・厄克哈特，把行銷工作交給麥克・穆勒，讓圖朵・布朗擔任工程總監，他們三人形成高階主管鐵三角。ARM處理器的特性是在經濟拮据下誕生的，也沒有花大錢積極尋找全球買家，他想盡其所能地讓這團隊變成行程緊湊、密集的賦權團隊。

精簡財務也延伸至ARM的總部。為符合高科技新創公司的形象，麥爾坎・柏德安排ARM搬遷至劍橋北方的希斯頓村（Histon），許多科技公司群聚在那裡的遠見園區（Vision Park），但是薩克斯比不想花這個錢，要求找個更便宜的地方。

覓址工作落在艾康的大衛・洛戴爾（David Lowdell）身上，他是ARM創立期間提供行政支援的無名英雄。當敲定新址在哈維穀倉後，薩克斯比以塑膠桌的價格買下優質木桌，交換條件是讓家具公司拍攝木桌擺放在這棟十七世紀穀倉裡的照片，用於他們的家具銷售型錄。ARM團隊和薩克斯比擲骰子，贏得一張訂製的會議桌，團隊還自行安裝IT網路。

穀倉通往閣樓的樓梯扶手上有橡實（acorn）狀的雕刻，令人想起這家新公司的起源，巧合地讓眾人起了雞皮疙瘩。薩克斯比把自己安置在閣樓，閣樓頂上方則是幾世紀前的橫梁。工程師在樓下工作，從前這裡是堆放農用品的地方，現在則是在圍繞著穀倉的主支柱邊擺放辦公桌。⓫好奇的美國和日本訪客非常喜歡這種奇特風格，不介意從劍橋驅車八哩前來這裡，他們循著ARM第一本公司介紹冊中的指示，上頭寫著：「在黑馬巷（Black Horse）前方右轉，過了教堂，安謀公司就在右手邊。」⓬對於旨在吸引世界各大科技公司的英國公司來說，這是一個奇怪的鄉間景點，然後員工熱中在一旁的空地上舉辦烤肉活動。

在缺乏顧客下，當前最重要的工作是走向全世界。不過1990年代不是創立公司的好時機，1980年代初期，記憶體晶片傾銷和利潤下滑導致產業景氣衰退，雖然半導體市場在1980年代中期開始反彈，但是在電子產業舉

足輕重的日本，因為過度投資導致經濟泡沫化。ARM團隊必須比在艾康工作時更加賣力，畢竟當時他們的設計有艾康電腦這個穩定的使用者。

薩克斯比在1991年春季版的艾康通訊中說：「我們是大衛對抗著許多巨人歌利亞，但是小個子如果有足夠的創意，仍然能贏」，因為他的密集商務旅行，那篇文章給他取了「漫遊羅賓」（Roamin Robin）的綽號。他在摩托羅拉時的海外商旅沒有削弱他深入探索世界的野心，薩克斯比說他想循著麥克・帕林（Michael Palin，原本是蒙提派森劇團的成員，後來成為旅行節目主持人）拍攝旅行紀錄片的足跡探索世界。不過在此之前，他有重要工作要做。

———————————————

薩克斯比的銷售技巧在業界早就是個傳奇，在摩托羅拉期間，一位初次見面的顧客在兩個月後就邀請他參加婚禮，他在ARM也追求和潛在顧客建立類似的親密關係。於是當聽聞他即將會面的一位日本商人是蒙提派森劇團（Monty Python）的粉絲後，他將東京的會面地點設在飯店走廊，然後在這位客戶面前表演了一段「滑稽走路」（silly walk）＊做為見面時的破冰之舉。[13]

當年度他往返日本無數次，有一次，他和夏普半導體公司（Sharp Semiconductors）簽約後，與妻子派蒂和岳母一起招待前來英國的夏普半導體主管，在比肯斯菲鎮（Beaconsfield）的中餐廳共進晚餐。他永遠有令人意想不到之舉，但是最終非常有成效。

在獲得夏普這位客戶之前，ARM第一個接洽的新對象是英國普雷西公司（Plessey），薩克斯比需要證明，除了VLSI科技之外，還有別家公司能夠製造ARM設計的晶片，蘋果公司也渴望有第二家蘋果牛頓晶片供應商。

———————————————

＊蒙提派森劇團的一個經典表演片段，劇中的公務員以怪異的方式行走。

普雷西是個合適的對象，這家歷史悠久的電子、國防和電信公司是英國頂尖的晶片製造商，在1988年被收購前為艾康供應晶片，是隸屬英國費蘭提國際公司旗下的微電子事業，但是以國際水準來看，這家公司只是普通角色。普雷西的工廠在普利茅斯（Plymouth）和斯文頓（Swindon），距離ARM也夠近，有什麼問題，ARM工程師可以就近協助。

敲定合作、合約還沒簽，ARM就把設計傳給普雷西，薩克斯比把他的信任託付於他的老同事，以前負責營運東基爾布萊德摩托羅拉晶片廠的道格‧鄧恩（Doug Dunn），但是1991年夏天的一通電話傳來壞消息。

普雷西在1989年被英國通用電氣公司（General Electric Company）收購後，易名為通用電氣普雷西半導體公司（GEC Plessey Semiconductors），鄧恩以約克郡口音耐心地解釋，他的集團東家將會仔細地檢視這筆交易，簽約延後意味著付款也會延後。

在通用電氣接管後，鄧恩繼續留任成為集團80位總經理中的一員，被坐在倫敦公園路辦公室裡的通用電氣傳奇人物——總經理溫斯托克勳爵（Lord Weinstock）隨時電話遙控。溫斯托克是英國商界巨人，以無盡的野心、無數次的購併，把通用電氣發展成多角化集團，包括：造船、艾利（Avery）磅秤等，不過他也非常謹慎，為集團攢積了大量的現金。對他的部屬來說，溫斯托克勳爵把他苦心建造的集團比喻成寧羅偵察機（Nimrod surveillance aircraft，通用電氣旗下也有飛機製造事業）——用10萬個鉚釘組成，在空中一字排開飛行。

爭取預算這件事，鄧恩早已習以為常，他說服溫斯托克，如果他不投資於半導體事業，那就沒必要留下這事業體。不過通用電氣不是質疑ARM的技術，「他們不懂嵌入式RISC處理器跟牙刷的差別，」鄧恩說。他們的疑問是ARM能否生存，以及有沒有足夠資源來繼續發展。

的確，一切充滿不確定性。根據合約，那年夏天ARM的12位創辦人，即12位工程師，該調漲待遇了，在哈維穀倉裡，薩克斯比站在他們面前，

向他們說明公司目前的現金流量情形，最終他發給他們倒填日期、可回溯的獎金支票。那年聖誕節，通用電氣支持鄧恩的看法，ARM是值得冒的風險。ARM團隊在1992年1月返回工作崗位時，發現一筆額外收入等著他們，ARM暫時撐住了。

想起在歐洲矽結構時大手大腳花錢的情形，薩克斯比決心撙節度日，薪資凍漲，外加遵守「薩克斯比律法」——堅持凡是超過10,000英鎊的支出必須呈交600字左右的一頁合理解釋。

ARM從日本投資與金融公司（Nippon Investment and Finance）取得650,000英鎊的融資，這是頻繁飛往日本從而提高知名度的附帶效益，但是薩克斯比把這些錢當成緊急備用資金。更直接、有用的是，尋求歐盟提出的「開放微處理器系統倡議」（Open Microprocessor Systems Initiative，後文簡稱OMI）旨在建立廣泛的技術標準，並提供研發補助。

ARM工程師了解公司的財務困境，冀望獲得的股份選擇權將來會很值錢。

ARM團隊也必須應付悲劇。在艾康，阿拉斯戴爾·湯瑪斯（Alasdair Thomas）被史蒂夫·佛伯視為細心、可靠的工程師，他設計的第三代ARM晶片在當時是一項革命性的進步。他加入獨立的ARM團隊是很自然、容易的選擇，而且他也是預定的第七代ARM首席設計師，這款晶片是另一項技術進步。

同事都叫湯瑪斯為「艾爾」，他是辦公室裡最年輕的工程師之一，經常扮演他人的得力助手，為人風趣，常惹得同事捧腹大笑。圖朵·布朗生日那天，他收到湯瑪斯錄製的搞笑聲音錄音帶，「他有時就像羅溫·艾金森（Rowan Atkinson），」布朗說，他把湯瑪斯比喻承電影《豆豆先生》（*Mr. Bean*）和《黑爵士》（*Blackadder*）裡的知名喜劇演員。湯瑪

斯也能撐起大場面，他和麥克‧穆勒向蘋果人員做簡報的情景可茲為證，在YouTube上仍然可以看到這段影片。

工作之餘，湯瑪斯的朋友不多，他有嚴重的痤瘡（青春痘）問題，影響了他的自信。湯瑪斯負責針對蘋果提出的需求，修改ARM架構以供蘋果牛頓電腦使用，這就是後來的第六代ARM系列處理器。伴隨外界對蘋果牛頓的興趣升高，以及ARM供應商增加，1992年8月的某天，他在辦公室向一位德國記者說明ARM的進展。翌日，湯瑪斯結束了自己的生命。

「他在我們身邊總是充滿歡笑，是團隊的重要成員，我們甚至不知道他竟然如此憂鬱，」布朗說。

湯瑪斯留字條給同事，說他很抱歉。同事們在哈維穀倉為他守靈，之後葬禮在劍橋市舉行。

Chapter5

諾基亞的MAD手機
制定標準

日本給的難題

　　長野縣位於東京北方一小時車程，景色和霓虹燦爛的日本大都會區形成強烈對比，這裡有山脈、農田、豐富的野生生物，遊客可以造訪歷史悠久、樓高五層的日本國寶松本城，觀看雪猴，放鬆地泡個熱溫泉。

　　1994年1月，ARM的工程師戴夫‧賈格（Dave Jaggar）因為某個理由前往長野縣，同行的還有他的上司羅賓‧薩克斯比和麥克‧穆勒，這趟前往世界各地銷售ARM技術的行程中，他們附加了幾天的滑雪之行。週六早上，他們從奈良市搭乘東北新幹線前往長野縣，此前他們在奈良市停留了一週，拜會日本東芝（Toshiba）、豐田（Toyota）、理光（Richo）等工業龍頭。不過這一路上，賈格無心欣賞窗外的綠色景緻。

　　來自紐西蘭的他正在思考一個問題，這問題之前出現過，此次拜會任天堂時再度浮現。這個遊戲機製造商對ARM而言是個潛在大客戶，而且任天堂早就是ARM授權對象夏普的客戶。俗稱紅白機或灰機的任天堂娛樂系統（Nintendo Entertainment System），以及把瑪利歐和薩爾達等角色推入無數家庭的掌上型遊戲機Game Boy，為任天堂帶來巨大的成功，現在他們正在開發64位元的遊戲機。

　　夏普是個熱心的引薦者，想在任天堂最新的唯讀記憶體卡匣（ROM，

儲存影像的記憶卡）中使用 ARM 設計，但是任天堂不願意，因為測試 ARM 的架構時，他們發現這架構占用太多的程式記憶體。

伴隨處理技術縮小，第七代 ARM 晶片設計比先前指令集迭代的升級版速度更快、更節能、體積更小，比當初讓蘋果對牛頓電腦效能感到興奮而促使 ARM 成為獨立公司的所有優點還要好。唯一的例外是，程式設計師所謂的「程式密度」（code density）。

薩克斯比和 12 名工程師入駐哈維穀倉的幾個月後，賈格才加入 ARM，但是截至目前為止，光是這點抱怨他就聽到了好幾次。為了提升性能，RISC 處理器把作業分解成簡單指令，致命弱點是記憶體空間通常比 CISC 高出 30％。

增加記憶體就會增加成本，記憶體增加 30％ 將增加 20％ 晶片價格，當時這類的額外成本無可避免。跟 ARM 試圖取代市面上舊版處理器所使用的 8 位元和 16 位元程式相比，ARM 的程式多了 50％。

儘管早期前景甚佳，但是研發時的問題太多了，使得 ARM 推進市場的動能幾乎停止。賈格提出大膽的建議，把公司既有的 ARM 架構丟掉，開始創新。不意外地，花了幾年時間宣傳 ARM 潛力的薩克斯比和其他同事並不想打掉重練。唯有矮個頭、坦率直言的紐西蘭人賈格，毫不羞怯於發表他的意見。

賈格當時還不知道，他草擬的解決方案未來不只幫助了 ARM 贏得遊戲機製造商的合約，還促使公司當時認為過小的市場機會——行動通訊，成為驚人的全民時尚。出於手機重量、電池壽命、製作成本等因素，手機截至當時為止仍然只是利基型產品，為了解決這些問題，商務人士的行程大多包括參觀歷史最悠久的晶片製造商身兼 ARM 的最新顧客——位於炎熱的休士頓和寒冷的芬蘭北部。ARM 如果想成為全球設計標準，最好趕緊展開這些旅行。

賈格在紐西蘭基督城的雪莉男孩高中（Shirley Boys' High School）遇到BBC微型電腦，從此著迷計算機的世界。到1987年遇上艾康阿基米德電腦時，他已經是校內及其他幾所學校的電腦技術員。

　　賈格對電腦的著迷，激發他更深入探索這些設備與器材的運作方式，他在基督城坎特伯雷大學（University of Canterbury）攻讀碩士學位時的論文標題為「艾康RISC機器的性能研究」（A Performance Study of the Acorn RISC Machine），因此在取得電腦科學碩士學位準備找工作時，他只有一個去處。

　　當時史蒂夫·佛伯已經成為曼徹斯特大學電腦工程系教授，他把賈格的求職詢問轉給ARM，「就某些方面來說，你可能比我們更懂晶片，」賈格回憶他和佛伯首次在劍橋市會面時對他說的話。1991年6月他加入ARM，跟一群聰明、但靦腆的工程師一起工作，他們向他介紹英國的溫啤酒，薩克斯比甚至週一到週五都住在賈格的公寓裡，因為這比每晚開車回他位在梅登黑德市的家更近。

　　賈格了解ARM的優點，而且這些優點無懈可擊，他只擔心ARM的弱點。他知道ARM團隊勝任現在的工作，但是他們缺乏RISC競爭對手美普思所具有的電腦架構專長，「一方面，我感覺自己像盤腿坐在眾神腳邊；另一方面，我很快認知到我們實際上缺乏正規的訓練。」

　　他的碩士論文發現RISC的簡單性和程式密度之間的消長問題，但是研究只有針對高性能工作站，而非ARM訴求的嵌入式系統。儘管如此，前往長野縣途中，他腦海浮現一個想法。

　　ARM可以讓目前32位元架構不必時時、而是依情況減少記憶體所占用的空間。賈格知道，一些電腦程式必須快速運行，但是大多數程式並不需要。賈格的構想是在晶片上使用兩套指令集，他就地取材以日文兩種書寫方

式來做比喻，有拼字系統的平假名，以及根據漢文基礎把二、三個假名合而為一的漢字。從中他察覺了一個權衡之計。

他分享這個構想的機會來得比他預想的還快：就在短暫的滑雪假期結束沒多久，賈格就從日本積雪堆疊的山峰轉往冰天雪地的芬蘭——諾基亞的家鄉。

一通自芬蘭打來的電話

1991年7月1日，當芬蘭第二大城坦佩雷（Tampere）副市長卡琳娜·蘇奧尼歐（Kaarina Suonio）接起前芬蘭總理哈里·赫爾克里（Harri Holkeri）從座駕打來的電話時，歷史性的一刻發生了，雖然通話時間僅有3分鐘左右，電話中赫爾克里簡短祝她暑期愉快，但是這場交談成為首次的GSM（原為 Groupe Special Mobile 的字母縮略，後來改變為 Global System for Mobile Communications，全球行動通訊系統）通話，這是數位蜂巢式網路的一種新歐洲技術標準。赫爾克里說，通話收訊清晰到彷彿跟隔壁房間的人講話。❶

對此，他必須感謝諾基亞，這家芬蘭最大的公司自九年前推出第一款可攜式產品「the Senator」——附於一個笨重電池箱上的電話聽筒，在行動通訊技術上取得的重大進展。為首通 GSM 通話供應行動裝置而引起國際注目後，諾基亞現在打算以此為基礎來建立事業版圖。

正當世界仍然風靡個人電腦的1980年代之際，市場上有少數幾家公司已經開始深入實驗行動通訊。雖然第一通蜂巢式行動電話是由摩托羅拉工程師在1974年撥打成功，但是領頭大力發展行動通訊技術的確是北歐國家，不是美國。

北歐行動電話系統（Nordic Mobile Telephone Service）在1981年的

瑞典和挪威首次開通，然後隔年芬蘭和丹麥也相繼開通，讓顧客可以在人煙稀少的地區使用一條共同標準、通用450兆赫的頻寬打電話。在此之前，類比行動電話網路由習慣合作的鄰近四國共同開發了十多年。

北歐行動電話系統快速形成市場，1985年時已經吸引了11萬名北歐用戶。到了1988年，挪威有舉世最高密度的行動電話用戶數，每1,000人中有33人使用行動電話，瑞典及後來加入北歐行動電話系統的冰島次之。起初行動電話的重量高達15公斤，重量出在需要大型電池來支援耗電的電子元件和無線電系統。伴隨行動電話機子體積與重量的縮減，起初訂價略為飆升，所以限制了消費者的吸引力。❷

因為有早期經驗，北歐國家及其兩大旗艦電信行動裝置製造商——諾基亞和易利信，主導了行動電信的第二代標準（2G）。基於1987年在哥本哈根簽署的合作備忘錄，絕大多數的歐洲國家採用 GSM 標準、停用由個別製造商控制的專有系統，同時也轉向數位化，將語音電話轉成數字，透過無線電波傳輸，相同的通話內容下，占用的網路空間小於類比式傳輸。

自1990年起擔任諾基亞行動電話事業單位的領導人約瑪‧歐里拉（Jorma Ollila），看出這項技術的潛力。打從被中學校長推薦獲得大西洋學院（Atlantic College）獎學金後，歐里拉就被視為高階經理人的明日之星，這所培育眾多未來領袖的威爾斯寄宿學院是由外展國際組織（Outward Bound）創辦人暨德國教育家科特‧哈恩（Kurt Hahn）所創立。步入商界時，歐里拉先在花旗銀行（Citibank）的倫敦和赫爾辛基分行歷練了八年，然後帶著國際觀和濃厚的口音在1985年加入諾基亞。❸

諾基亞發跡地座落在芬蘭南部諾基亞河（River Nokianvirta）邊的一座木材廠裡，公司名稱由此而來，隨後逐漸多角化經營，行動電話是科技事業中的一項業務。儘管人口僅有500萬的芬蘭，在世界的商業舞台上算得

上是落後地區，但是在1987年時，諾基亞已經成為行動電話市場上的領先者。不過隨著製造量增加，在承受巨大的壓力下開始出現虧損，龍頭地位被摩托羅拉取代。

正當諾基亞迫切需要能夠進軍新市場的新產品時，GSM為其帶來新動力。赫爾克里撥出那通劃時代的著名電話、以及ARM創始團隊落腳哈維穀倉的1991年，蘇聯解體，這個政治強權占芬蘭出口額的1/4，歐里拉目睹芬蘭國內經濟承受巨大的打擊，失業率攀升至20%。

翌年，他被任命為諾基亞執行長，肩負採取大膽行動的使命。他堅決聚焦在行動電話業務，督導諾基亞從一家多角化工業集團轉型，並且出售傳統的事業資產：輪胎、電纜和電視等製造事業。歐里拉知道，如果諾基亞能夠掌握GSM造就的規模經濟，就能賣出更多的手機，但是在此之前，他們必須先找到合適的夥伴。

引介諾基亞給ARM的人，位階層級遠低於執行長，起初甚至只是個玩笑話而已。1991年2月，諾基亞以3,400萬英鎊收購英國唯一的手機製造商電子電話公司（Technophone），從而鞏固自己的市場地位，成為業內僅次於摩托羅拉的老二。

電子電話公司加入諾基亞時，英國薩里郡坎伯利市（Camberley）總部的一些員工逗趣地說，起碼終於有家英國公司進入行動電話產業了。克雷格・利溫史東（Craig Livingstone）是住在芬蘭偏遠北部奧盧市（Oulu）的諾基亞軟體工程師，不過他出生在英格蘭東北部的米德斯堡（Middlesbrough），因此當他在芬蘭人居多的公司探討諾基亞計畫擴大行動電話生產，以及可使用哪種微處理器時，顯得相當突兀。

電子電話公司在坎伯利市的一位員工是艾康阿基米德電腦的熱愛者，他對北歐生活型態仍然抱持早年的刻板印象，在得知利溫史東的專業興趣後，使用內部郵件信封袋寄送一份資料給他。信件抵達時，利溫史東取出ARM的第一本顧客型錄，背面是一張哈維穀倉的照片，型錄正面貼了一

張便利貼，上頭寫道：「你可能會喜歡這個，外觀看起來就像個芬蘭蒸汽浴！」看來，ARM的怪異總部仍然繼續發揮用處。

ARM史上最糟糕、卻也是最好的交易

傑克・基爾比於1958年取得大突破後，接下來數十年間，所屬的德州儀器善加利用這項突破性技術，把積體電路運用於飛彈、雷達、記憶體、計算機和電腦上，讓公司在一段時期內成為舉世最大的晶片製造商，但是到了1980年代就開始陷入困境。

事後諸葛的批評者說，積極進取的派屈克・海格提想靠器材來賺錢，而非靠器材內裝元件來賺錢，白白浪費了德州儀器在半導體業的優勢。德州儀器有太多績效不彰的事業，在個人電腦微處理器這個主要戰場上後來輸給了英特爾。

德州儀器的解決方案是甩開能夠處理繪圖或儲存的專業型晶片，該公司在1978年推出益智型電子玩具「拼說語言機」（Speak & Spell），使用的是專門用於溝通的第三類型晶片，其積體電路以數學運算模擬人類聲音。

德州儀器的商用DSP晶片TMS320在休士頓開發，1982年投入商業使用，能夠把聲音和影像從類比轉變為數位。該公司的第一個DSP顧客把TMS320晶片放入海底電纜中的類比中繼器（能把無線電訊號傳送得更遠的裝置）裡，接下來又運用到IBM的磁碟機，只不過他們還需要找到其他的應用領域來提高銷售量，如此一來才能改善獲利。德州儀器的一些員工認為，DSP在個人電腦領域很有前景，但是大多數員工已經把注意力轉向發展中的行動市場，尤其是潛在的歐洲顧客。

德州儀器向來有國際觀，在世界各地建立結盟，其中一項合作協定在1987年簽署，用德州儀器的半導體專長交換易利信的電訊系統知識，後來

演進成交叉授權來共同開發與應用的協定。易利信在瑞典首都斯德哥爾摩北方的希斯塔（Kista）建造了一座晶圓廠，派工程師前往達拉斯的德州儀器學習晶圓製造。晚間前往斯德哥爾摩港邊的皇家歌劇院交誼時，德州儀器的半導體事業執行長瓦利・萊恩斯（Wally Rhines）勸說易利信執行長拉斯・藍維斯（Lars Ramqvist），在易利信的首款數位手機中使用德州儀器的DSP設計。

德州儀器也對鄰國芬蘭的諾基亞展開類似的魅力攻勢。在赫爾辛基，將在1993年接替萊恩斯的德州儀器主管湯瑪斯・安吉伯斯（Thomas Engibous），跟豪爽健談、負責德州儀器DSP歐洲推廣工作的法國人吉爾斯・戴爾法西（Gilles Delfassy）出席一場愉快的淡水螯蝦晚宴，準備和諾基亞建立結盟。

戴爾法西在法國尼斯居住與工作，距離總部設在法國蘇菲亞科技園區（Sophia Antipolis Technology Park），以及正在發展GSM標準的歐洲電信標準協會（European Telecom Standard Institute）僅半小時車程。當時還是有人質疑這項技術會不會太昂貴，但是德州儀器認為值得發展。

德州儀器為易利信的手機設計了一款DSP，但是如果要在市場上推廣，顯然成本必須再降低。此時，易利信的北歐對手諾基亞則採取更大膽的策略。

手機的電路系統由三大元件組成：做為手機「大腦」的微控制器（microcontroller）；客製化特定應用積體電路（application-specific integrated circuit，後文簡稱ASIC）；DSP晶片。第一代諾基亞數位電話中，德州儀器沒有供應任何一樣元件，但是在生產第二代諾基亞數位電話時，德州儀器取代AT&T，為其供應DSP，這項策略事後證明非常正確。

為了第三代諾基亞數位電話，也就是首度採行GSM標準的手機，德州儀器和諾基亞這兩家公司共赴芬蘭的森林裡沉思，在為期三天的避靜會議中，兩家公司前十大首席技術人員也參與其中，一起工作、吃、喝、享受桑

拿浴。避靜會議結束時，雙方已經就彼此展望的行動電話前景描繪出一份路徑圖。

到了此時，他們已經覺察數位蜂巢技術具有席捲全球的潛力，但是手機體積必須大幅縮小、電池要有幾天的續航力，如此一來才有機會成為消費者不可或缺的行動裝置。此外，低耗電也是必要條件。

諾基亞評估手機必須具備哪些功能，才可以從摩托羅拉手中重新奪回市場龍頭寶座。一個可能改變賽局的解決方案是，把三個功能獨立的元件——微控制器、ASIC、DSP，整合到單一管理整部手機無線電功能的基頻（baseband）晶片上。這是大膽冒險的一跨步，有些人甚至認為是蠻幹，難怪被兩家公司指派去執行這項專案的數百名設計師稱此為「MAD手機」——microcontroller、ASIC、DSP三個字的字母縮寫，同時組合成的MAD字詞也有瘋狂的意思。

「我們做了逆向數學計算，得出的結論是，不縮減元件就無法在工廠製造足夠的手機，」這項單一晶片專案的經理湯米·烏哈里（Tommi Uhari）說。這款手機必須夠便宜、夠簡單到足以可靠地印製數百萬次。

德州儀器為這位商業夥伴重新思考整個晶片生產流程，日本的日立公司（Hitachi）為第二代行動電話供應微控制器，由於第三代行動電話的用電量是關鍵要點，德州儀器決定不再使用日立的微控制器，甚至認為自家的微控制器也設計得不夠好。

德州儀器這次冒險押注在一家英國新創公司，這家公司正以「出色的架構」聞名，「但坦白說，他們仍然苦於在市場上站穩腳跟。」戴爾法西說。1992年10月ARM團隊的麥克·穆勒在舊金山凱悅飯店（Hyatt Regency）舉行的微處理器論壇上，展示了ARM技術的優點而引起德州儀器的興趣。

但是要和ARM簽約取得授權時，德州儀器半導體事業執行長萊恩斯想起過去公司遇到的挫折和痛失的市場，他很不高興地說：「我們無法製造任

何東西，現在你又告訴我，我們也無法設計任何東西？」

───────

　　在利溫史東的撮合下，ARM 和諾基亞在初步溝通時建立了不錯的交情，只是還沒有生意往來。1992年時從意法半導體跳槽到 ARM 擔任產品行銷人員的比提‧瑪歌旺（Pete Magowan），經常造訪距離北極圈一百哩的奧盧市諾基亞基地。

　　起初，從世界各地聚集在此的工程師和銷售人員覺得 MAD 計畫是一項新奇的任務，他們住在可以俯瞰奧盧市廣場的飯店裡，平日參加當地週四晚上的迪斯可舞會。這裡靠近北極圈，晝短夜長，時常摸黑開會，摸黑結束會議，鹹味甘草糖和巧克力起司之類的當地特色點心起初的確很新奇，但是沒過多久這一切就令人乏味了。

　　由於諾基亞和 ARM 本身都不製造晶片，而 ARM 是透過授權給晶片製造商來運作。當德州儀器於1993年5月取得 ARM 的授權時，形同舉世最大、最古老的半導體公司為 ARM 背書，這家公司的地位可遠溯至這個產業的創始年代。

　　不過這並不代表 ARM 就能成為諾基亞手機的設計架構，尤其是德州儀器和諾基亞都發現了 ARM 架構的程式密度問題，那也是任天堂向戴夫‧賈格提出的問題。所幸，在1994年2月在奧盧舉行的一場會議上，日本滑雪假期後趕來的賈格提出了他認為可行的解決方案。

　　賈格的解決方案是：調整第七代 ARM 設計，在32位元架構中加入一個新的16位元指令集，讓它執行大多數的一般性任務，如此一來產生的程式會大幅減少，解決記憶體被大量占用的問題。基本上，諾基亞對這個解決方案很感興趣，因此從芬蘭飛回英國的班機上，賈格已經在飲料附的紙巾上草繪新架構。

　　加入一些調整後，納入16位元的 Thumb 指令集的 ARM7 TDMI 問

市，名稱源於它是：「在ＡＲＭ架構端上的一個實用塊」。用附加Thumb指令集編輯的程式精簡了70％的空間，比8位元或16位元寬記憶體的運轉速度快了約50％，這意味著新的架構性能更好、成本更低、耗電量更少，實現ＡＲＭ最初行銷時所標榜的性能。諾基亞用一批ＧＳＭ原始碼來測試，結果相當不錯。

比較令人驚訝的是，在英國劍橋那邊不是所有人都接受這項創舉。1994年6月13日，和史蒂夫・佛伯共同開發出第一代ＡＲＭ晶片的蘇菲・威爾森（變性前名為羅傑・威爾森）發了一封電子郵件給賈格的上司，對於自己先前的研發成果被修改，做出了措詞毫不委婉的批評。

「簡單說，我不喜歡Thumb，」身為ＡＲＭ的顧問，威爾森檢視了賈格的改動後，在這封電子郵件中寫道：「做為應付短期需要的解決方案，它或許行得通。做為ＡＲＭ的長期架構元件，我認為將會是一場大災難，在世界大多邁向全32位元指令集（甚至包括英特爾在內！）之際，這根本就是倒退、降階的指令集（就算程式密度較高）。」

威爾森的不滿並未阻礙合作的進展，歷經十五個月的努力，諾基亞於1995年4月推出ＭＡＤ手機的原型中，首次使用Thumb的ＡＲＭ微控制器核心。在某天的電話會議中，諾基亞的軟體事業經理提摩・穆卡利（Timo Mukari）告訴ＡＲＭ的瑪歌旺：「我們認為，這次可能會賣出很多你們家設計的處理器。」

為此，做為諾基亞供應商的德州儀器早早就把定額的授權費支付給ＡＲＭ了，「我們告訴ＡＲＭ：如果我們選擇你們，你們將會在手機市場上大紅大紫。」戴爾法西說。所以他補充說：「我們想要非常、非常優惠的價格。」

德州儀器把每件使用ＡＲＭ設計的器材授權金砍到僅僅1美分的占比，

而且德州儀器和ARM約定，如果未來在相同的晶片上使用到這幾種ARM核心，德州儀器僅需一次性支付一筆權利金。德州儀器還把這筆交易簽立為長久性質，充分凸顯了交易雙方當中誰是主導的老大。

「儘管蘋果在權利金方面也採取強硬的態度，但是ARM交易史上，德州儀器取得的優惠程度無人能及，」一名前ARM董事說。

當銷售數量遠超出預期時，ARM吃的虧似乎不足掛齒。1997年諾基亞賣出2,100萬支手機，市場占有率高達21％；1998年銷售量增加到4,100萬支，諾基亞股價翻漲了3倍。在總成長率高達51％的手機市場上，諾基亞擊敗摩托羅拉，奪回世界龍頭寶座。❹

諾基亞在1997年12月發布「Nokia 6610」手機，首創最長通話時間5小時、一個單鍵語音信箱按鍵、內建35種鈴聲，提供最初目標市場的商業人士來選擇。現在的消費者應該還記得，Nokia 6610是第一款安裝令人上癮的「貪食蛇」（Snake）遊戲的手機。此時距離德州儀器簽下ARM授權已經過了五年，這也是諾基亞第一款手機處理器使用了ARM設計。

ARM的貢獻促使諾基亞為自己的晶片組樹立了新標竿，新款手機裝置中的元件數量減半，成本和耗電量以極大的差距擊敗同業對手。這代表Nokia 6610手機的電池體積較小、重量更輕，只有137公克，是一部真正能夠放進口袋裡、脫離以往如同磚塊般大小的手機。

不僅如此，這款手機的問市實際上創造了一種新的設備和裝置類別，而諾基亞制霸這個市場類別超過十年。積體電路問市後，被應用於無線電設備、計算機、筆記型電腦、手持型遊戲裝置，以及商業市場的無線電傳呼機、個人數位助理器（PDA）、笨重的手提行動電話，直到基本款的輕量型手機才實現了大眾長久以來的夢想——可攜式電子裝置，人手一支、出門必備。

如果晶片沒有升級，諾基亞不會達到這個境界。到了2000年，德州儀器的總營收中，有85％來自DSP，以及用以轉換並壓縮資訊的類比晶片。

處理器也改變了ARM的未來，ARM7TDMI設計推出後的二十年間，仍然每年賣出數億次，除了行動電話，也被廣泛用於其他的設備和裝置。

任天堂最終也接受ARM7TDMI設計，只不過任天堂的遊戲仰賴第三方編寫，因此採用ARM7TDMI設計的時程較慢，反觀諾基亞因為自己掌控軟體，所以採用的速度較快。易利信也是更後來才採用ARM7TDMI設計，起初他們擔心貿然跟進會導致德州儀器壟斷行動電話市場，就跟英特爾壟斷個人電腦市場一樣，所以他們採用基頻晶片，然而等到易利信改變心意時，一切為時已晚，最終決定在2001年鳴金收兵，把手機事業納入和索尼合資的公司裡，並且宣布改專注在網路設備事業。

伴隨晶片日趨複雜，產業因ARM的可能性而覺醒，晶片製造商不再需要擁有微處理器設計團隊，而是支付合理的價格取得晶片設計公司的授權，德州儀器對ARM的背書導致傳統商業模式的大壩潰堤，晶片製造商再也不需要花大錢養設計團隊了。最明顯地，三星在1994年取得ARM授權，不僅只洽談幾次就敲定了授權交易，而且授權條件讓ARM更有賺頭。

一方面，ARM和德州儀器的交易成了ARM史上最糟的交易，但另一方面，這無疑也是最好的一筆交易。

Chapter6

安謀上市，蘋果出脫持股

賈伯斯重返蘋果

賈伯斯於1997年1月重返蘋果公司時，這家他共同創辦的公司正迫切需要新的構想和資金。

在舊金山萬豪酒店（Marriott）舉辦的蘋果「麥克世界」（MacWorld）大會中，透過時任蘋果執行長吉爾‧阿梅里奧（Gil Amelio）的介紹，賈伯斯現身舞台，現場爆發長達30秒的熱烈掌聲。穿著黑色開襟羊毛衫、內搭白色立領襯衫、下著寬鬆長褲的賈伯斯，一開頭就自信又清晰地講述他的「使命」，贏得台下開發者和顧客的滿堂彩。

賈伯斯說：「我們嘗試提供顧客只有蘋果能提供明確、令人心服口服的解決方案，對吧？」掌聲再次響起，他的語氣顯露希望能擺脫阿梅里奧掌舵下，蘋果雜亂無章的表現。「這是我們想做的，如果無法做到，那我認為，人們有其他的電腦款式可以選擇，如此一來我們的銷量就會減少。」❶

此時的蘋果早就陷入困境，1996年9月的一年間，公司年營收為98億美元，比上一年同期下滑11％，淨虧損8.16億美元，原因出在麥金塔電腦賣得很差。蘋果年報中把衰退歸究於：「顧客對公司的策略方向、財務狀況和前景堪慮，」以及蘋果麥金塔 PowerBook 5300 系列銷售不理想，這是第一款產品使用了蘋果、IBM、摩托羅拉三方聯盟設計和研發的 PowerPC 架

構晶片，但是產品狀況接連不斷，包括：電池爆炸、軟體問題等。❷

蘋果認為明年前景也好不到哪裡去，公司年報中寫道：「至少在1997年第一季前，淨營收將持續低於去年同期水準。」為了讓金主高興，該公司已經在大舉刪減成本，也努力賺取現金，主要是透過出售股權投資、1座數據中心和1座工廠，總計取得1.45億美元。

賈伯斯重返蘋果一事解釋了公司危機重重。1996年2月才接掌蘋果的阿梅里奧是扭轉頹勢的專家，急於想用一套新的作業系統來重振蘋果，當他知道蘋果內部開發出的產品欠佳，無法達成他的目的時，他決定向外求援。經過分析，他篩選出兩個選擇：收購當年啟動「蘋果牛頓」研發計畫的前蘋果產品發展暨行銷副總尚-路易‧加西創建的 Be 公司，或是收購賈伯斯創建的 NeXT。NeXT因為銷售情況不佳而虧損嚴重，而且早前已經停止硬體製造業務，只專注在軟體開發。

Be 和NeXT兩家公司都努力地推銷自己，阿梅里奧只好諮詢他人的意見。在蘋果待了近十六年、已晉升為該公司首席科學家的賴利‧泰斯勒偏好 NeTX，但是他告訴阿梅里奧：「不論你收購哪一家，你的職務都會被人取代，不是史蒂夫就是尚-路易。」❸

泰斯拉料事如神，舊金山麥克世界活動結束的六個月後，或是說蘋果宣布以4.29億美元高價收購 NeTX 的七個月後，阿梅里奧就被趕下台了。起初受阿梅里奧邀請而擔任蘋果兼職顧問的賈伯斯，很快就滲透整個蘋果組織，影響了人事任命和策略決策。

到了1997年8月在波士頓公園廣場飯店（Park Plaza）舉行麥克世界大會時，外界已經能清楚看出現在的蘋果由誰當家作主，儘管要再過一個月，蘋果才會宣布賈伯斯出任臨時執行長，然後直到2000年1月他才會正式接下執行長一職。

賈伯斯在波士頓的麥克世界大會上自我介紹時說，他是皮克斯動畫工作室（Pixar）的董事會主席暨執行長，接著說他也是「幫助蘋果公司再度

穩健」的七人小組成員。❹

　　這七人小組中最令人意外的成員是微軟執行長比爾・蓋茲（Bill Gates），蘋果和微軟為了版權侵權問題纏訟多年，現在雙方不僅解決了法律糾紛，蘋果還讓微軟的IE（Internet Explorer）成為麥金塔電腦的預設瀏覽器。

　　短期內更重要的是，賈伯斯已經協商好讓微軟買下1.5億美元的蘋果股票來解決現金匱乏的問題。「我們很樂意支持蘋果，」蓋茲透過衛星連線，對台下發出歡呼和噓聲的與會者說：「我們認為蘋果對電腦行業做出巨大的貢獻。」❺

　　賈伯斯已經取得了一些現金，但是要做的事情還很多，現在他把注意力轉向蘋果的產品陣容。

蘋果牛頓，超前時代的發明

　　賈伯斯重返蘋果的三年多前，哈維穀倉裡擺放空酒瓶的架子上，因為一件不同以往的事而多了一支。1993年8月2日，ARM團隊一起舉杯慶祝牛頓器材問市，「牛頓」是大家熟知的名字，不過當時的蘋果執行長約翰・史庫利在波士頓時間早上10點半揮舞著一台平板裝置時，正式名稱為「牛頓平板電腦」（MessagePad），哈維穀倉裡那支酩悅香檳（Moet & Chandon）空瓶上也寫下這個名字。

　　一位對牛頓平板電腦抱持懷疑態度的記者在《位元組》（Byte）雜誌上寫道，如果牛頓賣得出去，他會再開一瓶香檳。羅賓・薩克斯比看了這篇文章後很不爽，於是他送給ARM員工每人一瓶雲頂（Springbank）單一純麥。

　　這款由ARM創立的數位器材，各方期待已久。史庫利在1992年1月宣

布蘋果將推出一款「個人數位整理器」（PDA），接著在當年5月揭露了原型，此舉促使競爭者得以在蘋果尚未正式發表產品前就大舉進攻這個新市場。當他站在波士頓交響大廳（Boston Symphony Hall）的舞台上，手舉著11.4公分乘以18.4公分（4.5吋×7.25吋）、重量不到半公斤（少於1磅）、售價699美元的第一款牛頓平板電腦時，史庫利在蘋果的職業生涯已經時日無多了。

1993年6月，害怕蘋果股價崩跌的董事會要求史庫利交出執行長的棒子。當年10月，大力支持牛頓系列產品的推銷者也辭去董事會主席一職。

儘管內含一顆20兆赫ARM 610微處理器的牛頓平板電腦問市時備受矚目，但是卻沒有帶來太多正面評價。牛頓平板電腦除了有組織訊息和開會的功能，還能以紅外線連結至其他的牛頓平板來分享資訊，不過那時好時壞的手寫軟體令這些能力黯然失色。使用者用一支塑膠觸控筆在螢幕上寫下的內容，總是會被軟體滑稽地解讀，這個問題甚至被《敦斯貝利》（Doonesbury）等漫畫嘲笑過。

蘋果鐵粉搶著購買，牛頓平板電腦問市後的前十週就賣出50,000台左右，銷售速度大約與蘋果推出麥金塔電腦時相同：沒錯，就算這樣，離變成爆款產品還差得遠。牛頓作業系統也授權給夏普、西門子（Siemens）和摩托羅拉，讓這幾家公司能生產自己的平板，但是這項業務也沒有為蘋果創造大營收流。

這些懷疑並未阻止薩克斯比把牛頓平板電腦問市當成行銷ARM的機會，在接受ARM所在的當地安格利亞電視台（Anglia Television）訪談時，他說：「創立這家公司時，我們部分願景是世界上的每一個人都會使用到ARM晶片，為了實現這個願景，我們必須讓ARM成為家喻戶曉的名字，就像杜比實驗室（Dolby）一樣。」杜比是一家美國公司，把研發的音響技術授權給無數的消費性電子產品公司。

薩克斯比說：「我希望五年後，世界上大多數的人都聽過ARM，我

想，如果達到這境界，我們的其他願景應該也實現了：我們將成為一家大型公司；我們將有獲利豐厚的業務；我們將在世界各地設立辦事處。」❻接著他在「ARM賦予力量」（ARM powered）的標誌前擺拍，這標誌是該公司為了提高品牌知名度所做出的短暫努力。五年後，ARM的生意興榮，但不是拜那標誌、也不是拜蘋果牛頓所賜，在此之前，蘋果牛頓早就陣亡了。

很明顯地，1997年重返蘋果時，賈伯斯非常鄙視史庫利的牛頓計畫，「上帝給了我們10支觸控筆，」在一通電話中，他擺動自己的十根手指頭，對阿梅里奧建議：「咱們就別發明另一支了，你應該殺了牛頓。」阿梅里奧不想這麼做，但是木已成舟。❼

這項產品不算徹底失敗，尤其是後面推出更便宜的牛頓平板2000升級版（MessagePad 2000），蘋果在行銷中讚譽其為「唯一一款能實際使用的手持電腦，」之後又在1997年3月推出同系列eMate平板電腦，兩款電腦都賣得不錯。

1997年5月22日，蘋果宣布拆分牛頓事業部門，使其成為蘋果100％擁有的獨立子公司。這項決策涉及170名員工將搬出位在庫柏蒂諾的蘋果園區，而蘋果仍然保留牛頓技術的授權權利。蘋果財務長弗瑞‧安德森（Fred Anderson）宣稱，歡迎各界投資牛頓公司（Newton Inc.），這家公司日後搞不好會公開上市，他說：「我們預期牛頓第一年就會有顯著的成長和獲利。」❽

這話聽起來像是新的開始，其實只是在拖延死亡期限，等賈伯斯再度掌管蘋果，牛頓的前景必然黯淡無光。1997年9月剛取得微軟的投資後，賈伯斯就告訴剛獨立出來的牛頓公司，不必搬遷到新辦公室了。

牛頓重回蘋果旗下，集中火力打造eMate 300平板電腦，但是到了1998年2月，產品線喊停，賈伯斯說，為了公司成長：「我們把所有軟體開

發資源集中到擴展麥金塔作業系統。」❾

　　這是原本有機會、但最終從未問市的產品插曲。事後來看，牛頓系列是蘋果成長茁壯的一個重要中繼站，「有趣的是，牛頓的基本概念就是後來問市的iPhone，」ARM 610晶片的首席設計師圖朵・布朗說：「其實問題很明顯，牛頓太大、太笨重了，無法放進你的口袋裡，也沒有無線通訊。」

　　2012年退休時，布朗收到用框裱起來的牛頓平板電腦，附上銘刻的獻辭：「超前時代17年」（17 years ahead of its time）。不過，跟德州儀器和諾基亞緊密結盟之際，ARM不用太多時間去證明自己真的握有通往行動革命之鑰。

艾康未能如願接管ARM

　　劍橋市的會議室集合了一群人，蘋果財務長弗瑞・安德森神氣地出現在閃爍的螢幕裡，艾康的總經理大衛・李（David Lee）立刻感受到，這個人應該不是來宣布好消息的。

　　1997年春季，很多人都在談論視訊會議這項技術，不過虛擬會議在當時還不多見。大家預期這場視訊會議將是重要商旅前的最後一次面談，艾康有一支團隊即將前往加州庫柏蒂諾的蘋果總部，這兩家七年前共同創立ARM的公司即將簽署一份祕密合約。

　　只有少數的ARM高層知道此事，但令他們震驚的是，他們的夥伴關係看起來要結束了。蘋果已經同意艾康以一定價格買下蘋果持有的ARM股份，艾康的財務顧問雷曼兄弟（Lehman Brothers）也早就開始幫艾康安排必要的募資活動，加州之行的機票也訂了，就只剩下雙方握手簽約了。

　　可是，現在，頭髮總是梳得整整齊齊的安德森露出白亮的牙齒，小心翼翼地說聲抱歉，這樁交易就此打住，但是他沒有進一步解釋。大衛・李當

下驚訝不已。

就在艾康和ARM的父子關係降到冰點之際，這場會議寫下一年間最戲劇性的時刻。命運分歧是導致雙方關係緊張的主要原因，簡單地說，ARM業務蒸蒸日上，艾康生意卻每況愈下。身為艾康常務董事的大衛・李急切地想要合併兩公司，但是意識到自家潛力的ARM領導人堅決要取得完全的獨立性。

總是乾淨俐落、有條不紊，還帶點幽默感的大衛・李在1995年7月被延攬來執掌艾康，接替突然離職的山姆・沃喬普（Sam Wauchope），沃喬普喜歡威權式領導，總是認為ARM不過是艾康的子公司，只是為了服務母公司的需要而存在。而加速他下台的，是這位死忠足球迷違抗董事會的希望，請了幾個星期的假，跑去南非看世界盃足球賽。

大衛・李有會計師執照，在1981年加入義大利好利獲得（Olivetti）科技公司，在英國分公司任職幾年後晉升為財務暨行政總監。接掌艾康時，他說新職務是：「令人興奮的挑戰」，並說想和艾康的團隊一起：「辨識和實行新方案來確保公司業務的長期成功。」❿

但是，想必他看得愈多，負擔愈重。艾康1995年的財務績效隱含了沃喬普離開時的獲利警訊，稅前虧損1,230萬英鎊，虧損金額明顯高於1994年的340萬英鎊，發行認股權獲得的1,700萬英鎊中，有部分用於免去銀行貸款。電腦銷售量和校園服務業務都在衰退，電信服務商採用艾康數位互動電視技術的速度又太緩慢。

有個事業倒是希望之源，不過涉及到矽谷一位有趣的大人物。資料庫軟體公司甲骨文（Oracle）的創辦人賴利・艾利森（Larry Ellison）人脈豐沛，熱愛帆船航行，注重儀容的他有著一頭蓬鬆的棕髮，蓄著有型的短鬍子，總是西裝筆挺。當時視窗95作業系統剛推出就大受歡迎，激發艾利森

想製造能夠打破微軟制霸個人電腦行業的產品。

　　1995年9月4日，國際數據資訊公司（International Data Corporation）在巴黎舉行的歐洲資訊科技論壇（European IT Forum）上，艾利森利用發言機會做出回擊，他說個人電腦是：「荒謬的設備，太複雜、太昂貴、操作困難、不符合工作需要。」[11] 他的願景是發展所謂的「網路電腦」（Network Computeer），而且甲骨文將在一年內推出上市。個人或企業只要花500美元，就能買到遠比目前市面上個人電腦更簡單的設備，而這個設備的目的只有一個：讓使用者連上網際網路。

　　當時艾利森的構想大膽、振奮人心，引發IBM和蘋果在內的許多公司重新思考未來科技的可能性，與此同時，這構想也提供了艾康重返榮耀的潛在機會，當然，也可能是最後一搏的機會。

　　ARM的催生者、個性積極進取的麥爾坎·柏德，為艾康的大股東好利獲得安排的一次加州之行中，成功地向艾利森推銷艾康機上盒，這是一種數位視訊轉換器。艾利森回訪劍橋市時，便和艾康簽署合約，委託艾康設計內建甲骨文網路電腦的軟體，柏德回憶，艾利森在會議結束時說：「我在九星期內獲得一場簡報說明，你們取得了一只合約，現在我想看到網路電腦的參考設計。」

　　但是產品在1996年8月問市時，功能卻不如當初宣傳的那麼好，可能是倉促問市，使用的ARM7500FE處理器不太匹配軟體性能。就跟蘋果牛頓一樣，這台網路電腦超前時代。不過接連兩個事件下來，凸顯ARM有更大的商業機會，反觀艾康則是迫切需要一個勝利。艾康設計的網路電腦不是靠外掛軟體，而是試圖運行內建網路應用程式，但是當時的網際網路連線品質不佳，無力撐起這個構想。不只事業夥伴提出質疑，就連艾利森自己也對這個構想失去興趣。

　　柏德說：「打從一開始就有人警告我們，當賴利著迷於某項產品時，有他的支持當然很好，可是一旦他轉頭——而且他一定會轉頭，他的興趣

就會消退。」艾康的最後一搏失敗了。

網路電腦的失敗，意味著大衛‧李別無選擇，只能把心中的計畫付諸行動。曾經耗費資源、前景未卜的ARM，在1995年繳出稅前獲利330萬英鎊，儼然成為艾康皇冠上的珠寶，ARM公開上市一事也搬上檯面來討論。看到薩克斯比招募更多員工，他卻被迫裁員，大衛‧李心想，他可以收購蘋果手上的ARM股份，既免去ARM找麻煩，又能拯救艾康。

隨著商業日益國際化，成立沒多久的ARM遷離舊辦公室。因為需要更多空間，1994年3月ARM從哈維穀倉搬遷至艾康舊址——富邦路上卻利辛頓區的前供水廠，之後再搬遷至艾康總部後方的銀樓。諷刺的是，早前柏德曾安排ARM搬遷到劍橋市北方的希斯頓村商業園區，但是在薩克斯比嫌租金太貴而拒絕後，他反倒是讓艾康員工入駐此地。

大衛‧李把合併兩家公司的構想告訴艾康大股東、施羅德投資集團（Schroders）基金經理人克里斯‧羅傑斯（Chris Rogers），羅傑斯認為蘋果可以拿ARM股份換取合併後的公司股份，並估計ARM市值2億英鎊左右。他在1996年12月寫信給薩克斯比，讓他知道大衛‧李提出的建議，ARM一口回絕。

艾康與蘋果敵對的日子早就過去，1996年2月時，兩家公司合併英國校園電腦銷售業務，成立一家名為Xemplar的合資企業。儘管ARM冷漠回絕與艾康合併的提議，艾康仍然在那年尾聲開始洽談收購蘋果手上的ARM持股一事。

在蘋果看來，ARM事業是約翰‧史庫利時代的遺物，可是他們也不認為脫手ARM會是賈伯斯在1997年1月重返蘋果時想積極參與的計畫。反而是急於籌現金來填補資產負債表的財務長安德森仔細聆聽大衛‧李的說詞，一些主管們回憶，安德森並不關心ARM的發展，還有一位主管回憶，

安德森在一次造訪劍橋之行時咕噥道：「我認為你們（艾康）比ARM規模還大。」

　　為何蘋果在最後一刻對這樁交易踩煞車呢？局內人指出，關鍵人物是賴利・泰斯勒，他仍然身兼ARM董事會成員和蘋果首席科學家，以及ARM的大力擁護者，同時也是薩克斯比的良師益友。泰斯勒問安德森，為何要現在出售持股呢？你可以再等六到九個月，等ARM上市時搞不好可以獲得更好的報酬。

　　泰斯勒說的沒錯，ARM的價值遠高於施羅德預估的2億英鎊。不意外地，大衛・李並不認同蘋果的決定，他成功地在1996年把艾康的稅前虧損縮減至630萬英鎊，但是公司仍然很危險，欠缺能夠穩固長期未來的選項。

　　許多ARM團隊成員很後來才得知蘋果差點出售持股。如果蘋果當時把持股賣給了艾康，誰也不知道會發生什麼事、誰會離開、ARM的策略將會如何改變？唯一清楚的是，分別七年後再次重回艾康的懷抱將改變ARM的歷史軌跡。

納斯達克的呼喚

　　在放眼全球的抱負下，ARM自然沒有理由只在英國掛牌上市。在艾康掛牌的倫敦證交所公開上市很合理，但是納斯達克（NASDAQ）也很誘人。

　　位於紐約的納斯達克證交所已經壯大成為眾多快速成長的科技類股交易中心，ARM不需募資，但是需要提升ARM在潛在顧客心中的合理性，展示ARM可以應付華爾街偏愛的快速季報週期。

　　「我們把在納斯達克掛牌視為參加奧運，在倫敦證交所掛牌視為參加大英國協運動會，」1995年3月成為ARM財務總監的強納生・布魯克斯

（Jonathan Brooks）說：「我們想在科技業的重量級地盤掛牌上市。」當然，獲得更高估值如同錦上添花。

布魯克斯很熟悉ARM的故事，因為他是薩克斯比的老友，雙方的家人都住在梅登黑德市，平日相處融洽，薩克斯比的妻子派蒂是布魯克斯小兒子的老師，逢年過節兩家人經常聚會。薩克斯比在1991年接受ARM的工作前，布魯克斯以一頓咖哩餐的報酬，幫薩克斯比研擬一份五年期的事業計畫。1992年兩人一起在科西嘉島渡假時，薩克斯比還帶了一台蘋果牛頓電腦讓布魯克斯瞧瞧。

布魯克斯接受雅高酒店集團（Accor）的工作而遷居法國後，雙方仍然保持聯絡。當薩克斯比向布魯克斯遞出ARM財務總監的職缺時，布魯克斯決定返回英國。

加入ARM後，布魯克斯立刻展開掛牌上市的準備作業。ARM渴望剪斷跟創始股東緊密相連的臍帶，首先，這意味著丟掉彼此共用的會計事務所，尤其是共用的會計師合夥人。

然而，數字並不總是與抱負相符。當時在內建晶片上跑複雜軟體的業務被認為是利基型市場，1995年時前六個月ARM沒有簽下半只新的授權合約，營收來之不易。到了1996年，正當顧客數量逐漸成長時，夥伴模式卻出現了緊張跡象，他們愈來愈難告訴每位被授權的夥伴，ARM會自然地賦予產品競爭優勢，因此薩克斯比運用他的說服力向夥伴們解釋，實際上ARM為他們提供了發展自身優勢的工具。

在預期業務收入成長下，布魯克斯推出一種認列營收模式，以便簡單地向潛在投資人展示ARM的授權費和權利金組合能夠實現每季可預期的業務成長。由於權利金的收入成長緩慢，薩克斯比在早些年調高了授權費來彌補。布魯克斯一開始找英國的投資銀行來擔任公開上市業務的顧問，但是賴利・泰斯拉要他找一家華爾街的著名投資銀行。1996年末，他們決定讓摩根史坦利（Morgan Stanley）承辦。

當時投資人對科技類股的胃口大開，在1997年5月還是一家網際網路書店的亞馬遜公司公開上市，不過對ARM來說，更具意義的是一家名氣較小、比亞馬遜早一天公開上市的美國公司藍博士（Rambus）。藍博士標榜專門開發改善晶片通訊的技術，採行的授權模式與ARM相似，掛牌交易的頭一天，股價就上漲超過1倍。

　　外部環境相當樂觀，可是內部卻發生問題。摩根史坦利強烈建議ARM訴諸「單純」模式，也就是別再跟艾康糾纏了。艾康在那年4月不情願地批准ARM的公開上市作業，但大衛·李仍然懷抱把ARM併回艾康的目標，艾康董事會主席高登·歐文（Gordon Owen）曾在英國大東電報局（Cable & Wireless）打滾了37年，擅長在董事會中搞事。

　　摩根史坦利投資銀行的團隊成員倫·夏哈（Dhiren Shah）為1997年7月3日ARM董事會會議準備的一份備忘錄中做出以下總結：「艾康幾個月來對ARM公開上市一事尚未給出明確的意見，直到現在，艾康承認他們看出了ARM上市的價值，也了解到ARM和艾康不需要合併成單一事業體。」

　　沒過多久，艾康董事會試圖以驚人的方式踩煞車。那年夏季的一個週六早上，ARM的每一位總監都收到摩托車快遞送來的一封信，信函發自艾康委託的倫敦亞斯特律師事務所（Ashurst Morris Crisp，2003年改名Ashurst LLP），信中嚴厲提醒他們的受託人義務，確定公開上市計畫取消，並且下令他們不得對外發表任何有關此事的評論。

　　這令ARM團隊情緒激動，一些人更視為背叛。「這封信帶來難以想像的衝擊，」ARM團隊的賈米·厄克哈特說：「為何不直接跟我們溝通？」沒有一位總監回覆此信。

　　這衝突打亂了ARM打算在1997年10月向美國監管當局提出的上市申請。這消息令人沮喪：薩克斯比在前面幾年發給員工的股票選擇權，如果

ARM不兌現選擇權的價值，這家公司可能會失去人才和動能。

────────────

化解這次危機的，是那年秋天剛上任的艾康財務總監史坦・博蘭（Stan Boland）。健壯結實、精通數字的博蘭，看到賴利・艾利森在倫敦一場研討會上高舉一台網路電腦，說這台電腦是在英國人設計的，這使得博蘭嚮往成為艾康的一員。然而進入艾康後，他發現公司和甲骨文的網路電腦合約早就終止了。

在艾康的組織內，他遇到：「一群非常能幹、但混亂無章的工程師，從事各種不同的專案，其中有些賺錢，有些不賺錢，各式各樣的專案都有。」博蘭很快得出結論，ARM和艾康完全不同：「ARM與全球科技巨頭往來，潛力無窮。同樣明顯的是，把ARM併回一家有點破敗的英國公司，企圖以此修復財務，這完全是本末導置的做法。」對峙的僵局對雙方都是傷害，所幸博蘭即時出手調解。

當ARM的上市計畫死灰復燃時，顯然亦見的是，長期的夥伴關係隨即帶來回報，諾基亞在1997年12月宣布推出使用ARM晶片的6110款手機，時機再好不過了。

投資銀行家們希望ARM的首次上市公開說明書更有料，因此薩克斯比請求諾基亞執行長約瑪・歐里拉准許ARM使用一張新款諾基亞手機的相片，展示ARM晶片在真實世界裡的應用。在投資人路演時，新款諾基亞手機挑起人們的興趣，尤其是在美國基金經理人之間，因為歐洲在行動通訊領域明顯領先全球。蘋果在1998年2月停產牛頓，這事絲毫不影響ARM的聲譽。

在長達110頁的公開說明書中詳細說明ARM的成長曲線，1995年時營收970萬英鎊，1996年增加至1,670萬英鎊，1997年再增加至2,660萬英鎊，各年的淨利分別為190萬英鎊、260萬英鎊、340萬英鎊。公開說明書中

指出，藉由：「建立一個堅實的夥伴網絡，」ARM 正在：「將其架構打造成領先的 RISC 處理器，應用在許多產量的嵌入式微處理器。」

當然，ARM 的律師也在公開說明書中陳述風險因素。賣出新授權的時間、權利金的匯入時間都將導致 ARM 的每季績效較難預測。半導體業夥伴：「彼此可能爆發衝突，從而削減積極銷售 ARM 架構的意願。」此外，ARM 的營收仍然高度集中，其中最大的被授權者帶來的收入占1997年總營收的9.7％。在此階段，ARM 甚至還不算 RISC 微處理器市場上的領先公司，ARM 在數量上仍然落後於美普思和日立，公開說明書中也詳列一堆嵌入式系統的市場競爭者。

雖然 ARM 公開上市的準備工作大部分是以美國投資市場為概念，摩根史坦利還是確保英國投資人對 ARM 感興趣，這主要仰賴倫敦浩威證券公司（Hoare Govett）的兩名銷售員李・莫頓（Lee Morton）和安德魯・芒克（Andrew Monk），他們追蹤 ARM 多年，發展過程中不停為他們宣傳。芒克和莫頓確定英國有足夠的需求，ARM 可以同時在倫敦證交所掛牌。

當時雙重上市（dual listing）很流行，所以董事會勇往直前，繼續推動在英美兩地掛牌上市。由於公司管理團隊位於英國，因此倫敦成為第一個上市地。布魯克斯團隊在納斯達克證交所要求的文件頁數基礎上，多加了30頁的前言，成為英國的上市公開說明書。公開上市時，ARM 易名為 ARM Holdings*，成為眾多想利用旺盛的投資需求而趕鴨上架的科技公司之一，雖然ARM 的商業模式比其他科技公司更難理解，但是股東一樣能夠獲得豐厚的回報。

＊公開上市易名為 ARM Holdings 之後，下文將開始稱其為安謀公司。

百萬富翁

1998年4月7日星期二，安謀在紐約賣出580萬股美國信託憑證股份（Amercian Depository shares，外商公司在美國股市的交易形式），倫敦則是賣出328萬股普通股，等於是把安謀約1/4的股份出售給外部投資人。第一個交易日，安謀的股價在納斯達克證交所上漲46％，以每股42.50美元做收。在倫敦證交所的表現也一樣好，從575便士上漲至850便士。開盤首日的強勁表現超出所有參與者的預期，包括持有10％股份的安謀員工在內。安謀上市的第一個交易日就達到10億美元的市值[12]，賈伯斯打了一通約30秒的電話向薩克斯比致賀。

安謀的股價持續上漲，媒體著迷於他們的企業故事。安謀晶片設計的潛力是一回事，但正在創造的財富又是另一回事，英國廣播公司的地區性電視新聞節目《BBC望東》（*BBC Look East*）製作了一集名為「沼澤地上的財富」（A Fortune in the Fens，英格蘭東部含劍橋在內以前是沼澤地）的紀錄報導，說安謀裡有33位百萬富翁，其中包括薩克斯比，他持有的股票帳面總值高達3,600萬英鎊。

節目中薩克斯比一邊帶著拍攝人員重遊現今空蕩蕩的哈維穀倉，一邊說：「你可能想，我們全都賺大錢了，全都可以退休了，但是事實恰恰相反，[13]這有點像我們才剛加入英格蘭超級足球聯賽，」利物浦足球俱樂部球迷會說：「聚光燈照在我們身上，所以還有得忙呢。」

買進者眾，蘋果除外。在公開上市前，安謀股東已經分得500萬英鎊的股利，蘋果則是出脫18.9％的持股，進帳2,400萬美元，接著在1998年10月再賣出更多股份，進帳3,750萬美元，把手中的安謀持股比例降至19.7％。1998年聖誕節前申報的10-K年報中，蘋果宣稱：「我們對安謀的管理或營

運政策不再有明顯的影響力。」

　　蘋果和艾康在安謀董事會的席次從上市前的兩席減少到一席，1999年1月15日蘋果僅存的董事會成員、也是蘋果財務主管蓋瑞・威普弗勒（Gary Wipfler）辭去安謀董事一職，同時也告知安謀不用再為其保留董事會席次。蘋果離開安謀董事會時，賴利・泰斯勒也一併離開，不過他於1998年3月開始擔任獨立董事，直到2004年才退任。

　　蘋果持續出售安謀持股，1999年會計年度入帳2.45億美元，2000年會計年度入帳3.72億美元，2001年和2002年會計年度分別入帳1.76億美元和2,100萬美元。到了2003年，在賣掉手中剩下的安謀股份、入帳295,000美元時，蘋果的處境早已今非昔比。

　　賈伯斯在1997年秋天重新接掌蘋果時，公司的現金儲備僅剩14億美元，反映公司借款成本的負債評等降至垃圾評級，那年的10月，信用評等機構標準普爾再度調降評級。

　　1997年9月截止的會計年度，蘋果年營收再減28％，在個人電腦市場上的占有率不但持續下滑，還陷入價格競爭，年度虧損10億美元。蘋果在年報中嚴肅警告：「持續刪減成本不保證可以彌補公司減少的淨銷售額。」蘋果的競爭對手、個人電腦業大亨麥克・戴爾（Michael Dell）給出的建議是：「歇業，把錢還給股東。」

　　六年後，完全出清安謀持股的蘋果，現金儲備高達46億美元，這其中有很大一部分來自大幅改善營運績效。推出創新產品使得蘋果再度獲得成長動能，2003年9月截止的會計年度，蘋果賣出939,000台iPod音樂播放器，彌補了麥金塔電腦銷售下滑。

　　附帶一提，在1999年春季，安謀首次公布的年報中，揭露安謀與蘋果之間的商業交易：「安謀和英國蘋果電腦公司的母公司簽定一只合約，向該公司供應軟體及相關服務和維修，合約在1998年12月31日終止，總值15,000英鎊。」

安謀跟蘋果做的生意僅與上一年持平，比起1996年的62,000英鎊，業績顯著下滑，更何況還要抵消掉安謀向蘋果購買的5,000英鎊軟體服務。當時沒有任何跡象顯示，這兩家不再有股權牽連的公司會在未來十年出現數百萬英鎊的生意往來。

多年後的2010年6月1日，賈伯斯在數位綜觀研討會（All Things Digital）上接受科技新聞從業者華特‧摩斯柏格（Walt Mossberg）和卡拉‧史威舍（Kara Swisher）訪談時，透露他重返蘋果頭幾個月的困境。

「當時蘋果離破產只剩90天左右，」穿著黑色高領套頭衫的賈伯斯坐在紅色皮質扶手椅上，輕輕地搖晃著說：「情況遠比我當初決定重回蘋果時設想的要糟多了。」❶

2010年是苦樂參半的一年。這場研討會舉行的多天前，蘋果的市值超越微軟，成為全球最大的科技公司。但是戴著圓形無框眼鏡的賈伯斯明顯比他上次公開亮相時消瘦，體力也明顯衰弱。十六個月後，他在對抗胰臟癌的戰役中失敗，駕鶴西歸。

一方面，蘋果市值超越夙敵，部分得歸功於微軟在1997年挹注1.5億美元，把蘋果從墜崖邊緣拉了回來，但是出售安謀股份取得總計8.38億美元的穩定現金流，無疑地對蘋果的復活做出重大貢獻。

多年後，當年批准投資ARM的前蘋果公司執行長史庫利說：「賣ARM股份的錢讓蘋果得以繼續營運下去。」❶這筆錢遠比艾康在1997年年初的收購價高多了，而這些收穫全源自蘋果當年為了一台器材（牛頓電腦）晶片所投資的250萬美元，雖然這台器材最終以失敗告終。

「寫書的人總喜歡英雄與惡棍，」2020年2月辭世的泰斯勒在他的網站上記述當年：「就像在牛頓計畫時期，我們做出了很多好決策，也犯下很多糟糕的錯誤。」❶

泰斯勒2017年接受電腦歷史博物館（Computer History Museum）訪談時，給出無庸置疑的結論：「牛頓計畫最成功的部分是ARM，」又說：

「我們出售安謀持股賺到的錢，多過我們在牛頓計畫上損失的錢。」⑰

艾康的殞落

安謀公開上市帶給艾康的衝擊，跟蘋果迥然不同。起初，出售安謀部分持股讓艾康入帳1,600萬英鎊，他們說這筆錢將用於：「減少借款，支持核心業務發展。」⑱但是如同大衛・李所擔心的，這交易也讓艾康陷入危險。

對ARM的狂熱促使投資人購買了艾康股票，希望藉此儘早搭上ARM風潮。然而安謀掛牌上市了，股價也持續上漲，艾康的市值卻比持有的安謀股份價值還低，這結果清楚顯示倫敦投資界如何看待艾康的前景。

在百般努力嘗試把ARM納入旗下未果後，艾康早已改弦易轍，嘗試說服安謀拯救前母公司，條件任憑安謀開，「我們現在拉下褲子，站在這裡，桌上有一桶奶油，」某位安謀主管回憶一位艾康主管在會議中對他這麼說。

安謀上市一年多後的1999年4月28日，艾康宣布拆分事業體。艾康已經比1980年代的許多個人電腦製造商還要長壽，例如：康懋達、雅達利，但是歷經五年的營運虧損，生命也走到了盡頭。

為了讓股東們能夠在不支付8,000萬英鎊的稅額下交易他們僅存的24%安謀股份，投資銀行摩根史坦利收購艾康，並將機上盒事業單位以20萬英鎊賣給競爭對手佩斯公司（Pace Micro），艾康的劍橋總部大樓也由佩斯接收。更早時，蘋果已經用300萬英鎊買下與艾康合資的Xemplar股份，艾康的RISC作業系統也被授權出去。

閉幕前的最後一場戲涉及了領導層異動。1998年6月4日，在劍橋市阿姆斯大學飯店（University Arms Hotel）樓上舉行的艾康董事會議異常暴躁，大衛・李交出執行長的棒子，當天的會議備忘錄顯示，博蘭形容艾康董

事會與經營管理團隊是阻礙公司進展的「兩堵爛泥」。身為新任執行長，博藍領導艾康事業體拆分一事，過程中他因為關閉艾康桌上型電腦事業單位，收到忠誠的軟體開發工程師寫來的咆嘯信，揚言要拿棒球棒毆打他。

　　兩相對比，不勝唏噓。上市後的頭一年，安謀股價上漲超過3倍，在行動電話蓬勃成長下，公司1998年的稅前盈餘達到940萬英鎊，1999年內含安謀晶片設計的手機銷售量從5,100萬支暴增至1.75億支，稅前盈餘成長至1,800萬英鎊。[19]

　　1999年12月，安謀被納入富時100指數，加入英國市值最高的前百大上市公司俱樂部，並且在即將破滅的科技泡影推波助瀾下，安謀的市值飆升至60億英鎊，其中不難看出投資人為何如此興奮。

　　十年前薩克斯比早就估算過，如果安謀想成為全球的嵌入式 RISC 標準，ARM 晶片的年出貨量到了2000年時，最起碼得達到2億片。實際上在行動電話的榮景下，2000年 ARM 晶片實際出貨量達到了3.67億片。[20] ARM 設計的擴展遠超過盟友諾基亞，全球有2/3的手機採用 ARM 設計，而且擴展趨勢還在持續中。2000年12月贏來另一個甜蜜時刻，薩克斯比的前僱主、被奪走行動電話龍頭寶座的摩托羅拉硬著頭皮取得安謀的處理器架構授權。

　　雖然安謀爭取到的生意都在海外，卻對英國科技業意義重大，贏得不少讚揚。2000年6月21日，英國貿易工業部大臣史蒂芬・拜爾斯（Stephen Byers）為安謀的新總部 ARM1 開幕儀式剪綵，建物座落於十五年前 ARM 晶片設計誕生之地的劍橋供水廠後方。

　　那年夏季之前，安謀的1/3員工（約150人）搖身變成百萬富翁，「就連行政秘書的身價也比百萬富翁高好幾倍了。」安謀的人力資源總監比爾・帕森斯（Bill Parsons）說。他估計，進入安謀服務滿三年的同仁，每人身

價高達50萬英鎊。❷反觀原始ARM設計的共同創造者史蒂夫‧佛伯，只獲得公司給予一筆不多的現金，因為他已不是員工，無法加入英國稅務局核准的股票選擇權方案。

艾康的老兵迄今仍然因為安謀企業故事經常抹去自己的貢獻而難過，畢竟是艾康委託和培養了ARM晶片架構、投資了數百萬英鎊、協助他們找到後續所需資金、轉介貴客，並且聘雇十幾名核心成員。在此之前，艾康的BBC微型電腦和艾康電子電腦銷售了150萬台，孕育出一個世代學習BBC BASIC程式語言的程式設計師，促使英國軟體產業在數十年後仍然生氣蓬勃。

還有最後一項貢獻，令人對艾康的技術印象深刻。在艾康的歷史塵埃中，博蘭曾募集一小筆創投資金，從摩根史坦利那裡買回一支設計半導體元件的30人團隊，改名為「元素14」（Element 14），效忠於艾康的蘇菲‧威爾森所開發出的一款「警報」微處理器（ALARM），名稱取自A Long ARM的縮寫，這款晶片可用於驅動寬頻網際網路連線，後來改名為「火路」（FirePath）。

最終的一個轉折，各方提供的回憶有所不同，有說博蘭更早的時候向ARM提議以100萬英鎊買下元素14，有說博蘭把元素14當成投資機會推銷給ARM。但是ARM歷經千辛萬苦才擺脫過去，再加上之前的嫌隙仍然存在，安謀拒絕了博蘭的提議。稍後的2000年10月，美國晶片業巨人博通（Broadcom）以5.94億美元的股份買下元素14。

這是非常不錯的交易，不過如果元素14沒採納顧問德意志銀行（Deutsche Bank）的建議，而是接受英特爾提出的等價現金收購提議，結果會更好。因為博通的股價很快就重挫，這也再一次提醒世人，微晶片產業無情的興衰。

進軍全球：亞洲如何打造現代微晶片產業

穩固的基礎

1999年9月21日凌晨，台灣人民被7.6級地震震醒，震央接近這座東亞海島的中心位置，因此全島都遭受衝擊，導致道路變形、山崩、滑坡造成河川改道，首都台北市寺廟倒塌、火災四起，無數建築物倒塌，數千人被埋在瓦礫堆下。❶

這是自1935年以來台灣最嚴重的地震，暴露數十年前房地產榮景時期的一些拙劣工程品質。這場地震奪走超過2,400人的性命，超過10萬人失去家園，水、電和電話通訊中斷，精疲力竭的居民在接下來的數個月內還得承受超過8,000次的餘震。

震央西北方60哩處、占地1,500畝的新竹科學園區，數萬名工作者大致安然無恙，這座園區裡有近300家公司和研發單位專門從事微晶片、光電工程、電訊和生物科技等高科技相關業務。地震發生時，園區裡有5座工廠的主力租客台積電，廠內地板震動導致停電，夜班員工陷入黑暗中。

感謝時任台灣行政院長蕭萬長的一通電話，不到三天園區就恢復供電。❷ 這場全國性災難的清理與重建在全島展開，人民對於政府實施的緊急應變措施，批評聲浪不斷，但是僅僅一週後，台積電的營運就恢復95％產能，新竹科學園區（也受益於園區有獨立供電）的訪客幾乎看不出任何跡象

顯示這裡才剛遭受地震重創。

　　台積電恢復營運的速度，顯示這家公司對台灣的重要性——創造許多就業機會的國家級冠軍企業，驅動出口與國家總體經濟，更重要的是他們在全球微晶片產業扮演著關鍵角色，這也是高通、博通、摩托羅拉等美國主要晶片公司領導人，在6,500哩外密切注意台灣事態的原因。

　　台積電從無到有，僅僅十幾年的時間，產量占全球微晶片產業總產量的5％，他們不設計晶片，而是為這個產業中的大型公司代工製造晶片。在龐大晶圓廠裡，吊頂輸送帶上一個接一個的流程無聲地製造出矽晶圓，再切割成晶片，把數百萬片晶片出口至世界各地，安裝於行動電話、遊戲機、筆記型電腦等器材上。*

　　台積電子是第一家專門從事晶圓代工的公司，這是他們成功的原因之一，然而台灣的晶圓代工廠不僅台積電一家，另一家聯華電子（United Microelectronics，後文簡稱聯電）也在1996年時把晶片設計部門獨立出來，專注於晶圓代工，製造規模與台積電相近，在市場上排行老二。聯電也在新竹科學園區裡，入駐原因是園區內的電力網具有優先權，有利於每日高達500百萬瓦的用電量。

　　此時多數微晶片公司仍然由自家的晶圓廠生產自家設計的晶片，尤其是最新設計的晶片，但是製造晶片的高成本和複雜性，使得遠溯自1960年代的垂直整合模式愈來愈難經營。純晶圓代工廠證明產品值得信賴，能夠高度依循錯綜複雜的設計規格來量產晶片，於是代工模式成為日益誘人的選項。

　　把重要工作交由一座有眾多天然災害的小島，明智嗎？現在思考這個問題顯然太遲了。企業界領導人知道，面積僅有加州的1/10、人口2,200萬的台灣，儘管有著特殊的地理特性，但是其卓越的效率，意味著台積電無可取代。

---

*本文和後文撰寫數字都是指當年的數字。

地震後不到三個月，台積電就展示自己毫髮無損的動能，在新竹為另一座工廠舉行的動土典禮上，他們的第一座12吋晶圓廠（指一片矽晶圓的直徑為12吋）正式對外宣告。

截至當時為止，8吋晶圓廠是晶片業的主流，12吋晶圓廠是重大的里程碑，雖然製程更困難、更貴，但是生產出來的晶圓面積大增——12吋晶圓的面積是8吋晶圓面積的2倍多，每片晶圓能切割出的晶片數量也增加2倍多，為更高精準度的設計和良率鋪路。好處還不只如此，12吋晶圓將提高3倍的營收，利潤也隨之增加。

1997年台灣受到亞洲金融危機衝擊，貨幣貶值和人民看衰經濟前景，長達三十年近乎毫無中斷的經濟成長戛然而止。直到1999年末，拜諾基亞的成功，引領精巧型手機的需求增加，以及電視機上盒的問市，微晶片的需求反彈。

晶片產業向來有明顯的景氣循環特性，因此看準投資時機攸關公司的商業能否成功。12吋晶圓很適合高量產記憶體晶片，儘管業界議論紛紛，卻遲遲未有動靜。

走出景氣谷底後的新面貌是，純晶圓代工廠率先投資，反而不是向來藉由建新廠來取得競爭優勢的晶片設計與製造公司。台積電和聯電等同儕把可能性的界限往外推，預測晶片業將在2000年時成長30％。他們很樂觀。

早在當時，台積電就有超前群雄的跡象了。儘管1999年時地震導致停產一週，台積電營收和獲利仍然創下歷史新高，營收成長46％，達到新台幣731億元（以2023年匯率換算，相當於25億美元），獲利成長60％，達到新台幣246億元（以2023年匯率換算，相當於8.25億美元）。台積電早前在1997年10月於紐約證交所掛牌上市，也是第一家赴美掛牌的台灣公司，隨

後的亮眼表現，最開心的莫過於股票投資人。

1999年12月的第一座12吋晶圓廠動土典禮上，台積電總經理曾繁城說，該公司：「致力於追求新技術發展和增加產能，以維持我們的領先地位，提高競爭障礙，並為全球客戶提供最佳的專業製造服務。」❸ *

台積電的資產增加了1座12吋晶圓廠，當時他們已經有5座8吋晶圓廠和2座6吋晶圓廠，蓋一座晶圓廠的造價可不便宜，投資回收也不快。這座12吋晶圓廠的成本超過20億美元，大約是十年前興建一座晶圓廠的5倍，更何況這座新廠要到2002年初才能投入生產。

新廠的外部結構不到一年即可完工，但是接下來還有技術性設備，光是精細地建造一間巨大的無塵室和購置精密設備，然後進行測試，就耗掉2001年一整年的時間。這座晶圓廠如果產能全開，每月可生產25,000片12吋晶圓，至於能切割出多少晶片，得視晶片（又稱為晶粒、裸晶）大小、製程節點（process note，以奈米來衡量），以及電路的複雜程度而定。

來到新千禧年，台積電繼續加快腳步，因為晶片需求旺盛，一年增加50%的產能早就不足以應付。2000年1月，台積電宣布收購當時台灣第三大晶圓代工公司──世大積體電路製造公司，並且取得其與宏碁電腦公司（Acer）合資企業的控管權。這些產能加總起來，台積電的產出可望比1999年高出近1倍，讓不安的顧客相信台積電對未來做了充足的投資。

這是台灣的一段大變動期，對台積電也是。2000年3月，在國民黨統治台灣55年後，前台北市市長陳水扁當選總統。他的當選令北京當局拉警報，中國一直視台灣為國土的一部分，然而新選出的總統支持台灣獨立，儘管他對外口徑十分謹慎。

＊台積電的英文版新聞稿跟中文版有點出入，中文版新聞稿：「為持續強化台積公司競爭力，同時為全球客戶提供最佳的專業製造服務，台積公司持續不斷地強化技術並增加產能。

2000年3月30日迎來另一個慶祝儀式，這次在以建築古蹟和鮮美牛肉湯聞名的台南，當地顯要人士參加另一座台積電新廠的啟用典禮。由於新竹科學園區的容納空間愈來愈少，台灣政府設立台南科學工業園區，期望藉此縮小南北經濟差距。在熱鬧的傳統舞龍舞獅慶賀中，台積電成為第一家進駐台南科學工業園區的晶圓廠。為了防震，基礎鋼棒深入地基，還加入減震的阻尼器。

這是當時世界上最大的晶圓廠，光是無塵室面積就有190,000平方呎（17,600平方公尺），將近4座美式足球場大。值得一提的是，工廠面積擴大的同時，產品卻縮小，台南廠一開始就投入200奈米（0.2微米）製程，未來還將縮減至100奈米（0.1微米），即線寬僅有一張薄紙厚度的1/1000。❹

這些數字大概震驚了局外人，但是台積電確深知個中道理，龐大的資本投資可以分攤到廣大的全球客戶身上。

幫助台積電實現理想的是設備製造商之間的廣泛共識——把心力從8吋晶圓製程集中轉向12吋晶圓製程。晶片製造商如果想更進一步發展，得在製造方面做出龐大投資，許多晶片製造商加速轉變成無廠半導體公司，加入新一代晶片公司的行列——這些公司從來沒有晶圓廠，因為專業的晶圓代工廠能提供產能。

當時台積電較鮮為人知的另一項決策是，拒絕美國晶片巨人IBM提出的授權合作0.13微米製程，為了長期成長，台積電決定自行研發。

不同於早年必須複製別家公司的實務經驗，台積電決心發明自己的方法，可靠且具成本效益地製造出最小、性能最佳的晶片。最新一輪的投資將會擴大自己的領先地位，並進一步鼓勵晶片設計跟晶片製造脫鉤。

亞洲長期以來就是世界工廠，製造出的商品長期輸入西方國家，現在微晶片工廠也加入行列——明明四十年前微晶片還是美國創新的象徵。然而隨著台積電之類的廠商愈精進，美國和中國就愈深陷台灣的運行軌道裡，

緊接而來的就是情勢拉鋸戰。

晶片的世界開始傾斜

在1961年3月的無線電工程師年會上，展示一款微邏輯正反器的幾年間，快捷半導體準備再往未知領域邁進一步。

國防和太空產業為微晶片產業提供了初期的生計援助，但是還有另一項可追求的商機：消費性電子產品市場。如果快捷半導體想在電視和收音機市場上取得成功，就必須設法降低電晶體價格，並且擴大產能。

該公司剛在緬因州的波特蘭市啟動一座新廠，但是他們極富魅力的領導人羅伯・諾伊斯想往遠處發展，同事中鮮少有人知道他白天在公司上班，其餘時間還投資了香港一家製造電晶體收音機的小型工廠。

香港曾為英國殖民地，長久以來以紡織業重鎮聞名，現在消費性電子產品的產出正在成長。伴隨產業擴張，一些美國公司試驗性地把微晶片部分生產流程自動化——不僅僅是晶片製造，還有2吋矽晶圓的組裝線流程。

諾伊斯認為，前往海外可能是一種有效的策略，「他知道海外工程師的可得性和薪資差距，」負責成立和管理這座新工廠的查爾斯・史波克（Charles Sporck）回憶。❺

1963年快捷半導體在香港恆業街一座大型成衣工廠的對面，設立美國微晶片業在海外的第一座組裝廠，濱臨九龍灣的工廠很顯眼，門口豎立一個大大的「F」標誌，飛進香港的航班乘客都能看到。

快捷半導體在美國製造和測試矽晶圓，再運送至香港組裝、二次檢查和銷售，通常是直接賣回美國。頭一年年底，這座工廠組裝出數百萬個收音機用電晶體，「這是個勝利，」史波克說：「品質優異，大概是因為我們有請工程師在那裡當工頭吧。」❻ 微晶片供應鏈的國際化始於組裝，屬於晶片

製造流程中精細繁瑣、昂貴、勞動密集的後端部分，包括：封裝個別晶片、遞送給客戶、嵌入器材裡。所謂的「接合」（bonding），是指用細小的線材把晶片和細小的導線架連接起來。

組裝階段不同於前端晶片製造，加上晶片很小、很輕、高價值，因此前後端的流程很快就區分開來，在相距數千哩的不同地點執行。華頓計量經濟預測協會（Wharton Econometric Forecasting Associates）研究員威廉‧費南（William Finan）為全國經濟研究局（National Bureau of Economic Research）撰寫的一份研究報告中指出：1973年時在新加坡組裝的話，每個器材的積體電路製造成本為1.45美元，把組裝廠遷回美國的話，價格會上漲到3美元。

組裝作業其實不難，以最常見的人工作業形式來說，費南寫道：「通常一天就能教會組裝員基本技巧，不到兩星期他們就相當熟練了。」❼

過沒多久，更多的作業往東方轉移，快捷半導體的香港工廠扮演了更大的角色。❽ 那裡有6,000名員工分為3班、24小時輪班作業，為晶片塗抹黑色樹脂來隔絕塵埃與溼氣。香港地區的顧客就地處理，不合格的晶片被銷往本地的玩具工廠，用來當成泰迪熊的眼睛，「那可能也是我們的獲利來源。」高登‧摩爾在一次訪談中開玩笑說。❾

其實這座工廠的經濟效益很好，香港人很勤勞，只是留給大型晶片生產商的成本效益並不持久。根據史丹佛大學萊絲莉‧柏林（Leslie Berlin）的研究，快捷半導體起初支付工廠作業員一天1美元，比美國相同工廠作業員的時薪還低，但是當無數西方公司前進此地，逐漸把日薪推高到2美元，在東亞其他地區陸續丟出誘因來吸引外商投資的同時，香港的競爭力逐漸減弱，快捷半導體於1966年在南韓設立一座新工廠，日薪僅80美分。❿

晶片製造公司也嘗試在墨西哥和薩爾瓦多設立工廠，但是很快就偃旗息鼓，因為當地社會不穩定。而亞洲，尤其是東亞，政治更穩定。海外工廠可以近乎無間斷地24小時運作。據統計，1971年時美國晶片業的國內受僱

員工約75,000人，海外工廠的僱員卻有85,000人。⓫

　　諷刺的是，促使美國公司尋找低成本生產中心的競爭壓力來自亞洲某處。日本在消費性電子產品市場的成長速度很快，早在1959年時日本的製造商就已經囊括美國電晶體收音機——隨身聽，第一台真正的攜帶式裝置的50％市場占有率。

　　日本廠商也大打廣告。1960年聖誕節，索尼收音機在一本美國雜誌上這麼宣傳：「技能熟練的工程師帶來原真、優質音效，無與倫比的耐用性與精巧。」⓬日本產品的行銷活動鮮少提到一個細節，日立、三菱（Mitsubishi）、索尼等大型日本製造公司都是從取得美國晶片專利授權起家。

　　有很長一段期間，這是美國公司能賺到日本錢的唯一途徑，因為日本實施嚴格的進口控管。罕見例外的美日合作發生在1968年，德州儀器和索尼歷經種種阻撓後創立合資企業，此舉轟動一時，朝歡迎外資進入日本邁出一大步。

　　大部分時候，美國製造商只能隱約地窺視這個先進經濟體如何製造出高需求的消費性電子產品，反觀日本公司則是用日本製造的產品，以高效率的工廠運作把價格壓低來淹沒美國市場。

　　德州儀器有一個事業單位專門打造自動化製造工具，例如：把很細的金線黏接在矽晶片上的顯微鏡和封裝上接腳的 Abacus II。成功地把人工組裝作業轉移至海外後，他們很快意識到，日本的技工也能夠用德州儀器的設備生產更好、成本更低的產品。

　　晶粒／裸晶（die）其實就是晶片本身，之所以取名「die」，是因為晶片由矽晶圓切割（dice）製成而得名。晶片的成本很快地趕上勞動成本，因為積體電路比簡單的電晶體製成更複雜，因此自動化生產線變得很

重要。

在美國的施壓下，日本於1970年代中期鬆綁進口控制，並且決心不能失去國家的工業優勢。1976年至1979年間，日本經濟產業省加倍鼓勵國內公司，以超大型積體電路（Very Large Scale Integration，後文簡稱VLSI）為主要目標，彼此通力合作與研發。那些年日本公司取得超過一千項專利，快速建立各自的專長，邁入1980年代後，日本已經成為全球領先的記憶體晶片供應商。

一開始其他國家袖手旁觀，直到他們發現那是一個仍然處於嬰兒期、正在快速變化中的高科技產業，才紛紛積極參與其中。美國的購買力往往對國產製造商不利，舉例而言：1980年時南韓在微波爐在市場上根本排不上號，直到美國一家百貨公司來到此地，看看能不能找到比其他地方更便宜的替代品。當奇異公司（General Electric）難以和日本抗衡，決定停產國內生產的微波爐、改找國外製造商代工時，三星很自然成為選項。❸

在政府的鼓勵下，南韓三星的電子事業創立於1969年，主要生產黑白電視機和冰箱。三星是南韓眾多財閥之一，公司經營由家族控制。李秉喆是富有地主的兒子，於1938年創立三星商會，從事雜貨和貨運業務，後來延伸至保險業、零售業，跨足領域眾多，屬於多角化經營的公司。李秉喆早年歷經日本侵占韓國的日據時代，促使他立志打造一個令國家引以為傲、擺脫進口依賴的大企業。

三星在1974年收購陷入困頓的韓國半導體公司（Korean Semiconductor）股份，經營觸角延伸到微晶片產業。微晶片事業與三星旗下的電子事業很適配，後續陸續推出洗衣機、電信設備、錄影機、相機、磁碟機、行動電話等產品。

李秉喆在1982年把目光望向新挑戰。前往美國接受波士頓大學頒授榮

譽博士學位時，還抽空前往 IBM、奇異，以及惠普參觀半導體組裝線，顯然三星還存在巨大的技術鴻溝，原本他考慮退出晶片業，但是最終決定加入戰局。⓮

1983年2月8日早上，從日本大倉酒店套房睡醒後，李秉喆把得力助手洪璉基叫來，請他在韓國《中央日報》上發表一則聲明，順帶一提，該報也是李秉喆創立的。

「我們的國土小、人口多，」李秉喆在這份後來被稱為〈東京宣言〉（*Tokyo Declaration*）的聲明中寫道：「3/4的面積是山，近乎沒有石油或鈾之類的天然資源。」他感謝南韓受過教育的勤勞國民，為廉價產品的大量出口提供動力，不過他警告，貿易保護主義下，這種策略將達到極限。他提出一個解決方案，宣布：「我們希望推進到半導體產業，仰仗我們國民堅韌的精神與創造力。」

為了培養韌性，三星為進攻新市場做準備的同時，還讓100名工程師日以繼夜健行四十哩，鍛鍊他們的毅力。除此之外，競爭者也懷疑三星能做到哪個地步，因為半導體除了人才投入，還需要龐大的資金。從一件事可以看出李秉喆移往價值鏈上游的決心，他祕密地讓一批晶片工程師每週六從東京飛抵南韓來訓練三星團隊，週日再讓這些工程師飛回日本。

一種業態逐漸在這個地區浮現。微晶片是從消費性電子產品供應鏈的終端往上游前進，令人嚮往、高附加價值卻高度複雜，亞洲四小龍——台灣、南韓、新加坡、香港，加速工業化以趕上西方國家，學習胃口比美國對便宜進口貨的胃口還大。美國早年輸出金錢援助過這些地區，但是伴隨經濟快速發展，轉為輸入這些地區的產品回美國。

長期來看，產業與經濟發展可以帶來政治資本，但是光著眼短期，財務上的優勢就已經令人喜上眉梢了。1960年至1985年間，日本和四小龍的實質人均所得成長超過4倍，世界銀行在1993年發表的《東亞奇蹟》（*The East Asian Miracle*）報告中，將這些國家的成功和生活水準提高歸因於：

「優異地累積物質與人力資本，」以及把這些物質與人力資本分配到：「高生產力的投資、取得和熟練專業技術上。」這些做法將繼續獲得回報。

時任世界銀行總裁路易士‧普瑞斯頓（Lewis Preston）在這份報告的序言中寫道：「從這角度來看，東亞經濟的成功並非『奇蹟』，只不過他們在這些成長要素上運用得比大多數經濟體更好。」❺

不過亞洲的進步也造成緊張局勢。1980年代初期的主戰場在記憶體晶片。動態隨機存取記憶體（dynamic random access memory，後文簡稱DRAM）晶片以一個儲存格儲存1位元資料或程式碼，微處理器所需要的DRAM都是大容量、標準化的，幾乎不需要創新，受益於低成本、高良率生產，成為日本主力特長。

起初美國客戶在無法自給自足晶片下，很高興有第二個產品源頭。但是在市場疲軟、不景氣的1980年代初期，日本的供給並未減少，難以銷入日本市場的美國公司紛紛抱怨，日本競爭者把價格壓低到成本以下，企圖藉此掠奪市場占有率，把其他競爭者逐出市場。

對恩益禧（NEC）、日立、富士通（Fujitsu）等日本大公司而言，晶片只占營收的一部分，公司還有其他賺錢的事業做靠山，反觀英特爾和超微半導體，晶片等同於他們的全部業務。摩托羅拉要求美國政府對從日本進口的呼叫器和電話課徵關稅，美國政府同意了。

這是一場圍繞著供給控管與安全性的衝突事件，時間持續長達數十年，一家美國公司的強烈推薦，反而對美國晶片供應商造成不利影響。在1980年2月在華盛頓特區舉行的產業論壇上，惠普的電腦事業部門副總迪克‧安德森（Dick Anderson）發表後來被稱為「安德森炸彈」（Anderson Bomshell）的評論，他解釋惠普的新電腦產品線無法自國內取得足夠的16K DRAM（可儲存16,000數位量的資訊）供給，被迫轉向跟日本供應

商購買。但是安德森很快發現，日本製的晶片在惠普工廠檢測中良率更高，內建日本晶片的電腦可以運行更久，而且記憶體比較不會故障。簡言之，進口晶片的性能更優良。❶

到下一代記憶體晶片64K DRAM問市後，日本已經囊括全球80％的市場占有率，甚至即將問市的256K DRAM還被1982年的《紐約時報》報導為：「比一枚郵票更小、但能夠儲存這頁報紙的全部文字」。美國晶片生產商完全拱手讓出市場。❶

這種情況直到1986年簽署的《半導體貿易協定》（Semiconductor Trade Agreement）才帶來一些舒緩，日本政府終於同意限制日本公司銷往美國市場的產品數量，也開放美國公司銷售產品到日本。但是為時已晚，在美國總統雷根（Donald Regan）堅持下，協定內容全面生效，包含對電腦和電視在內總值3億美元的進口貨品課徵100％的關稅。

對大多數的美國DRAM產業來說，這份協定與行動來得太遲了。1985年10月11日，在十四年來首次出現季虧損下，英特爾終於投降，宣布退出DRAM晶片市場。這下子美國的記憶體晶片製造商就只剩下總部位於愛達荷州的美光科技公司（Micron Technology）。這家公司早年經營不善時，獲得種植馬鈴薯致富的約翰・辛普拉（John Simplot）及其最大客戶速食連鎖店麥當勞資注。

一年多來，英特爾一直盤算著可能的選項。在《10倍速時代》（Only the Paranoid Survive）這本闡釋壓迫一家公司的外部因素，以及「策略性轉折點」概念的著作中，安迪・葛洛夫解釋他和時任英特爾董事會主席暨執行長高登・摩爾決定採取的行動。葛洛夫說，他們那時心想，如果找個新的執行長，他必然會做出退出記憶體市場這個艱難決定，於是他對摩爾說：「咱們何不走出會議室，再走進會議室，自己動手〔退出記憶體市場〕呢？」❶

從前是急切利用亞洲市場，現在美國渴望向亞洲公司學習。日本推行VLSI協力研究計畫的近十年後，美國仿效這做法，在1987年成立半導體製造技術聯盟（Semiconductor Manufacturing Technology），這是由政府資助的聯合企業，旨在促進晶片製造商、設備供應商和學術交流研究。

「不能讓相機、電視機等產業的商業困境在半導體產業重演，」此時已轉往執掌國家半導體公司的查爾斯・史波克說。他遊說美國國防部及其他單位出來解釋微晶片的重要性，「沒有半導體，你就無足輕重。」他說。[19]

半導體製造技術聯盟需要一個可靠、廣受推崇的領導人，於是號召二十多年前率先在海外設廠的羅伯・諾伊斯接下重擔。「國家對這概念做出承諾，」當時已為英特爾領導人的諾伊斯接受這個職位，並在一次訪談中說：「我覺得，當國家需要我，如果我不參與，就是辜負美國人民的信賴。」[20]

不幸的是，美國動員起來對抗的國家，並不是半導體產業中的持久競爭者。一旦美國市場的銷售受限，日本在半導體市場的占有率便從1988年的高峰開始下滑。[21]「日本人是優化者，不是發明者，」時任德州儀器半導體事業執行副總瓦利・萊因斯（Wally Rhines）說：「當我們去那裡尋找新架構、新設計和創新時，他們早就落伍了。」不過東亞經濟體成為長期贏家、又身兼美國重要貿易夥伴，這些國家的政府官員竭盡所能地鼓勵投資、抑制通膨、貶值貨幣，重度投資於基礎建設。

一些市場新進者也善於「逆向工程」設計——這是個委婉詞，說白了，就是抄襲他人的設計。這做法直到美國於1984年通過《半導體晶片保護法》（Semiconductor Chip Protection Act）後，生產類似別家公司設計布局的晶片才被視為非法。

三星集團創辦人李秉喆在1987年因肺癌辭世，那時三星才開始量產能

夠儲存100萬位元（1 MB）資訊量的DRAM晶片，然而很快地，距離他們發展出自己的256K DRAM僅僅才過了一年半後。三星早前曾向幾家公司洽詢64K DRAM技術授權都遭到拒絕，最終只有美國美光科技同意授權，自此三星飛速發展。

雖然三星受益於國家的支持，有政府擔保的貸款，但是公司本身也很大膽，例如：當日本晶片製造商猶豫不決時，三星很快就跟進鼓吹者IBM，採納更大的8吋晶圓。這意味著三星不但善加利用新晶片製造設備的國家補助，而且事後證明8吋晶圓生產力更高。累積研發與技能基礎後，三星在1993年已經成為DRAM的市場龍頭。

跟當年因應日本競爭的情形一樣，美光科技在1992年代表美國產業遞交反傾銷申訴書，聲稱從韓國進口的DRAM晶片價格低於合理價值。美國對韓國課徵反傾銷稅，但是三星全身而退。

當另一種記憶體技術問市時，三星再次複製先前的成功經驗，快速取得領先地位。日本的東芝公司（Toshiba）在1989年研發出NAND快閃記憶體，之所以名為NAND，是因其相似於「NOT-AND」邏輯閘，而且一段儲存單元可以被快速抹寫。因為擔心輸給英特爾，東芝把設計授權給三星，三星在1994年銷售第一款NAND快閃產品，十年內成為記憶體市場的龍頭。

東亞地區起初只是基礎的組裝線作業，以及取得一些簡單的技術授權，在短短三十年間搖身成為關鍵元件的市場領先者。亞洲製造商是不是「偷走」全美產業中的一大塊蛋糕，並快速實施逆向工程和效率生產？這說法有待商榷，但是美國消費者和華爾街股東這兩股勢力確實起了推波助瀾的效果。

不論如何，全球競爭的風潮刮過微晶片及相關電子市場。美國仍然對外聲稱自己提供了這個產業的大腦，但是東亞運用製造能力，牢牢掌控了複雜的供應鏈，其中一座海島更是發展出獨特的貢獻。

最無害的選擇

傑克・基爾比於1958年入職德州儀器，幾個月後，另一名新員工進入達拉斯的德州儀器總部，此人日後對微晶片產業的影響如同基爾比那般深遠持久。張忠謀的個性熱情、專注，對於這個產業製造「什麼」的影響力沒那麼大，但在「如何製造」、「在何處製造」方面，影響力甚大。

張忠謀1931年生於鄰近上海的浙江鄞縣，也就是現今的寧波，父親為鄞縣財政處長，後來轉任銀行經理，年輕時多次遷居，包括二戰時為了逃避日軍轟炸而逃到香港。在波士頓的叔叔協助下，他在1949年赴哈佛大學就讀。張忠謀原本想當作家，但是很快就放下這個夢想，改讀工程學，因為在華人的觀念裡，工程師更體面。

接著他轉學到麻省理工學院，取得機械工程學士和碩士學位，但是沒能通過博士學位資格考試，之後便進入職場，第一份工作是在西凡尼亞電氣產品公司（Sylvania Electric Products）的小規模半導體事業部門，這家在電子電氣領域頗有名氣的公司，二戰時期被國家選為負責大量生產用於近爆引信的真空管。張忠謀的工作是改善生產線產出的鍺電晶體，研究過威廉・蕭克利的著作《半導體中的電子與電洞》（*Electrons and Holes in Semiconductors with Applications to Transistor Electronics*）後，他設計出新款電晶體。由於對公司的行銷工作感到失望，張忠謀於三年後辭職，加入德州儀器。

在德州儀器期間，專門為大客戶IBM生產電晶體的生產線出了狀況，張忠謀便研究並調整製程中各點的溫度及壓力，使得產出從近乎零提高至25%，「此前，我們只是不停地產出不合格的東西，突然間，我們開始有生意了。」張忠謀回憶。❷ 這次立功讓他獲得賞識，很快晉升到管理職。

張忠謀的一些創新做法後來在產業中變得習以為常，例如：早早就降低新產品的價格來贏得市場占有率。他在德州儀器一路晉升，很快就當上半

導體事業部門的副總裁，僅低於執行長兩個位階。他以注重細節聞名，視察工廠如同皇家出巡的安檢工作，滴水不漏。

　　張忠謀的職涯發展軌跡激發他有朝一日成為德州儀器執行長的夢想，儘管德州儀器不太可能選擇非美國公民＊來管理一家戰略國防供應商。德州儀器在1970年代中期決定把業務重心轉向消費性電子產品領域，令張宗謀的期望落空，隨後他被分派去掌管製造計算機、手錶和家用電腦等消費性電子產品部門，他更是覺得自己和新職務格格不入。

　　「顧客群完全不同，市場完全不同，」他說：「想在這項業務領域取得領先，所需要的工夫也不同。在半導體事業領域，只需關注技術和成本；在消費性電子產品領域，技術有幫助，但是也要考慮產品能不能吸引消費者，這是很含糊的東西。」[23]

　　儘管如此，在張忠謀管理下，1978年推出世界上第一台使用單晶片語音合成器的益智型電子玩具「拼說語言機」仍然大受歡迎，但還是止不住這個事業單位的衰退，有志難伸的張忠謀於1983年離開德州儀器。

　　隨後，張忠謀加入位於紐約的晶片製造公司通用儀器（General Instrument）擔任總裁暨營運長，但是他也未能在那裡施展長才，再加上和妻子克莉絲汀分居，所以當台灣的行政院政務委員李國鼎打來電話時，他的人生正處在茫然困惑時期。在美國待了那麼多年，受邀返回東方接掌台灣的工業技術研究院，著實令人意外。

　　此前，張忠謀來台灣為德州儀器建立一座組裝與測試廠時結識了李國鼎。李國鼎有遠見卓識，他思考台灣的工業技術研究院可以憑藉自身的尖端研究，變得像美國貝爾實驗室那樣出名，這位前台灣財政部長深謀遠慮，

＊張忠謀在 1962 年已經入籍美國。

曾在劍橋大學師從歐尼斯特・拉塞福（Earnest Rutherford），主要研究放射性物質，後來專注研究超導性。不過在1948年逃離中國共產黨來到台灣後，他放下物理學研究，轉行進入政治與經濟領域。

被荷蘭人短暫殖民後，台灣被中國清朝管轄近兩個世紀，第一次中日戰爭（甲午戰爭）後，於1895年被割讓給日本。1945年第二次中日戰爭結束時，日本又把台灣還給中國。當時執政的國民黨在國共內戰中失利，於1949年撤退至台灣，基於上述原因，台灣的主權問題非常複雜。在美英等盟國的支持下，國民黨開始統治台灣、實行戒嚴，共產黨清楚地知道台灣已經脫離中國，但是有朝一日他們會再收復失土。

台灣努力發展經濟時，李國鼎堅信能用科學造福台灣，「戰爭深深影響了我的人生，但是我從不後悔放棄學術研究。」他說。[24] 跟南韓的三星一樣，他想藉由自己的優勢幫助台灣站上世界舞台。

自1970年代起，台灣經濟不再倚重農業，被廉價勞動力吸引，通用儀器是其中一家來台設廠生產電視機零組件的外國公司，但不是發展半導體。在1978年中國經濟對外開放後，台灣對外來投資者的吸引力更是大幅下降。1980年代新台幣升值、工資成本上漲，一些廠商開始把生產線移出台灣，尋找成本更低的設廠地。

台灣立意往供應鏈上游移動，從製造電腦設備和螢幕轉向內含的元件。李國鼎自1976年起擔任行政院政務委員，負責擴展台灣的高科技產業。工業技術研究院已經在1976年從美國無線電公司（Radio Corporation of America）手中，取得半導體製造技術的授權。美國無線電在美國消費性電子產品市場縱橫數十載，現在面臨來自國外的激烈競爭。

除了一只授權合約，美國無線電也同意訓練台灣的工程師，這事件曾被工研院的一篇報導形容為「三十年的半導體產業史上一個決定性時刻」。透過授權、合作或投資的技術轉移是一回事，但是人員訓練屬於：「較不直接、更微妙，」具有一種：「不具有銷售的特性，」該報導接著說：「換句

話說，最寶貴的成果是這些工研院受訓人員帶回來的『隱性』知識。」❷⑤

李國鼎的謀畫不止於此：提供稅賦獎勵來鼓勵企業大力投入研發；強化科學、工程和電腦運算教育；從海外招募技術人才，包括到國外留學與工作的台灣人，以及像張忠謀這類友好的產業領導人。

李國鼎也向被譽為「矽谷之父」的史丹佛大學教授腓特烈‧特曼請益有關台灣如何成功地仿效矽谷，結果得出1980年開始啟用的新竹科學工業園區，以免稅期、低利率貸款、土地優惠等誘因，吸引公司進駐占地500英畝的園區。「新竹科學工業園區象徵著縝密規畫的決心和信心，」《日本時報》如此報導，並說台灣的目標是：「升級工業與貿易結構到與日本、美國等先進工業國家的水準。」❷⑥ 新竹科學工業園區鄰近國立清華大學和交通大學，這兩所學府是園區內公司招募新血的重要人才源頭。

據張忠謀回憶，為了吸引他回台，當時的台灣行政院長、也是工程師出身的孫運璿告訴他：「我特別想要借助你的能力，把技術從研究結果轉變成台灣工業的經濟效益。」❷⑦ 果然，張忠謀抵達台灣幾個月後，李國鼎加碼下注，把原本純粹由政府補助的工研院，轉向與企業界簽約合作，自行開闢部分財源。工研院研究員以為自己吃的是終身職的公家飯，現在發現好日子到頭了。

這倒也罷，李國鼎還解釋，政府不只想要商業導向的研究中心，還想要發展自己的半導體公司。他們請張忠謀在幾天內研擬一份事業計畫，告訴他們需要投資多少錢。

張忠謀調查市場，評估台灣的長處與弱點。任職德州儀器的經驗讓他知道，這個產業的變化速度極快，台灣如果想躋身其中，必須與包括德州儀器、英特爾、超微半導體在內的歷史巨人開戰，但是台灣的企業在研發、電路設計、銷售與行銷技巧等方面嚴重落後，而且也沒有哪家公司會等著台灣

迎頭趕上，就拿美國無線電的技術來說吧，工研院於1976年取得授權時，那項技術早就落後產業領先者，十年間如果缺乏適當的競爭壓力，技術只會更落後。

台灣唯一的長處在製造，張忠謀視其為「最無害的選擇」。[28]電子業把組裝和製造作業遷移到台灣多年，所以建立一家能夠為晶片業者獨立製造晶片的公司確實蠻有道理的。

張忠謀還有一個想法。在德州儀器和通用儀器任職期間他了解到，如果不是自行創業太昂貴，許多晶片設計者早就都去做晶片了。他們要麼必須投入龐大資金來建立自己的製造廠，要麼就得排隊等候大廠的生產線產能過剩。一些設計師帶著一盒滿滿的晶圓，開車在矽谷到處尋找在晶圓廠工作的人，找到人後，廠區員工要求的價碼，往往包括分享這些設計師辛苦獲得的智慧財產。張忠謀心想，也許他可以為設計師提供一個另類的選擇。

1987年的台灣，改變正在醞釀中。因為台灣與中國的關係有改善的跡象，國民黨在當年7月解除維持了38年的戒嚴令。五個月前的1987年2月，台灣積體電路製造公司開始營運，創立期間他們吸引了可觀的支持。張忠謀總共募集了2.2億美元，一半來自政府，另外一大部分來自荷蘭晶片製造商飛利浦，同時他們也授權一些技術給這家新創公司。張忠謀的外國專家身分，是吸引本地投資人挹注其餘資金缺口的關鍵。

不少人懷疑這種模式行不行得通，多年後張忠謀在史丹佛大學的一場談話中回憶，英特爾、德州儀器和幾家日本半導體公司都拒絕投資。[29]當時普遍抱持的智慧之見是，晶片設計和製程技術必須一起發展才能成功，把二者區分開來只會讓一切變得更複雜，尤其是當智慧財產受到謹慎保護時。

喜愛炫耀的超微半導體創辦人暨董事會主席傑瑞・桑德斯（Jerry Sanders）說：「男子漢就該有自己的晶圓廠。」他堅信自己製造的重要性。也有人說，這句著名的話是出自加州聖荷西的賽普拉斯半導體公司（Cypress Semiconductor）的共同創辦人羅傑斯（T. J. Rodgers）。

起初，台積電靠著英特爾、摩托羅拉、德州儀器等大型晶片製造商給予的麵包屑來生存，這些公司樂得把最老舊的技術製造、市場上仍有殘餘需求的晶片活兒交給台積電，好騰出自家工廠的產能來生產最新設計的晶片。不過這些大廠也沒失望，「……所有人都認為這家新創公司是個弱小的競爭者，」張忠謀在多年後說：「哈，他們後來發現，新創的台積電是家優秀的供應商。」[30]

自1990年代初期起，專事晶片設計的無廠新創公司開始有生意了，台積電熱中於跟沒有競爭關係的製造商合作。對包括1993年在加州創立的圖形晶片設計公司輝達在內的新進者來說，台積電的存在徹底改變了一切，他們可以更快速地投入研發，讓這個產業和終端使用者更快獲得最新的技術。張忠謀估計，台積電創立當時有25家無廠晶片設計公司，十年後將成長了20倍。[31]

台積電生意興隆，但是注重細節、從不懈怠。1999年的一個星期五下午，輝達的共同創辦人黃仁勳接待張忠謀的來訪，張忠謀沒有隨行人員，只帶著一支筆和一本黑色筆記本，來到這裡只為了仔細了解他的重要客戶。後來黃仁勳才知道，這趟美國行是張忠謀和第二任妻子張淑芬的蜜月之旅。

台積電的成功實現了李國鼎的另一個目標——減少人才外流。1970年代和1980年代，研究所學生在獎學金和國內就業機會有限下，數萬名台灣學生赴美留學。

根據台灣行政院青年輔導委員會的調查，1998年赴美攻讀工程碩士與博士學位的台灣學生，超過30％在取得學位後返回台，比例顯著高於1970年代僅有10％。劉德音也是赴美取得碩士與博士學位的台灣留學生，曾在紐澤西州貝爾實驗室研究海底通訊電纜，1993年返台後進入台積電，迎接的第一個挑戰是興建一座耗資10億美元的工廠。劉德音在2013年擔任台積

＊台積電2023年12月19日宣布，董事長劉德音將不參與下屆董事提名，並將於2024年股東大會後退休。

電共同執行長，2018年起擔任董事會主席＊。這座海島儼然變成一塊磁鐵，吸引工作者、顧客，以及渴望學習新知的人。㉜

張忠謀的睿智洞察——在一個高成本、快速變化的市場上，台積電不能冀望事事都做，才能引領台積電在一個關鍵領域做到極致。台灣政府投入二十年的時間，全心全力支持台積電建立全球地位，其卓越營運撼動微晶片產業的結構，而張忠謀願意和任何人合作的經營作風也發揮了作用。

台積電是賦能者，不是個競爭者，卓越代工能力釋放了新晶片設計者的才能，振興了歷史悠久的晶片產業。晶片領域不需求施加控管或政治影響力就能加速發展。

安謀也以自己的方式，快速轉變成另一家相似風格的公司。

PART 2

2001年到2016年
研發、應用與收購

英特爾的內幕：個人電腦巨擘試圖進軍行動市場

再見了，葛洛夫

2005年5月18日，魚貫進入加州聖塔克拉拉會議中心的無數股東們知道，他們即將目睹一個歷史性的時刻。一年一度的朝聖之旅，許多股東早已行之有年，每年大多坐在相同的觀眾席，注視著鎂光燈下的講者。許多出席者是前員工，他們的大部分財富來自這家著名的美國公司，也對這公司做出重要貢獻。

今天的會場上有一位貢獻遠大於其他出席者的人，這場英特爾股東大會的重頭戲正是他的歡送會。自1968年英特爾創立起，公司傳奇鐵三角中的最後一人安迪·葛洛夫卸下當了8年的董事會主席，以及11年攻無不克的執行長大位，總計在英特爾待了37年。

「安迪是卓越、有遠見、魅力十足的領導人，也是技術專家、教師、父親、祖父、作者、政策倡導人、慈善家，」主持這場禮讚歡送會的哈佛商學院教授，也是英特爾首席獨立董事大衛·尤菲（David Yoffie）說：「或許，更重要的是，安迪從不滿足於現狀，他不停地推促自己和他身邊的人去改變世界。」❶

在英特爾待了31年的時任執行長克雷格·巴瑞特（Craig Barrett），接替葛洛夫成為新任董事會主席，他說：「我視他為導師，……是我心目中優

秀的經理人，才德兼備、出類拔萃，說的就是他這種人。」❷

就連脾氣有點暴躁、銀髮蓬鬆，戴著無框眼鏡的葛洛夫，也以他那濃厚的匈牙利口音（他是身無分文地逃出匈牙利的難民）上台說了一番溫情的話，台下坐著他的老同事，當時英特爾的名譽董事會主席高登‧摩爾。這位備受推崇的企業領袖暨產業智者，最大的貢獻是在1980年代中期冒險決定，將公司業務從記憶體晶片轉向微處理器，退出一個飽和市場，進入另一個新興市場，把英特爾領向巨大的成功之路。

葛洛夫滿懷感謝地說：「我們的員工，現在的員工和以前員工，讓80%的共事時間變得有趣，使身為英特爾一員的我引以為傲。」他接著感謝家人：「我的太太伊娃，我的女兒凱倫和蘿碧，她們接受英特爾如同我的手足般存在，或如同我的情婦，大體上是友善性質的啦。」❸她們以及一些親近的同事也幫助他，接受與面對自己罹患帕金森氏症的事實，這件事直到一年後才公開。

葛洛夫留下的這家公司（他仍然保留英特爾資深顧問的頭銜）實在令人敬畏。英特爾龐大的總部，離大美洲公園大道上的聖塔克拉拉會議中心只有五分鐘車程，這家公司是一部印鈔機，2004年的營收342億美元、淨收益75億美元，比去年成長了1/3，發放了公司有史以來最高的現金股利，總計10億美元。❹英特爾早年的首要推手羅伯‧諾伊斯在1990年6月過世，他大概從未想過自己的夥伴摩爾和葛洛夫督導的公司會達到如此規模。

英特爾也沒有安於現狀，過去十二個月以來已經投入48億美元在研發上。儘管英特爾當時的大多數微處理器，是使用體積比世上最小的微生物病毒還小的90奈米製程技術來製造，甚至還砸大錢發展65奈米製程技術，預備於2005年上半年開始量產。英特爾在那年的年報中驕傲地聲稱，研究人員相信他們能夠繼續把摩爾定律：「起碼再延伸10到15年。」❺

英特爾以堅實穩固、持續性、財力優勢大力形塑晶片產業，市場霸主的地位顯得難以動搖。但是在喝采聲迴盪之際——樸實無華、精益求精的文

化而備受世人推崇的公司，難得有這個慶祝的時刻，隨著葛洛夫卸任，接掌公司的人即將面臨的棘手挑戰已經在蘊釀中了。

一位非比尋常的競爭對手

百事可樂與可口可樂、亞馬遜與沃爾瑪（Walmart）、愛迪達（Adidas）與耐吉（Nike），傳奇的商戰讓商業世界生氣盎然了數十載，公司傾盡股東報酬為消費者不斷創新之舉，成了廣告業者眼中閃閃發亮的金子，也為財金記者提供精彩的傳記故事。最好的競爭會相互賞識，激發彼此追求進步。

英特爾原本就有個勁敵，與超微半導體之間的長期對抗算是兄弟鬩牆，如同電視劇《朱門恩怨》（Dallas）德州石油大亨家族的恩怨糾葛，只不過英特爾和超微半導體之間的對抗歷史，比《朱門恩怨》中的主角小傑・尤恩（J.R. Ewing）、其弟鮑比・尤恩（Bobby Ewing）和勁敵克里夫・巴尼斯（Cliff Barnes）之間的糾纏還要久。

換做其他競爭者，如果被英特爾發現誰使用逆向工程來抄襲自家炙手可熱的8086晶片設計，早就被好興訟的英特爾告到停業了，但是領導超微半導體多年的人是愛炫耀、以時髦跑車和一身亞麻套裝聞名的傑瑞・桑德斯，他是前快捷半導體公司的銷售員，非常敬仰羅伯・諾伊斯，縱使諾伊斯離開快捷半導體並共同創辦了英特爾，桑德斯仍然視他如父。這種感情獲得諾伊斯的回報，回報到什麼程度呢？諾伊斯在1976年時對處境困難的超微半導體伸出援手，建議授權8086晶片給超微半導體，使其成為第二源製造商，當時很多大客戶都會要求晶片供應商，提供第二源製造商做為晶片短缺時的保障。

根據科技作家麥克・馬龍（Michael Malone）的報導，諾伊斯的想法

是：「我們了解超微半導體，他們沒有能力挑戰我們的地位……，而且我們能應付傑瑞，畢竟他就像家人一樣。」❻ 這慷慨之舉賦予超微半導體另一種商業模式，不過多年下來也為英特爾帶來很多法律麻煩，甚至延續至今。

葛洛夫對桑德斯就沒有對諾伊斯那麼善良了。1991年8月超微半導體發起20億美元的訴訟，指控英特爾非法壟斷市場，威脅不提供更先進晶片給近期買過競爭對手所產晶片的電腦製造商。葛洛夫則斥責他們是：「半導體產業的米利瓦尼利（Milli Vanilli）」——獲得葛萊美獎最佳新人獎的歐洲R&B雙人組，但是後來被踢爆他們是對嘴唱，實際演唱者另有其人。葛洛夫還諷刺地說：「他們的最後一次原創點子就是抄襲英特爾的。」❼

安謀和英特爾之間沒有任何兄弟情誼，兩家公司發跡地、服務的市場南轅北轍，伴隨行動電話和個人電腦技術的融合，無可避免地將二者拉進彼此的活動範圍。

晶片吉拉（Chipzilla）是英特爾做為晶片業巨人所獲得的綽號，較小的競爭者對於他們支配產業發展而痛恨不已。英特爾謹慎地保護智慧財產，頻繁地把對手告上法庭。

有共識、特立獨行是安謀的處事風格，在一個全來自美國創意和亞洲精密製造所主導的產業，實屬罕見的存在。安謀也有自我保護機制，但是基於公司的經營理念，只要支付授權費和權利金，他們的產品就開放和服務所有人。其實英特爾和安謀並沒有直接地相互競爭，安謀只是把處理器設計授權給英特爾的競爭者，而且後來也有授權給英特爾。但是安謀在行動電話領域的傑出能力，使得英特爾無法宰制另一個市場，而且這個市場遠遠大於個人電腦市場。

為二者之間增添色彩的是，早在安謀成為競爭威脅前，英特爾曾試圖收購安謀。1994年的某天，羅賓・薩克斯比接到葛洛夫的得力助手萊斯

里・瓦達斯（Leslie Vadász）的電話，他是英特爾旗下花錢最自由的創投事業單位「英特爾資本公司」（Intel Capital）總裁，儘管這通電話事先沒有任何徵兆，瓦達斯仍然開門見山。

「我聽說你們想出售ARM」，薩克斯比記得瓦達斯以清晰、類似同鄉葛洛夫的匈牙利口音這麼說。英特爾資本在1991年創立以來，這位英特爾老兵經常打這種電話給無數有前景的新創公司。

為了掌握最新技術發展、鞏固自身的市場地位，英特爾經常投資小公司，尤其是那些在電腦運算、連線作業和網際網路領域活躍的公司，英特爾認為這些小公司都是微晶片業務未來的成長動能。思杰系統（Citrix Systems）、博通、Cnet都是英特爾資本著名的投資案例，他們唯一錯失的投資是網景（Netscape），在微軟的IE席捲全球瀏覽器市場前，這家公司打造的網路瀏覽器也曾經家喻戶曉。

然而這一次，瓦達斯的開場白根本不是事實。歷經起步維艱的幾年後，ARM逐漸贏得客戶口碑，產生現金收入，而德州儀器與諾基亞的生意往來也成為改變晶片賽局的關鍵，目前一切發展順遂，執掌ARM的三年後，薩克斯比已經能夠想像ARM公開上市的那一天，辛勤的員工獲得豐厚報酬，同時又切斷ARM跟創始股東們的臍帶。

當時艾康有其他想法，大股東也有自己的盤算，好利獲得陷入財務困境，他們想賣掉手上的艾康持股、或是賣掉ARM的資產，抑或二者都出售，所以英特爾才會好奇地打電話探詢。

薩克斯比欽佩英特爾的努力不懈，以及以x86系列晶片制霸個人電腦市場的成就，他也有相同的抱負，只不過使用的方法很不同：建立一個行動和其他低功耗器材與元件的全球標準。「英國迄今還沒有像英特爾這樣成功的公司案例，」他在那一年接受訪談時說：「我認為是時候了。」❶

當然啦，當年如果不是英特爾同意把80286設計授權給赫曼・豪瑟用於艾康阿基米德電腦裡，ARM大概永遠不會誕生。但是現在ARM經營得順

風順水，不是放棄獨立性並交由大型公司掌管的時候。儘管當時ARM正在幾個市場建立銷售動能，英特爾卻遲遲沒有採用ARM設計。

薩克斯比在電話上回應瓦達斯：「萊斯，我們現在發展得不錯，不需要你們來收購，而且你們也不需要收購我們，你們取得我們的授權就行了。」

這回答足以打消瓦達斯當下的興趣，薩克斯比記得他當時回答：「我能看出ARM這架飛機正在跑道上加速滑行，所以你不想讓我們阻止它起飛吧。」

歐德寧的挑戰

保羅·歐德寧（Paul Otellini）於2005年5月從克雷格·巴瑞特手中接下英特爾執行長的棒子，他掌舵的2005年5月至2013年5月期間，英特爾和安謀的對立獲得舒緩。

2005年8月23日，在聖塔克拉拉會議中心舉行加冕典禮的三個月後，歐德寧首次以執行長身分在英特爾開發者論壇（Intel Developer Forum）上發表重要談話。這個每年舉行兩次的研討會，旨在激發夥伴、顧客和華爾街投資人對即將問市的英特爾產品感興趣。

歐德寧大步走上舊金山會廳的舞台，首先提到他四年前在論壇上說過的話：「之前我說過要超越英特爾向來聚焦的吉赫（gigahertz），」他現在要履行這個理念了。英特爾將不再追求提高每一代的晶片性能，「我們必須用一個新指標來思考性能，這新指標是性能功耗比（performance per watt，每瓦電力能產生多少運算性能）。」❾歐德寧許諾在2010年前，英特爾晶片的電力耗量將降低至1/10，與此同時，性能將提高10倍。

儘管歐德寧與英特爾的根基事業有著深厚的淵源，公司在2004年11月

宣布由他接任執行長一職時，外界仍然解讀這是英特爾即將揮別過去的舉措。歐德寧是英特爾的老兵，跟巴瑞特同樣在1974年加入公司，也是那一年英特爾宣布大裁員。1989年他被選為葛洛夫的技術助理暨實質上的幕僚長，正式進入通往高層的軌道上。不過戴眼鏡、沈默寡言的歐德寧，與前四任有著工程師背景的執行長不同，他取得的是經濟學和商學學位，一開始在公司的財務部門擔任分析師，後來負責管理公司與 IBM 之間的業務往來，繼而掌管銷售與行銷，然後又負責微處理器業務。

歐德寧在舊金山舉行的英特爾開發者論壇上的發言，暗示著市場正在改變。英特爾向來聚焦在提升運算能力，這也是過去四十年間公司變得如此強大的主因，但是現在這種做法已經行不通了，行動革命早就使得設備和裝置脫離牆上的插座，隨身攜帶、隨時使用對現今的客戶和消費者來說，最重要的是電力效率——省電。如果把耗電快的高性能晶片應用到行動裝置上，又有什麼用呢？

在追求低耗電的晶片時，歐德寧認為他在以色列找到了解答。英特爾在以色列的第三大城市海法（Haifa）有設廠，那裡的研發者撇開用電量大的矽谷傳統，開發出更輕巧、更簡單的迅馳系列（Centrino）晶片，其散熱遠低於英特爾現有的掌上型電腦晶片系列。迅馳系列自2003年推出後，專門為行動裝置打造的英特爾個人電腦微處理器，銷售量預測將從23％提高到2005年的36％。

輕量級的筆記型電腦市場占有率急劇上升，在上一季首次銷售量高於傳統桌上型電腦，這可是二十多年來英特爾的龐大獲利基石。歐德寧冀望，輕量機型能朝他的目標發展：「結合個人電腦性能與手機行動力的手上型裝置（hand top）」，因此迅馳系列晶片很可能成為公司的救星。[10]

確實也是如此，近期為英特爾帶來收入的，大概也只有迅馳晶片了。公司被產品延遲問市和製造問題纏身，在最近一次的產業不景氣期間，為了避免裁員，巴瑞特把這項艱難任務留給他的繼任者處理，他則是升任董事會

主席。除了把大批冗員留給繼任者處理外，巴瑞特也揮霍地砸下100億美元在通訊事業，旨在加速英特爾在行動領域的發展，但是這些事業依然虧損，反觀德州儀器則是隨著諾基亞的旺盛需求而賺大錢。就連英特爾的夙敵超微半導體公司，也在2003年靠著皓龍（Opteron）晶片發大財，這款晶片在高端的電腦伺服器市場上壓低價格，搶到不少訂單。

關鍵問題在於，向來以促進技術變革為目標的英特爾，面對趨勢變動反應太慢了。晶片、裝置和設備製造商早就在設計上共同合作，而不是像英特爾那樣，習慣由一方支配另一方。此外在不願意犧牲豐厚利潤下，英特爾不僅要設法製造低功耗、低成本的晶片，還得設法從中獲利，但是這些設備與裝置的售價，有時還比打造一部高端處理器的成本還低。

「我們該如何在售價僅100美元的東西裡裝入晶片，而且還能賺到錢呢？」歐德寧在2007年受訪時思忖。⑪ 他或許該問：「英特爾如何學習安謀的商業模式呢？」

Wintel的威力

在討論英特爾和安謀的衝突如何發生前，值得先認識英特爾在市場上的持續勝利，來自一段堪稱史上最成功的企業夥伴關係。這得歸功於「粉碎行動」（Operation Crush），這個既激勵又進取的計畫是為了因應一項產品的初期銷售預測：有跡象顯示，英特爾於1978年推出的16位元8086處理器在市場上賣得遠不如摩托羅拉的68000微晶片好——就是當年赫曼‧豪瑟和克里斯‧柯瑞造訪蘇格蘭東基爾布萊德時，薩克斯比向他們推銷未果的那款晶片。

這個發現得回溯至1978年，在泰德‧霍夫和費德里科‧法金設計出4004微晶片後的八年間，英特爾已經歷經幾個摩爾定律循環。4004晶片

有2,300個電晶體，採用10微米製程（線寬10微米）；8086晶片使用3微米製程，但是裝了超過10倍量的電晶體（29,000個），最大記憶體容量為4004晶片的4,000倍。

伴隨計算機、遊戲機、業餘愛好者自組電腦的增加，處理器有了新的用武之地，再加上價格降低和性能進步，新市場機會不斷湧現，當然競爭者也出現了。英特爾不僅欠缺一款產品來應付摩托羅拉的威脅，也對齊洛格供應的晶片感到擔憂，這家公司是費德里科・法金離開英特爾後，在1974年與人共同創立的公司。

英特爾求助行銷專家，並承諾如果業務員達成訂單目標，公司就獎賞他們大溪地之旅。除此之外，他們還要求每位業務代表每月至少簽下一個新客戶。如果不是這要求，絕對不會有業務員去接觸最不可能觸碰的大客戶──領頭發展電腦產業、本身就有晶片製造能力的IBM。

英特爾的業務員厄爾・惠史東（Earl Whetstone）拜訪IBM位於佛羅里達州博卡拉頓市（Boca Raton）的工廠，「他想查證一個謠言，據傳藍色巨人正在進行一項涉及微處理器的黑盒子計畫。」科技作家麥克・馬龍記述英特爾的粉碎行動時寫道。⓬惠史東蠻幸運的。因主機型電腦、使用者手冊和公司標誌顏色而獲封「藍色巨人」（Big Blue）的IBM，觀望了幾年下來，現在終於開始認真看待個人電腦，並且打算進軍這個市場，「如何讓一頭大象跳舞？」，當時IBM執行長法蘭克・凱瑞（Frank Cary）說了這句名言。IBM認知到自己必須快速行動，趕上敏捷的競爭者，但是IBM正規產品的發展流程慢長，於是便在公司外部成立一個事業單位。

在IBM工程部經理唐納德・埃斯特里奇（Donald Estridge）的專案領導下，新設備打算選用英特爾8086晶片的低價版8088晶片，當時IBM個人電腦開發專案的代號為「Acorn」（與艾康電腦同名），大概是不知道英

國有家同名的公司也立足這個領域。⑬這款新設備除了使用英特爾的晶片，還有一套名為 MS-DOS 的作業系統，這是微軟向西雅圖電腦產品公司（Seattle Computer Products）買下一套作業系統的著作權後，趕工修改而成，當時的微軟還只是由二十四歲的技客比爾‧蓋茲領導、外加幾十名員工組成的小公司。

這是一款明顯改良過的產品。IBM 在1970年代以銷售主機型電腦而大獲成功，一台售價900萬美元的電腦得放置在1/4畝大、裝有冷氣的空間，運作時需要60個人持續載入指令。⑭基於技術考量，對那些為了可攜式裝置和設備傷透腦筋的企業主管來說，IBM 這塊招牌令他們安心，所以才會有這句不知出自誰口的名言：「沒有人會因為購買 IBM 產品而遭到解僱。」現在 IBM 想要推出一款跨足工作和家庭場所的設備，而且相較於大體積的主機型電腦，這款新產品的體積小，一台僅賣1,600美元，不僅能執行工作事務，還能連接電視機打電玩。

IBM 5150 個人電腦，市面上大多稱為 IBM PC，於1981年8月12日在紐約市的華爾道夫酒店（Waldorf Astoria）推出時，沒人料想到這款個人電腦即將帶來的影響力。另外值得一提的是，在推出這款新產品的七個月前，美國司法部撤回拆分 IBM 的反壟斷訴訟，這件調查案可能影響這款最新產品的打造方式，如果不是監管當局環伺，截至當時為止，向來自行設計與打造每部電腦的 IBM，可能還是會採取老做法。

無論如何，這完全不影響新產品銷售。IBM 原本預估 IBM 5150 個人電腦在頭三年需要生產100萬台，前十二個月生產20萬台，但是顯然他們過度低估了。IBM 在商業機器的聲譽意味著企業客戶很容易買單，對主機型電腦的信賴幾乎一夕之間延伸到了個人電腦，聚焦於美國本土和教育市場的蘋果、艾康、一堆冒牌貨全被掃到一邊。IBM 5150 推出後的第二年，每月銷售可達20萬台，很快攻占了80％的市場占有率，使得 IBM 制霸個人電腦的地位一如在商業機器市場一樣。⑮

這次不同的是，IBM願意幫助競爭者。他們認為，如果提供原始碼來鼓勵其他電腦製造商生產仿冒IBM個人電腦，公司就不會被指控壟斷市場了。於是基於IBM發布的電路設計和原始碼所製造的「IBM相容電腦」，推升個人電腦市場達到規模經濟和新的產業標準，讓包括遊戲在內的應用程式蓬勃發展。這策略太成功了，以至於《時代》（Time）雜誌在1982年沒有評選出「年度風雲人物」，改而評選IBM PC為「年度風雲機器」。該雜誌評論道：「長久以來美國人對汽車與電視機的狂熱，現在已經轉向個人電腦了。」[16]

　　但是IBM的巧妙之舉所帶來的成功沒有太持久，戴爾和惠普製造的相容版個人電腦大打價格戰，過沒多久藍色巨人就跟不上自己點燃的市場了。康柏電腦等競爭者採用升級版英特爾晶片，速度比IBM使用的那款晶片快，IBM選擇晶片的決策令人不解，升級版的晶片性能明顯更優異，80386微處理器是英特爾生產的第一款32位元處理器，大約有275,000顆電晶體，幾乎是80286微處理器的2倍。[17]

───────────────

　　就連藍色巨人這家在1980年代經常推升道瓊工業指數新高點的國際大公司，也可能在激烈競爭的產業中敗下陣來。電腦變成難以獲利的產品，2004年12月，IBM的市場龍頭地位已然成為遙遠的回憶了，因此他們將個人電腦事業賣給中國的聯想集團（Lenovo），同一週出刊的《電腦年鑑》（Computer Almanac）計算，與IBM相容的個人電腦銷售量達到15億台，總計銷售額高達3.1兆美元[18]，這是非常驚人的數字。據報導，IBM的首任董事會主席湯瑪斯・華生（Thomas Watson）在數十年前曾預測：「我認為，電腦的全球市場可能只有五台。」不過這句話的真實性也難以追溯就是了。

　　其實早在聯想集團這樁交易前，市場上就能明顯看出誰是長期贏家了。IBM讓微軟保留作業系統的版權，讓微軟可以將作業系統授權給湧入

市場的其他個人電腦製造商。IBM 也沒有加以限制英特爾的晶片銷售，事實上IBM除了使用英特爾的晶片外，1982年末還以高於市值的2.5億美元購買英特爾的12％股份，讓英特爾度過記憶體晶片需求衰弱的時期，直到個人電腦製造商的銷售量攀升到能夠提供資金為止。IBM 持有的股份最高漲了20％，然後在五年後出售部分，降低持股比例。

產業圍繞著英特爾 x86 系列晶片群集，使其成為普遍的電腦運算力標準，並在速度、處理容量、價格和性能之間的關係指數型升級，這不只因為英特爾支持、推動 x86 產品線，也是因為許多競爭者也在做相同的事。隨著微軟視窗、英特爾安裝與授權一個又一個世代的設備和裝置，這兩家公司每年賺取數百億美元，縱使 IBM 這個催化劑已經衰退，這兩家公司依舊賺進大把鈔票，更美好的是，當網際網路問市後，個人電腦又獲得新的推動力。

微軟和英特爾之間的關係時好時壞，針對英特爾想深入掌控軟體的企圖，微軟執行長比爾·蓋茲和英特爾執行長葛洛夫起了衝突，蓋茲寫信給葛洛夫說：「等英特爾找到一個對作業系統及其複雜性抱持謙遜態度的人後，或許我們就能嘗試合作了。」❿

1995年8月微軟推出視窗 95 作業系統時，「Wintel」——微軟和英特爾都不喜歡的混合詞，達到了封神的境界，《紐約時報》如此形容：「電腦史上最轟動、最令人激動、最昂貴的電腦產品推出了。」⓴ 這是個人電腦昂首闊步地成為主流的時刻。

紐約的帝國大廈亮起視窗 95 的紅、綠、藍、黃色彩，微軟支付幾百萬美元取得滾石樂團（Rolling Stones）的歌曲〈令我心動〉（*Start Me Up*），因為這套作業系統需要由使用者點擊一個「開始（start）」鍵來啟動應用程式群。一頭蓬鬆銀髮、穿著流行的斜紋棉衫的美國脫口秀節目主持人傑伊·雷諾（Jay Leno），在微軟總部所在地華盛頓州雷蒙市主持盛大的產品發布活動，由愛唱高調的執行副總史蒂夫·鮑默（Steve Ballmer）帶領，微軟的高階主管紛紛上台隨著音樂笨拙地起舞。消費者也同樣興奮，

視窗95問市的頭一年，這套專用在英特爾硬體的作業系統就創紀錄地賣出4,000萬套。

　　至於英特爾，不需要領導人為公司站台也能神氣活現。原本只有少數人好奇這家科技公司，但是早在視窗95引起媒體關注之前，報紙和電視廣告就已經報導英特爾在複雜電路系統展現的威力。1991年7月推出的「Intel Inside」（有内部裝載英特爾元件之意）標誌，加上五個音符配樂的廣告行銷，成為日後人們立刻就能識別的品牌。

　　英特爾的處理器標籤很快成為性能與品質的象徵，對於考慮購買的裝置和設備，但對內部複雜機件一無所知的消費者來說，就是一個簡單的保證。如果領先者持續成長的唯一途徑是壯大市場，那麼廣告宣傳肯定激起眾人興趣，影響下游的購買決策。

　　如同IBM的開放性創造了一個更廣大的個人電腦市場，英特爾也聰明地利用2B客戶——電腦製造商，來傳播該公司產品的性能。電腦製造商如果在平面廣告中放上「Intel Inside」、並在電腦側邊貼上藍色標籤，英特爾就退還購買英特爾處理器5％的價格，這些錢會轉入共同支付廣告費的帳戶。到了1992年年底，已經有超過500家製造商簽署共同行銷方案，其中約有70％的製造商確實做到。[21]

　　也不是所有製造商都想彰顯供應商的價值，畢竟這可能會貶低自己的品牌價值，甚至有些製造商抱怨，礙於英特爾在市場上的力量，他們別無選擇只能簽下去了。IBM和康柏後來退出共同行銷方案，康柏在1995年的年報封面上強調：「當你看到外殼標示康柏標誌時，就無需擔心內部情況了。」[22]

　　說來諷刺，英特爾被指控是個霸凌者，推出旨在宣傳自家技術的行銷活動，卻導致減損公司形象的連鎖反應。但這有什麼關係呢，效果已經達到了。儘管有人懷疑這種「要素品牌行銷」（ingredient branding）的策略成效，以及英特爾斥資2.5億美元的行銷預算，但是效果甚佳，到了2001年

時，英特爾在個人電腦微處理器市場的占有率已經從56%提高到86%。❷

　　掃除所有障礙後，英特爾更無所畏懼。公司品牌標誌出現在廣告牌、無數分布在中國各地的自行車反光鏡上，1997年1月26日綠灣包裝工隊（Green Bay Packers）對抗新英格蘭愛國者隊（New England Patriots）的美式足球超級盃轉播，英特爾拍攝的電視廣告裡，一群穿著兔子裝的科學家隨著野櫻桃樂團（Wild Cherry）的歌曲〈來首時髦歌〉（*Play That Funky Music*）起舞，廣告聲稱，英特爾的奔騰MMX（Pentium MMX）處理器：「能讓你的多媒體跳舞。」

StrongARM 微處理器

　　英特爾的律師幾乎跟行銷人員一樣忙碌，一邊是該公司和超微半導體的訴訟持續多年，另一邊則是美國聯邦貿易委員會（Federal Trade Commission）在1999年3月對英特爾提起反托拉斯訴訟，指控他們為了維持市場影響力，威脅三家公司客戶。

　　這三家公司客戶之一的迪吉多有著輝煌的過去，該公司製造的VAX迷你型電腦不需要昂貴主機型電腦來運作，曾是科學家和工程師最鍾愛的電腦產品。現在迪吉多和ARM密切合作，想重拾往日榮光。

　　看到蘋果公司於1993年推出牛頓平板電腦，迪吉多的工程師把注意力轉向為平板市場發展更有效率的產品，希望假以時日能引起蘋果或其競爭者的興趣。迪吉多的低功耗版本Alpha晶片：「是一個吸引人的技術概念，但卻不是一個有趣的行銷與生意概念，」領導此開發專案的迪吉多高階工程師之一的丹尼爾·多柏普爾（Daniel Dobberpuhl）說：「所以那個概念差不多沒救了，我們都專注在建立現有低功耗晶片的高性能版本。基於種種理由，我們最終選擇ARM架構。」❷

沒幾年，這項專案就變成前景光明的合資公司。在迪吉多和ARM交流各自的早期研發結果時，他們發現了能讓雙方都受益的生意。迪吉多延長ARM授予的第一個「架構授權」，並從中衍生出有顯著變化、但又同時與ARM指令集相容的版本，雙方決定一起合作設計和打造新的微處理器。「我跟董事會說，我們必須抓住這個機會，」設計Thumb指令集的ARM工程師戴夫・賈格說。賈格認識一些參與此專案的工程師，也觀察到近半數的ARM同事仍然被艾康的最後一款晶片搞得分身乏術，無法邁入新領域，「這些傢伙是微處理器設計師，我們不是，他們是一支有經驗又團結的團隊。」

　　1995年2月21日發布的新聞稿中宣布了這款名為「StrongARM」的32位元RISC產品，這系列產品：「旨在補充和擴大現有ARM的產品線，」用於電腦、互動電視、PDAs、電玩和數位影像。㉕

　　賈格搬遷到德州奧斯汀的迪吉多設計中心，與StrongARM團隊一起工作。抵達奧斯汀後，他撰寫出第一部ARM的架構參考手冊在1996年2月出版。「他們有一個即將實行的ARM架構，但我們從未把這架構究竟是什麼給寫下來，……，有太多沒有記錄下來的細節。」賈格說。㉖來自紐西蘭的他發現自己想念溫暖的天氣，而且ARM需要網羅更多領域的工程人才，為了長久發展，他在奧斯汀設立ARM自己的處理器設計中心。

　　但是迪吉多可沒多少時間來測試StrongARM的市場了，他們在1997年5月興起的一件官司決定了自己未來的命運。迪吉多指控英特爾的奔騰晶片侵害幾項與Alpha晶片技術相關的專利，口袋很深的英特爾提起反訴。

　　相較於從前的迪吉多大帝國，此時迪吉多的口袋所剩不多了，自1996年起，他們已經出脫了磁帶機業務、印表機事業和網路事業。為解決爭議，由英特爾來結束迪吉多的苦難可能比較簡單。然而當時美國聯邦貿易委員會正在調查英特爾壟斷市場的情況，因此讓Alpha晶片歸屬別家公司對英特爾比較有利。

於是1997年10月，這樁訴訟達成複雜的和解安排：迪吉多留下Alpha晶片事業，英特爾支付7億美元接收迪吉多位於麻州哈德森鎮（Hudson）生產 Alpha 晶片的製造廠，外加開放讓三星、IBM 和超微半導體等公司取得 Alpha 授權。不論和解安排得如何，一項有前景的技術就此凋萎。

迪吉多也是。這複雜的和解方案為當時最大的個人電腦製造商康柏開啟門路，僅僅三個月後康柏決定收購迪吉多，斷斷續續洽談了兩年後，1998年1月康柏以96億美元收購迪吉多。

在這片混亂的企業官司中，鮮少有人注意到 StrongARM 權利轉移給英特爾，一些觀察家猜測，就連英特爾內部大概也沒太多人關注這件事。此前英特爾已經研發 RISC 型處理器，其中的 i960 產品問市後獲致一些好評，但是在和迪吉多談和時，英特爾已經停止行銷這款晶片。

現在英特爾有了一個更好的替代品，可以為行動電話和其他手持裝置和設備量身訂制晶片——儘管設計團隊沒多久就離開了。在羅賓・薩克斯比看來，這意味著可以進一步與英特爾洽談了，但是對象不是瓦達斯，而是英特爾執行長巴瑞特。

未來晶片的耗電量與性能同等重要，好在英特爾已經有了現成的解答，不過就算必須對 StrongARM 投入可觀經費，他們也不會去倚賴一家英國公司來提供重要市場的解決方案。英特爾的態度向來是競爭，不是合作，安謀很快就會發現這點。

行動領域入侵者與
競逐iPhone

懷有敵意的競賽

接到電話，華倫·伊斯特（Warren East）的胃開始翻騰起來，蘋果這家最著名的ARM晶片使用者，要求那天傍晚開一場電話會議。一如往常，對於向來神秘兮兮的蘋果，伊斯特所知不多，但是根據當時的市場發展情勢，這位安謀公司執行長總擔心最糟的情況會發生。

那是2008年4月8日，這家英國的晶片設計公司前景大好，一年前蘋果推出iPhone，開啟智慧型手機時代，如同安謀的晶片設計在過去十年驅動諾基亞手機，現在安謀的晶片設計也成為智慧型手機的核心。

那年春季，安謀的股價創下十二年來的新高，這得感謝行動電話熱潮的推波助瀾，安謀已經壯大成為世界上最大的微處理器智慧財產公司，索尼攝影機、台灣國際航電（Garmin）的導航系統、博世汽車煞車系統、三星磁碟機、東芝電視機，全都使用安謀的晶片設計，近乎每一家半導體公司都取得安謀的授權，用於種種裝置與設備，從細小的嵌入式微控制器，到高性能多核心處理器，使得安謀的規模翻了好多倍。那年1月安謀宣布，使用自家晶片設計的合作夥伴，處理器出貨量總計已經超越100億台。安謀的成功在英國國內、海外備受讚揚，也讓他們成為競爭者瞄準的目標。

伊斯特及其主管團隊花了幾天的時間研議安謀的長期策略，討論有

關未來應該把心力聚焦在哪些產業市場。以往下班後，安謀工程師總是會去斯瓦漢姆布貝克的黑馬酒吧聚會，這次外部會議的地點倒是很符合公司如今的地位：蒼翠環繞的思博溫莊園（Sopwell House）。這是一家有著喬治亞時期風格的四星級鄉村酒店，座落在劍橋市以南50哩的赫福特郡（Hertfordshire）的聖奧爾本斯市（St Albans）附近。

伴隨行動電話變成智慧型手機，打電話和傳簡訊也變成收發電子郵件和上網，很快地還可以用手機看電影，行動裝置和電腦合而為一，成為消費者生活中的生活必備品。這種使用模式對安謀有利，商機愈來愈大，連網裝置的主晶片有3/4使用ARM處理器，遠多於五年前僅占1/4，然而這種趨勢卻對仍然掌控個人電腦市場的晶片商英特爾構成一大威脅。

一週前在上海舉行的英特爾開發者論壇中，英特爾宣布凌動（Atom）處理器已開始出貨。英特爾為了凌動的發行早就暖身了好幾個月，他們宣傳說，比起桌上型電腦的x86系列晶片，新款處理器的耗電率低了90%。稍早之前，英特爾已經和蘋果搭上線，為他們供應快閃記憶體元件，但是真正有吸引力的是供應iPhone的處理器核心，如同英特爾已經開始為麥金塔電腦供應處理器那樣。

伊斯特知道，蘋果是個強大的盟友，能夠建立產業和消費者趨勢，不過也可能是個無情的合作者。兩週前，總部位於愛丁堡的晶片設計商歐勝微電子公司（Wolfson Microelectronics）透露，下一代的iPod音樂播放器將不再使用他們出產的音訊晶片（可把數位檔案轉換成音檔），消息一出，歐勝的股價應聲重挫。所以儘管安謀生意上有強大的動能，他們仍然擔心自己會是蘋果下一個拋棄的對象。

當時伊斯特的團隊大多跑去看足球賽了，伊斯特和蘋果的主要接洽人麥克·穆勒則是邊吃簡餐，邊為這場電話會議做沙盤推演。「那真是一頓糟糕的晚餐，就像喪宴一樣，」伊斯特說：「我們說服自己相信，英特爾基本上搶走我們的生意了。」

那晚歐冠足球聯賽是利物浦隊與兵工廠隊，這兩隊六天內對戰了三回合，對彼此甚為了解，雙方都想拿下冠軍獎盃，安謀與英特爾也一樣。

安謀更換領導人

2001年10月，安謀董事會讓個性謹慎沉穩的伊斯特取代個性熱情奔放的薩克斯比，成為安謀執行長，在2002年的新年授勳中，獲封為爵士的薩克斯比則是繼續擔任為期五年的安謀董事會主席。

這象徵著十年前蓽路藍縷的新創公司，如今正邁向成熟穩定，也象徵薩克斯比說到做到——把安謀的技術樹立成產業標準。該是時候交棒給新的執行長了。

伊斯特出生在蘇格蘭亞伯丁市，成長於威爾斯蒙茅斯郡（Monmouthshire）阿斯克鎮（Usk），他的母親是出生威爾斯的化學老師，父親是出生於澳洲的實驗室技術員，在父母的薰陶下，他熱愛科學。伊斯特很早就認定自己的天職會在產業界，而不是學術界，「我想做生意，不想穿白袍做實驗」他說。

伊斯特在1983年從牛津大學取得工程科學學士學位，有趣的是，他的實務經驗大部分來自假日在威爾斯南部默瑟提菲市（Merthyr Tydfil）的胡佛洗衣機工廠。在那裡打工時，伊斯特用一台老舊的裁切機、化學桶板上取下的蝕刻銅，製作出印刷電路板。他深信微晶片是電子業的未來，於是畢業後到當時世界上最大的晶片製造公司德州儀器應徵工作。

德州儀器在海外的第一座工廠位於倫敦往北六十哩的貝德福市（Bedford），工廠1957年啟用，是傑克·基爾比做出重大突破的前一年。多年來這座廠房被當成整合型工廠來使用，不僅製造微晶片（起初使用金線做線路連接），也做測試、封裝、設計，甚至在同座廠房內製造矽晶圓。

在這裡，伊斯特將大部分的時間花在開發電話軟體系統，包括為英國電信集團（British Telecom）的先鋒按鍵電話機開發一個關鍵元件，這個元件迄今仍被許多電話機使用。「我研究語音電路，然後在提供所有性能與撥號的微處理器上撰寫軟體，」他說。❶

在克蘭菲爾德大學（Cranfield University）取得企管碩士學位、並增強他的領導技巧後，伊斯特考慮離開德州儀器，但是德州儀器任命他擔任現場可程式化邏輯閘陣列（field programmable gate arrays）產品的歐洲行銷總監，這種積體電路內含在製造後可以讓客戶依照需求來架構的邏輯區塊。

到了1994年春，公司宣布8月要關閉貝德福工廠，伊斯特覺得在德州儀器很難有發展了，如果想繼續晉升，就必須搬到法國尼斯或德州。德州儀器在前一年取得ARM授權，伊斯特看出ARM的潛力，便寫信給薩克斯比徵求一份工作，他在當年8月進入ARM。

此時的ARM已經有70名員工，但是營收成長速度比人員增加速度緩慢，伊斯特的任務是在公司內成立顧問業務，協助取得ARM授權的客戶把ARM處理器設計成專用應用程序，藉此推動ARM的營收成長。伊斯特表示，他的新同事可以看出：「公司無法投入足夠的資源推進ARM技術路徑圖，因為所有資源都被拿去支援購買了ARM授權的客戶。」

伊斯特形容自己是聰敏、努力且誠實的人，他在1998年晉升為事業營運副總。黑髮稀疏、總是西裝筆挺、一絲不苟的伊斯特也是個謙遜又細心周到的人，週末時總是前往劍橋郊區的教堂彈奏風琴，也經常被邀請去協助婚禮和喪禮。

伊斯特在2000年時成為安謀的營運長並進入公司董事會，這意味著當薩克斯比決定退居幕後時，他將是強而有力的接班人選，不過這也代表接班人選跳過了圖朵·布朗和麥克·穆勒在內的一批安謀創辦人。

「我想，我不是個魅力型領導人，更像是為公司擴充營運型的領導人，」伊斯特說。他知道必須找到新的成長管道，但是又強烈地想要維持小公司的敏感性，以及公司彼此緊密相連的文化。每年聖誕夜，同事會收到伊斯特親手製作的聖誕卡片，上面帶有繁複且精細的剪紙圖案。或許有朝一日，他將成為自己夢寐以求的最高階領導人，但是他仍然喜愛親自動手做，位於劍橋市郊的住家增設游泳池時，也是他親自操作挖土機開挖的。

安謀也有吃力的工作，伊斯特看得出來，儘管公司現在小有所成，未來的路途仍然前途未卜。安謀的基頻晶片非常成功，供應諾基亞和大多數的行動裝置公司，但是不確定接下來炙手可熱的產品是什麼，鐵定不可能像手機能帶來如此龐大的需求。

早在安謀掛牌上市、股價飆漲的1998年，公司就在進行名為「10×03」的計畫，言明目的是在2003年前讓公司營收成長10倍。這計畫有兩個重點，第一、如何打造一個效能更強、更有效率的新微處理器；第二、安謀必須重新辨識和滿足客戶的需求。

截至當時為止，安謀在非個人電腦市場的行動電話領域已經建立堅實的授權事業，到2002年時達到一個重大里程碑——自ARM創立以來，客戶出貨的晶片已達10億片。下一個階段的目標是什麼，需要安謀暫停下來思考了。這不是懷舊或分心的時候，現在要追求的是下一個10億，以及再下一個10億。

安謀的行銷人員深信，解決方案還是在電話。內部預測，有朝一日每部設備或裝置將增加使用到12個ARM處理器核心。伊斯特對此抱持懷疑，但是他知道，如果預測成真，每部設備或裝置將為安謀帶來更多的權利金收入。

安謀也必須把目光望向更遠、更多的領域，所以他們瞄準12個應用領域，包括：電視機、汽車、網路控制器等，某些商機，例如：數位電視，在當時看來仍然很遙遠，但是汽車領域目前看來很不錯，德州儀器已經在一些

防鎖死煞車系統中使用ARM晶片，為安謀開闢了進入汽車產業的路徑。安謀還為美國的磁碟機製造商希捷（Seagate）發展出一款微處理器來做為新產品的「骨幹」，其運作方式與基頻數據機非常相似。

伊斯特樂觀地看待長期發展，只不過現在的處境有點艱難。2002年時微晶片市場進入週期性不景氣，製造商的旺盛行動導致供給快速超過需求，當消費者暫停支出或產品循環暫緩時，也會發生供過於求的情形。在市場轉趨悲觀，緊張的製造商開始延遲下單，到了6月，安謀被剔出富時100指數。

不過有些事情沒有改變。曾被摩根史坦利的一名分析師形容為「牡蠣中形成珍珠的砂礫」❷的羅賓・薩克斯比爵士，在那年10月到白金漢郡的克里維登莊園酒店（Cliveden House）和一群投資銀行家打網球時，一如既往地樂觀看待安謀的前景。當時他不知道的是，三樁延遲的交易將在幾天後引發獲利警訊，導致安謀的股價一夕暴跌。

耶穌來電

蘋果能起死回生全靠1998年5月推出 iMac 電腦——有著「邦迪藍」（Bondi Blue）的蛋型外殼、設計風格充滿未來主義的麥金塔電腦。這是第一款帶有強納生・艾夫（Jonathan Ive）印記的蘋果產品，這位英國籍設計師的洗練、優雅美學風格將在消費性電子產品領域開創新潮流。

邁入千禧年時，賈伯斯思慮更深遠。諾基亞和其他手機製造公司成功地引領行動電話潮流，與此同時，也威脅了個人電腦在消費者數位生活中的核心地位。從 iTunes 服務的演進可以看出，蘋果想再度把個人電腦整合成音樂和影像的「核心地帶」，然後致力於打造自家的行動裝置，讓人們能隨身攜帶音樂上路，而且這個新產品必須優於市面上既有、僅能攜帶有限數量歌曲的數位播放器。

為了開發這款新的音樂播放器，蘋果聘用頑固任性的電腦程式設計師東尼・法戴爾（Tony Fadell），他是搖滾迷，深受齊柏林飛船樂團（Led Zeppelin）、滾石樂團、史密斯樂團（Aerosmith）的樂曲薰陶，而且曾向多家公司推銷音樂播放器的設計構想，其中就包括前僱主荷蘭電子業巨人飛利浦。

　　蘋果上次創造的攜帶式裝置是牛頓平板電腦，此時他們仍然持有安謀這家牛頓晶片供應商的股份，事實上出售安謀股票換取大量現金讓蘋果重振旗鼓，獲得致力於發展新產品、創造新收入的喘息空間。但是後來為了趕著讓新開發的音樂播放器——iPod在2001年耶誕節期間問市，蘋果再次使用安謀的技術就純粹是個巧合了。

　　法戴爾尋找能夠為這款新裝置提供晶片的公司，最終他選擇聖塔克拉拉市的新創公司PortalPlayer，這家公司是由創投家高登・坎貝爾（Gordon Campbell）出資，讓一群前國家半導體員工在1999年創立的，專門開發可用於MP3音樂播放器的晶片。

　　坎貝爾是前英特爾行銷主管，在1984年創立晶片與科技公司（Chips & Technologies）讓他聲名大噪，這家早期的無廠半導體公司設計的晶片組被IBM相容版個人電腦製造商採用，然後在1997年被英特爾收購。

　　PortalPlayer是坎貝爾的另一個賭注，他看好另一個消費性電子產業市場會是下一個引爆點。他的投資科技農場公司（TechFarm）也資助另一家N*Able科技公司，這家公司使用ARM7TDMI設計，開發出一款存取控制產品。自從諾基亞6110手機使用ARM7TDMI設計後，這種設計迅速被多方採用。為了公司快速起步，PortalPlayer也加入行列。

　　N*Able科技使用的是單一處理核心，但是PortalPlayer團隊評估，自家的產品需要2個有高速記憶體的處理核心，才能確保裝置能夠立即播放歌曲。於是PortalPlayer團隊與N*Able科技的合作夥伴OKI半導體公司（OKI Semiconductor）合作，再加上1995年取得一項ARM授權，製造出

第一款 PP5001 晶片，但是過程中完全沒有和安謀打交道。

　　第二個版本的晶片是由另一家巨積公司（LSI Logic）設計與打造，巨積為索尼的 PlayStation 遊戲機供應32位元微處理器而獲致大成功。索尼是遊戲機市場的後進者，當時的市場被任天堂和世嘉瓜分，PlayStation 採用與 RISC 對立的 MIPS 設計，但是 PortalPlayer 繼續使用 ARM 架構。

　　當蘋果前來接洽時，PortalPlayer 已經可以生產了，而且正在與索尼、松下（Panasonic）討論設計發展流程，沒想到法戴爾手腳更快，要求 PortalPlayer 只供應給蘋果。這意味著坎貝爾挖到第二座金礦了，以及 ARM 架構再一次應用到蘋果裝置裡，而且這次的收穫遠優於牛頓平板電腦。

　　這項代號「Crossover」的 iPod 專案，蘋果設計師聚焦在 iPod 的外觀和觸感，以及一個讓消費者拉出歌曲清單的轉盤，盡可能做到無懈可擊。在自家沒有專業晶片設計師下，iPod 內部元件全都倚賴 PortalPlayer，其中的 iPod 的音頻回放作業系統是使用 ARM 的低功耗架構。

　　儘管 iPod 能儲存1,000首歌曲，樂迷仍然對於 iPod 售價400美元，以及跟內部搭載微軟視窗作業系統的個人電腦不相容（起初不相容）這件事頗有微詞，為了把音樂轉載到 iPod，他們必須使用麥金塔電腦。最終 iPod 成功了，創造了一個承繼索尼隨身聽（Walkman）的新行動裝置，改變了人們對蘋果的看法，也讓 iPod 開發商們能夠信心滿滿地夢想未來。

　　跟音樂播放器一樣，賈伯斯在手機上也看到了一個可以革新市場的突破性進展。伴隨手機陸續加入音樂播放器，對於銷售數百萬部 iPod 的蘋果來說，進軍手機市場是防禦之舉。基於之前和摩托羅拉合作開發音樂手機 ROKR 的失敗經驗，蘋果決定自行開發手機，並於2004年年底核准代號「紫色專案」（Project Purple）的計畫。

　　這項專案後來邀請資深軟體工程師泰利·藍柏特（Terry Lambert）做「除錯」工作，刪除去手機作業系統中的缺失。儘管他是專案成員，也必須

簽署一系列的保密協議,「在簽署同意不對外討論專案以前,你無法看到你執行哪項專案,」藍柏特在2017年的部落格文章中寫道。在開發領域,一切都蓋上黑布,「我只能看到機器在做遠距除錯,看不到標的,不過那顯然是一套ARM架構的系統。」他寫道。❸

紫色專案在加州庫柏蒂諾市蘋果公司園區的瑪莉安妮一號大樓（Mariani 1 Building）全程保密地進行,保全人員在大樓主入口巡邏,人員進出必須有通行密鑰。工程師在各自的電腦螢幕上使用電子設計自動化工具,取得要打造的原型圖解和印刷電路板布局圖。

開發過程意見分歧,「史蒂夫喜愛創造性張力,把火燒得更旺一點。」硬體工程師大衛・土普曼（David Tupman）說,他在iPod即將問市前才加入,此前任職英國皮松公司（Psion）的電子記事本事業部門。大概只有處理器架構是專案內兩大陣營之間唯一沒有歧見的選擇。

一個陣營是由史考特・佛斯托（Scott Forstall）帶領,他早前任職賈伯斯離開蘋果那段時期創立的NeXT,在賈伯斯手下工作。佛斯托的團隊決心把麥金塔的作業系統塞進一個有螢幕觸控、可以打電話的小平板裡,他同事認為安謀的技術能夠支援這種精簡版的電腦設計。「我們確定有足夠的馬力可以跑現代作業系統。」資深軟體工程師理查・威廉森（Richard Willimson）說,此前他也任職NeXT。❹

另一個陣營由法戴爾領導,他想把自己的創作和電話結合起來。在iPod的設計被MP3音樂播放器市場廣泛採用後,伊斯特的團隊也向蘋果推銷在iPod上增添電話功能。蘋果需要確定安謀能持續提供好東西,剛好法戴爾之前任職飛利浦公司時的上司道格・鄧恩（Doug Dunn）是安謀的董事會成員,又在2006年10月成為董事會主席,又幸好當年恩怨完全無損安謀與蘋果之間的關係。

不過iPod團隊傾向使用Linux版本的開放原始碼作業系統,而且這種作業系統也能在ARM架構上跑,就在辯論持續的同時,另一家供應商嘗試

跟 iPhone 搭上線，那就是英特爾。

———————————

接掌英特爾執行長不到三星期，歐德寧就慶祝一次成功出擊，2005年6月6日蘋果同意麥金塔電腦首次改用英特爾晶片。歐德寧致力於對使用者更友善的行動似乎成功地取悅了這個最苛求的客戶。

自1984年問市以來，麥金塔一直使用摩托羅拉的晶片，再來是使用PowerPC晶片，直到現在蘋果與IBM、摩托羅拉建立的蘋果專用晶片聯盟不再繼續。賈伯斯選擇使用英特爾晶片，難得地終結雙方多年來的敵對關係。蘋果在1998年春季發表 Power Macintosh G3 時，宣傳的一支電視廣告中出現一隻蝸牛背著一片奔騰第二代晶片，另一支電視廣告中則是一名消防員拿滅火器撲滅一位唱歌的英特爾舞者，這兩支廣告想傳達過去多年間大眾質疑英特爾晶片的速度及耗電量的問題已消除了。

為彰顯雙方的夥伴關係，在2006年1月10日於舊金山莫斯康會議中心（Moscone Center）舉行的麥克世界大會上，在賈伯斯的引介下，穿著兔子套裝的歐德寧拿著一片亮閃閃的矽晶圓，在乾冰繚繞的霧氣中現身舞台。兩人相道問候後，賈伯斯說：「經過我們的工程師團結合作，得出最棒的成果。」

歐德寧敘述，英特爾投入了上千名人員，過程中：「充滿幹勁、挑戰和趣味」，令他想起英特爾的共同創辦人羅伯·諾伊斯說過的話：「別被歷史阻礙了，勇往直前，創造美好。」他告訴賈伯斯：「我們做到了，我們一起做到了。」❺

儘管轉變過程非常複雜，但是最終圓滿達成。這次合作讓英特爾更大膽地提議與蘋果合作 iPhone 專案，想借助蘋果之力，引領英特爾進入行動大眾市場。但是蘋果工程師猶豫不決，耗電量是一大疑慮，價格也是，土普曼說：「當時英特爾無法以20美元的價格出貨晶片，我們需要價格低於20

美元的晶片。」

　　最終蘋果找上三星，雙方早在2005年建立關係。蘋果選擇在後續版本的 iPod 中丟棄硬碟，因此需要一家可靠的供應商提供輕量、節能的 NAND 快閃記憶體晶片來永久儲存，而且需求量很大。PortalPlayer 在實用性上性能狄的確比較優異，只不過現在三星這家南韓電子巨擘更符合蘋果的需求。

　　用於暫存 DRAM 晶片的市場崩跌後，三星看出快閃記憶體是新的成長領域，並且在1997年簽署意向書，將在德州奧斯汀設立第一座海外晶圓廠，英特爾也有投資，換取三星供應記憶體晶片的保障。

　　根據後來成為三星電子技術長黃昌圭的回憶，當年他去帕羅奧圖拜訪賈伯斯討論蘋果的需求時，「我的口袋裡深藏著蘋果判生或判死的解決方案。」他說。❻

　　受到摩爾定律的啟發，黃昌圭自創「黃氏定律」一詞陳述他的預測：記憶體儲存密度每年增加1倍。三星工程師致力於證明這個預測是正確的，而結果也為三星帶來收穫。

　　蘋果與三星的關係源於更早以前，賈伯斯在1983年末前來到位於南韓首爾南方的水原市拜訪李秉喆。儘管當時蘋果麥金塔電腦快要問市，賈伯斯已經開始展望未來了，到處拋出「動態筆記本」概念的構想，想看看打造這種平板電腦需要什麼元件。

　　此時距離李秉喆發表〈東京宣言〉過了九個月，三星才剛開始供應記憶體晶片給製造商。儘管兩人相差45歲，而且賈伯斯顯然沒有對長輩表現出應有的尊重，這兩人卻很談得來，李秉喆後來跟他的助理說：「賈伯斯是能和IBM對抗的人。」❼ IBM 當時是個人電腦的龍頭廠，而賈伯斯在兩年後離開蘋果，說他能和 IBM 對抗，當時看起來不太可能。

在行動電話領域三星不是生手，他們在1988年時早就推出第一款手機，只不過1996年以前沒有在南韓以外的銷售地區。對於製造消費性電子產品數十年、自1974年起擁有微晶片製造廠的三星集團來說，升級手機這條產品線也是合理之舉。iPhone問市的2007年，全球手機銷售量超過10億支，三星的市場占有率高達13%，僅次於諾基亞和摩托羅拉。❽

三星既製造晶片，又生產手機，理應是集團的一大優勢，但是這兩個不同的事業單位向來關係不睦，消費性電子產品事業視半導體姊妹事業單位為另一個供應商，如果價格與品質不夠好，他們就會外尋別的供應商。這做法形同三星內部有道防火牆，有利於蘋果確保三星晶片的價格與品質具有相當程度的競爭力。

對於iPhone，蘋果心猿意馬地考慮使用廣泛相容的ARM架構圖形處理器，同時也想找更好的替代品。三星主管們在2006年夏季檢討季績效時，探討能不能快速生產有圖形控制器和快速記憶體的ARM架構晶片。

黃昌圭派遣一支團隊前往加州庫柏蒂諾，與蘋果工程師肩並肩地打造一款新晶片。「通常每一層線路得花上許多天，你需要打造二、三十層，」土普曼說：「一般打造原型得花許多個月，他們只花六週就打造出來，太瘋狂了。」❾

就這樣，使用原本為一台DVD播放器設計的晶片，驅動了種種創新，例如：用手指點擊、推近和拉遠的觸控螢幕、耐摔抗磨損的「大猩猩玻璃」（gorilla glass）。

2007年1月9日，在舊金山舉行的麥克世界大會上，賈伯斯走上台。「這一天，我期待了兩年半，」他說，台下有人歡呼，還有零星的掌聲。「偶爾會出現一款革命性產品來改變世界。」賈伯斯繼續說，他穿著牛仔褲和正字標記的黑色高領衫，袖子上捲。

他先提到蘋果過去推出轟動一時的產品：1984年的麥金塔、2001年的iPod，接著說：「今天，我們要一次推出三樣這種等級的革命性產品，第一個是觸控式寬螢幕的iPod，第二個是革命性的行動電話，第三個是突破性的網際網路通訊器。」

現場群眾興奮不已，但是卻不太懂他在說什麼。賈伯斯重複敘述這三個東西，接著又再複述一次。「iPod、手機、網際網路通訊器，……你們懂了嗎？這些不是三款不同的產品，這是一個裝置，」他說，然後走向舞台中央：「我們稱為iPhone。」❿

群眾歡呼，產品外觀沒有安謀的身影，但是蘋果將再次改變這家公司的命運，因為這部被稱為「耶穌的手機」（Jesus Phone）的行動裝置，很快地激起如同宗教般的狂熱。

英特爾草坪上的坦克

不只有英特爾進入被視為安謀的領土，安謀也已經朝反方向前進了。iPhone問市的兩年多前，安謀開發者研討會（ARM Developers Conference）開幕的頭一天，華倫·伊斯特拉開簾幕，他看到的只有英特爾。

2004年10月19日的早上，伊斯特從窗戶外望去，凝視英特爾這座占地900,000平方呎（84,000平方公尺）的D2工廠，這是矽谷最後一座大規模工廠，用於生產新產品，例如：手機、數位相機用的快閃記憶體晶片，目前在試驗生產階段。後方的使命學院大道（Mission College Boulevard）上座落著晶片業巨人的全球總部大樓，大樓正面是酷冷藍的帷幕玻璃。

十多年前，安謀的第一次夥伴會議是如同家庭聚會般的活動，獲得ARM授權的製造商聚集於斯瓦漢姆布貝克，舉行為期一週的討論，期間的

餐敘延伸至草坪上野餐，以及每晚在當地酒吧暢飲。

反觀為期三天的第一屆安謀開發者研討會本身如同一座活動村莊，有超過2,000人參加，比原先估計的與會人數多了1倍，有近百家公司參與，地點在英特爾後院的聖塔克拉拉市，就在翌年5月安迪‧葛洛夫向敬佩他的股東們告別的那個會議中心舉行。「我記得當時蠻興奮的，我們還在他們的草坪上停放了一台坦克，」伊斯特說。

想起安謀早年的寒酸，伊斯特批准這場活動就是想要提振開發商對安謀的信心，進而建立社群支持，然而最大的前提是公司不需要花什麼錢。來到此地舉辦研討會，不是為了挑釁安謀的最大對手，而是籌辦會議的顧問公司為了賺錢而決定的。

開幕當天，伊斯特在台上揭露M3處理器，這是安謀未來三年將陸續推出的Cortex系列中的第一款設計。某種程度上，Cortex只是把品牌行銷應用於安謀的既有產品路徑圖，是執行 10×03 策略的一種方式，他們想在2003年前把營收提高10倍的雄心並未達成，但是這項計畫幫助安謀定義可以進軍的事業領域。安謀說 Cortex：「更清楚地區隔產品設計，滿足愈來愈多樣化的市場需求。」⓫ 未來安謀將有更多的品牌和產品區隔。

這次的宣布也寫下一個里程碑。安謀說M3處理器是：「這是專為滿足對成本極其敏感的高性能嵌入式應用所設計，例如：微控制器、車體系統、家電、網路器材。」拜諾基亞和德州儀器所賜，幾乎世界上每一支行動電話都是採用ARM技術，但是現在安謀要擴大版圖了，為此，他們禁不住聚焦在英特爾，其x86是世上另一個唯一銷售量達到龐大規模的微處理器。

第一屆安謀開發者研討會兩個月前的2004年8月23日，安謀宣布第一樁重大收購案，以9.13億美元買下矽谷的艾堤生元件，這消息令投資人不滿，導致安謀的股價當天重挫18％。

艾堤生擁有很多能整合軟體與電子電路的基礎設計，在晶片變得更複雜、製造變得更難下，這部分愈來愈重要。安謀董事會主席薩克斯比嘗試向質疑的媒體和股東解釋收購艾堤生的理由：「如果把晶片產業比做汽車製造業，那麼安謀是設計引擎，艾堤生就是設計活塞。」⓬

　　事後回顧，安謀一些主管認為艾堤生收購案是錯誤價格的正確交易，或許也是錯誤的標的。這樁收購案當然為安謀提供了一條新的成長管道，伊斯特說，他希望加入艾堤生的產品後，未來二到五年內收取每片使用ARM設計的晶片權利金能提高1倍來到約9美分。 ⓭

　　但是少有人知道、安謀也未曾公開提到的是，他們把這樁交易看成為了與英特爾長期抗戰而購買的保險。展望未來五年，安謀主管認為，伴隨矽晶片愈來愈小，英特爾的晶片設計與製造整合模式將具有更大的競爭優勢，他們認為，艾堤生可幫助倚賴代工製造的安謀客戶，強化微晶片創造與製造之間的聯繫。銷售抽象的微處理器設計早就過時了，安謀也必須思考執行部分。

　　儘 管 有 前 述 的 策 略 性 行 動 ， 安 謀 仍 然 繼 續 和 英 特 爾 合 作StrongARM——英特爾在1997年與迪吉多訴訟和解時取得的技術。雙方的關係一如安謀與其他半導體業夥伴的相處模式，伊斯特不時與英特爾的執行副總暨行動事業部總經理馬宏昇（Sean Maloney）會面，這位禿頭的倫敦人被視為英特爾執行長歐德寧的實際副手。

　　隨著新微處理器核心問市，StrongARM在2000年時改名為XScale，在手機市場的表現不太亮眼，反而是在手持型電腦斬獲較多，例如：Palm Treo、行動研究公司（Research in Motion）的黑莓機（BlackBerry）、宏達電（HTC）的數位裝置。儘管如此，安謀的董事持保留態度看待與英特爾的合作關係。

2005年2月，在行動產業的第三代行動通訊世界大會（3GSM World Congress）上，產業界樂觀地看待即將迎來的第二波成長。這場在法國坎城舉行的大會，諾基亞預測 3G 手機的全球銷售量將在當年度從1,600萬支增加到7,000萬支，到了2010年時，總銷售量將從17億支增加至30億支。開發中國家有無數人不曾使用過傳統線路電話，現在便宜、簡單的手機讓他們首度獲得電信服務，這有部分得歸功於低成本、低耗電的微處理器。

然而伊斯特和馬宏昇幕後的會面氣氛就不那麼愉快了，「我們不再對 XScale 做任何事了。」伊斯特回憶馬宏昇當時這麼說。突然改變的立場令伊斯特心臟狂跳，如果英特爾不願意與安謀在成長中的行動事業合作，就等於轉向與安謀競爭，戰線已經畫下。

2006年6月27日，儘管投資了數十億美元，英特爾宣布以6億美元把包括 XScale 在內的通訊和應用處理器事業賣給邁威爾科技公司（Marvell Technology Group）。馬宏昇對這樁引人關注的交易做出解釋：「通訊和應用處理器的市場區隔持續展現誘人的商機，我們相信這項事業及其資產很適合邁威爾科技公司。我們和邁威爾長期密切合作，所以我們相信他們有能力壯大這項事業，並維持對顧客的信諾。」[14]

後來接受訪談時，馬宏昇談到投資另一版本的 XScale，以及最新的 x86 系列奔騰微處理器「巴尼亞」（Banias）的預算壓力，他說：「我們沒有足夠人員可以同時做這兩項專案，我們認知到，我們對 x86 的投入較大，所以決定把資源轉向這裡。」[15]

儘管截至當時為止，低成本、低耗電的 ARM 設計推動了行動革命，而且英特爾手上有這項技術的高性能版本，但是他卻放棄了。英特爾放棄智慧型手持裝置，回過頭專注於個人電腦核心事業，放眼筆記型電腦和其他新興的行動運算技術。隨著市場整合的趨勢下，這話聽起來不過是語義學罷了。

不過對歐德寧而言，這是個嚴酷的選擇。他知道，就算像英特爾這麼大的一家公司，也難以維持兩種電腦架構，不但會令顧客困惑，也可能導致開發商相互對立。遠在1989年時，英特爾就曾短暫嘗試引進第二種「語言」，推出RISC微處理器設計的i860。

　　「我們是否應該放棄一個起碼目前看來是一定會成功的好東西，回頭繼續和其他的RISC架構競爭，而且是一場我們沒有特別優勢的戰役？」安迪·葛洛夫在其著作《10倍速時代》中寫道，在英特爾尚未放棄RISC架構時就已經重新投入CISC架構的懷抱。❶

　　歐德寧掌舵時期，x86仍然是非常賺錢、珍貴又有牢固的指令集架構，用它來撰寫的程式不計其數。如果可以避免的話，英特爾無意同時下注RISC和CISC，還把ARM的價值推升得更高。

　　產業數據顯示出競爭壓力，根據國際數據資訊公司的調查，英特爾先前堅若磐石的個人電腦市場占有率，在六年間從83％降低至2006年時的75％，主要原因在於夙敵超微半導體復活了。英特爾的唯一選擇是加倍下注x86架構。

　　雖然安謀抓住了iPhone商機，董事會卻對英特爾這個潛在競爭對手感到憂心忡忡。安謀的利潤高、顧客很多，董事會會議向來不需要花時間討論營運問題，而是專注研擬策略，這意味著留心英特爾，看看報紙和網站如何預測晶片業巨人接下來的行動。

　　董事們經驗豐富，他們見過英特爾如何在個人電腦市場建立與維持近乎壟斷的地位，包括和超微半導體之間的戰爭。基於英特爾的巨大財務力量，董事們擔心他們可能結合晶片架構知識和市場聲譽，摧毀安謀已經建立的穩固基礎。

　　「大約兩年期間，這是我們首要擔心的事，」那時期的一名安謀董事

說：「每次董事會會議，我們必定快速檢視英特爾身在何處？推出了什麼新產品？他們用它來做什麼？有客戶感興趣嗎？如果英特爾真的大力推進，有可能左右安謀的生死成敗。」

蘋果要求ARM架構授權

2007年末，iPhone 在世界各地賣得火熱，人們紛紛猜測英特爾已經取得了突破。對蘋果消息堪稱靈通的《蘋果內幕》（*Apple Insider*）網站報導，蘋果將在新年期間與英特爾建立更密切的合作：「屆時，蘋果的新一代手持裝置將開始採用來自英特爾新推出的超行動處理器。」[17]

消息指出，這對英特爾為了贏得蘋果訂單而組成的業務工程師及銷售人員團隊來說是好結果。幾個月前，這團隊的領導人黛博拉·康瑞德（Deborah Conrad）告訴記者：「蘋果看待世界的方式使得英特爾對自己的事業有了不同的思考，」談到未來的裝置與設備時，她說：「團隊非常、非常地興奮。」

《蘋果內幕》指出，這個新夥伴關係的產品有兩個可能性，要不就是下一代的 iPhone，要不就是一款超級可攜式平板電腦，然後內部使用的晶片是 Silverthorne——英特爾為手機和其他行動裝置設計的新處理器，歐德寧在那年6月接受訪談時，把這款晶片的重要性和當年的 8088 處理器或奔騰處理器相提並論。

這報導出來的幾週後，蘋果推出輕薄筆記型電腦 MacBook Air，名為「超輕薄筆電」（Ultrabook），內部使用的英特爾晶片裝在一種新的縮小包裝裡，因此占用更少的空間。但是這不是上述報導暗示的晶片或裝置。

如同華特·艾薩克森（Walter Isaacson）在傳記中所述，賈伯斯原打算在平板電腦 iPad 中使用英特爾的低功耗凌動晶片，但是工程團隊另有想

法。法戴爾偏好使用 ARM 設計的晶片，更簡單、更節能，第一代 iPhone 就使用過了。

在一次激烈爭論的會議中，賈伯斯主張最好信賴英特爾，法戴爾拍板道：「錯，錯，錯！」⑱法戴爾甚至把蘋果員工識別證放在桌上，暗示他準備為此爭議辭職。

2008年4月1日在上海舉行的開發商論壇上，外界才發現這爭議到底跟什麼有關。在論壇上，英特爾宣布凌動處理器開始出貨，這款處理器的原名是「Silverthorne」。凌動處理器的耗電量比用於桌上型電腦的 x86 系列晶片減少90％，但是相較於同等級的 ARM 晶片，耗電量仍然較高。凌動處理器有一個「假寐電晶體」（drowsy transistor），當晶片不執行運算時，會把用電量降低來節省能源。

英特爾的行銷話術是，凌動處理器能成功地把個人電腦性能轉化為行動網際網路設備。從這宣傳可以看出，他們仍然堅持把產品類別稱為簡單的上網機器，只不過手機晶片設計商目前致力於加速把手機電腦化，很顯然這款晶片並不適用。

投資人半信半疑，他們不確定英特爾是否正確地解決了個人電腦與高階手機的衝突問題，他們也不知道凌動處理器如何避免與英特爾的既有市場自相殘殺。

對蘋果來說，凌動晶片的誘人處在於，能與以前麥金塔電腦採用的 x86 處理器相容。不過，光是這點並不足以促成這樁交易。

就在英特爾驕傲地宣布推出凌動處理器的一週後，也就是本章開文提到的2008年4月8日傍晚，華倫・伊斯特在思博溫莊園參加與蘋果的電話會議，他當然不知道蘋果的決定。

伊斯特擔心想著最糟的情況，蘋果卻給出了最好的消息。蘋果不僅想

在自家產品中多多使用安謀的設計，還想與安謀建立更長遠的合作。

蘋果要求安謀授權 ARM 架構，而非只是取得標準版本，這意味著蘋果可以大幅變更 ARM 的藍圖。蘋果計畫更大程度地掌控晶片的關鍵部分，後文將對此有更多著墨。

安謀過去很少提供這種授權方式，而且授權的對象全都是晶片公司。提供這種賦予更大彈性的授權，伊斯特原本可以索取更高的費用，但是安謀太高興了，沒想玩抬高價格的戲碼。

蘋果結論是，凌動晶片的節能功效不足以應用於 iPad，而且英特爾的態度也令蘋果錯愕不已，他們急切想要蘋果遵從英特爾建立與測試晶片的方式，蘋果認為這種合作方式太僵化。蘋果最終選擇安謀，並且再次由三星位於京畿道龍仁市器興區的晶圓廠來製造，這裡距離三星總部不遠。蘋果於 2010 年 1 月 27 日發表的第一代 iPad 使用 Apple A4 晶片，這是第一款由蘋果公司自行設計的晶片。

「我們嘗試幫助英特爾，但他們不太聽得進去，」賈伯斯說：「多年來我們一直告訴他們，他們的圖形很爛。每一季，我和三位高層都和保羅・歐德寧開會。」剛開始相處還算融洽，「最初我們一起做了很棒的事，他們希望這次的大型合作計畫能為未來的 iPhone 製造晶片。」

賈伯斯繼續：「我們基於兩個原因沒有選擇他們。第一、他們動作太慢了，就像一艘蒸汽船，不夠靈活，我們習慣快速。第二、我們不想樣樣教為他們，教會了，他們可能拿去賣給我們的競爭者。」[19]

安謀先預期自己最終將從 iPhone 那裡獲得多少好處。在 2008 年 2 月 5 日的公司年度成果發表會上，伊斯特向投資人報告，平均計算下來，每支 ARM 架構的手機使用 1.6 個微處理器，高於 2013 年時的 1.2 個。預測需要等一段時間，這數字才會提高到每支手機使用 2 個微處理器，伊斯特說這是

因為：「手機總銷售量的大成長期，大部分是發生在2005年和2006年低階手機的爆炸性成長。」❷⓿

截至當時為止，在智慧型手機類別中安謀囊括100％的市場占有率，他們既供應特殊用途處理器設計，例如：處理圖形的設計，也供應一般用途的晶片設計，「我們不僅每部裝置賺0.05或0.06美元、甚至我們也賺到0.5或0.6美元的權利金，」伊斯特說。

根據國際數據資訊公司的統計，到了2010年年底，iPhone推出後不到三年，以銷售量來看，智慧型手機市場已經比個人電腦市場還大。

但是安謀仍然認為值得繼續朝個人電腦市場前進，不過想在這個市場建立動能並不容易，安謀覺察到一個機會：台灣的原廠委託設計代工製造商（design manufacturers，亦即ODM，客戶委託設計與製造後，用客戶自己的品牌銷售）開始創造自己的設計與品牌。

安謀也決定瞄準另一個英特爾近乎壟斷、最有賺頭的市場──電腦伺服器。儘管早期受制於自超微半導體公司及其皓龍（Opteron）處理器的強勢，英特爾仍然成長到稱霸這個市場。安謀的董事們推想，如果公司能在電腦伺服器市場搶到10％的占有率，就足以用價格對英特爾施壓，甚至抑制他們的研發支出。為了確保所有同仁聚同仇敵愾，伊斯特在高階管理層的會議室牆上懸掛英特爾領導團隊的照片。

這相當程度取決於安謀的夥伴如何看待安謀的能力。英特爾不只和一家公司競爭，安謀的200家授權公司中，從高通到德州儀器，也是英特爾的競爭者。有一次接受《財星》（Fortune）雜誌訪談時，伊斯特敬佩英特爾是家傑出的競爭者和優異的製造商，但他說：「英特爾採用老式的事業模式，安謀採用二十一世紀的事業模式。」❷❶

第一代iPhone一推出，蘋果便升級與安謀之間的關係，ARM架構的

授權推升彼此合作。蘋果急切跟這家「供應商的供應商」交好，以及其所倚賴的廣大生態系，為了新一代的產品，蘋果需要既省電、性能更好的晶片。

蘋果派遣一支15人的高層團隊每年兩次到英國考察一週，團隊中有管理人員和技術人員，例如：東尼・法戴爾和鮑伯・曼斯菲爾德（Bob Mansfield）這類重量級人物。他們以倫敦為基地，通常投宿一家從二級保護建築裁判法院改建成五星級的法院酒店（Courthouse Hotel），就在攝政街（Regent Street）上的利柏堤百貨公司（Liberty Department Store）對面。

他們白天從倫敦前往劍橋市造訪安謀，位於沃福特（Watford）北方的金斯蘭利村（Kings Langley）以及iPhone圖形處理器供應商進想科技公司（Imagination Technologies）。晚上土普曼帶著同事們逛倫敦，他們常去倫敦西區劇院看秀，有一次還去溫布頓吃晚餐和看賽狗。2011年4月離開蘋果公司時，土普曼是iPhone和iPod硬體工程副總，領導一支200人團隊，專門研發蘋果裝置的電子、音響、相機等元件。

蘋果和安謀的會議都很順利，儘管伊斯特從未與賈伯斯碰面，賈伯斯應該也沒有造訪過劍橋市，但是他們視彼此為夥伴，這意味著蘋果蘋果想要了解安謀的全貌：不只是處理器核心，還有安謀團隊在做的所有專案。

安謀唯一令這些美國訪客失望的是他們供應的飲食，這些美國訪客無法忍受安謀絕大多數的午餐只供應三明治，實在太寒酸了。

歐德寧退休

保羅・歐德寧於2013年從英特爾退休時，數據顯示這家公司的成長突飛猛進，相較於葛洛夫離開的八年前，2012年的營收為533億美元，八年間提高了56％，淨利來到110億美元，提高了47％。股東的口袋也頗有斬獲，

每年股利提高4倍至44億美元。

可預見地，維持市場龍頭地位的戰爭變得更複雜、更昂貴，但是技術仍然日新月異，這段期間英特爾推動22奈米製程的處理器——處理器體積是歐德寧掌舵之初的1/3，後繼的14奈米製程工廠正在興建中，10奈米和更小的製程也在發展中，估計製程技術仍然領先競爭者約兩年左右，不難想像英特爾每年101億美元的研發預算（比2004年高出1倍多）花到哪去了。㉒

但是，儘管有漂亮的數字和大開支，歐德寧的時代因他沒有做到一件事而留下永久印記，這件事顯然也為他的下台方式添加了一些渲染的色彩。不同於前四個任執行長，歐德寧沒有晉升為董事會主席，事實上他比英特爾規定的退休年齡65歲早幾年退休。

反觀蘋果 iPhone 的起飛，問市第五年的2012年，iPhone 總銷售量約1.25億支，創造驚人的800億美元營收，比微軟公司的總營收還要高，令人瞠目結舌。㉓

現代消費者的生活圍繞著手機裡的行事曆、相片、社群媒體、遊戲和音樂打轉，諾基亞和製造商行動研究公司——商務人士曾經的最愛黑莓機，業績顯著下滑，包括惠普和戴爾在內的個人電腦製造商全都苦於找到應對方法。蘋果絕對有資格聲稱自己創造了史上最成功、最具顛覆性的產品。

在位的最後一天，歐德寧在訪談中認錯說他未能讓 iPhone 採用英特爾的晶片。當蘋果堅持只願意為 iPhone 的晶片支付一定價格時，沒人知道這個裝置會帶來什麼影響力，「蘋果一分錢都不肯多付，」他說：「事後來看，成本預測有誤，iPhone 的銷售數量是那時任何人所想像的100倍。」㉔

懊悔之餘，他說：「我學到的教訓是，雖然我們喜歡談論資料，但是在我的職涯中，有太多時候我最終是憑藉直覺來做決策，當時應該遵循我的直覺……當時我的直覺告訴我應該對蘋果說好。」

他很自然地揶揄安謀，「安謀是個設計者，是一家授權型公司，」歐德寧接著說：「如果想和安謀競爭，我會說，我們把英特爾的設計授權給任

何想要的人，然後靠權利金來賺錢過活，如此一來公司的規模也就只剩1/3左右了。」

　　歐德寧說的沒錯。英特爾創造533億美元的2012年，安謀的營收只有9.13億美元，大約是英特爾的1/6。那年第四季，安謀從客戶賣出的每片晶片收取的平均權利金微升至4.8美分，當年度的稅前盈餘來到2.77億英鎊。㉕

　　不過年營收成長16％，明顯高於整個半導體產業的平均成長率，安謀的Cortex-A處理器和Mali圖形引擎的需求高，並且在包括數位電視機在內的消費性電子產品領域頗有斬獲。但是權利金不僅沒有像伊斯特在2004年收購艾堤生元件時所期望的倍增，反而降低了近一半，原因出在物聯網趨勢，使得透過藍牙和wi-fi連結的廉價器材爆炸性成長。

　　儘管安謀為晶片設計追求新的應用領域，從蘋果財富行動市場分得的一杯羹，仍然是安謀主要的收入來源。據估計，每支iPhone內有2.5片安謀設計的晶片，由於這些晶片較複雜，安謀可以收取比平均高出1倍的權利金。

　　起初的晶片只用在電話網路通訊的基頻數據機，現在擴大到與使用者溝通的應用程式處理器、手機的應用程式和展示。歷經時日，ARM設計被用於驅動wi-fi、藍牙、定位服務和相機的晶片，這些功能一開始使用不同的晶片，後來被整合在一起，而且最容易整合成一個單獨ARM處理器及子系統，因而使安謀賺取更多的權利金。

　　2012年時，蘋果帶給安謀的獲利大約只有3,500萬英鎊，可能比三星同年度帶給安謀的收入還要少。儘管如此，這不多的收入換來的是ARM晶片無所不在，以及蘋果提升安謀的品牌口碑和知名度，這確保安謀能夠從「智障型」手機過度到智慧型手機，不像許多著名手機品牌在轉型過程中式微，例如：諾基亞的手機事業最終於2013年9月以72億美元賣給微軟。

影響力的提升彌補了安謀在財務上的不足，2012年時 ARM 架構的處理器出貨量約87億部，相當於每賣出一支 iPhone 就賣出70片 ARM 晶片。正因為技術授權不昂貴，被授權商不需要考慮別的替代品，ARM 系列持續普及。在行動晶片龍頭寶座之爭，一個開放授權的開發商聯盟戰勝了英特爾如帝國般無敵強大的存在。

英特爾專注於 x86，並且把龐大的研發經費投入其中，其實做法上對顧客有利。因為從五十年前的 8008 晶片開始，某種程度的晶片相容性能夠重複利用軟體，方便英特爾更快速地推出錯誤更少的產品。

歐德寧說，他的員工應該聚焦來自高通、德州儀器或專精於圖形處理器的輝達，而不是聚焦於安謀，或「蘋果之類的公司是否使用安謀來打造手機晶片。我希望我們的員工全力為蘋果打造最好的晶片，讓他們想買我們家的東西。」[26]

2016年4月26日，英特爾宣布放棄凌動處理器，等於放棄進軍行動裝置領域的大行動，另外因為個人電腦市場的衰退，公司裁員12,000人。此舉代表至少在行動裝置領域，英特爾以失敗告終，就如同1980年代，英特爾的晶片驅動的個人電腦打敗了迪吉多的迷你型電腦。英特爾和迪吉多犯了相同的錯誤：懷疑新產品的獲利力，也低估了其潛在銷售量，最終驚人的銷售量彌補了微薄的利潤。

接替歐德寧成為新任英特爾執行長的布萊恩‧科再奇（Brian Kraznich）說自己的策略是：「把英特爾從一家驅動個人電腦的公司轉型為驅動雲端和無數智慧型連網運算設備的公司，……，在我們身處的時代，技術的價值不僅取決於公司產生了什麼，也取決於公司能帶來什麼體驗。」[27]

英特爾和安謀再次相遇的戰場是驅動電腦伺服器的晶片市場，但是英特爾也宣布，他們將開始為客戶製造 ARM 架構的智慧型手機晶片，第一個

客戶是樂金公司（LG），由此可見微晶片產業之間的複雜關係。

2020年6月22日，科再奇做出上述宣布的四年後，蘋果公司執行長提姆·庫克（Tim Cook）宣布「麥金塔歷史性的一天」。[28] 歐德寧的魅力攻勢畫下休止符，蘋果麥金塔將不再使用英特爾的晶片，改用自家在ARM架構上研發出來的蘋果晶片（Apple silicon），也就是來自2008年那場蘋果與安謀電話會議的直接結果。「蘋果晶片要讓麥金塔比以往更強壯、性能更好，」庫克說：「對於麥金塔的未來，我從來沒有這麼激動過。」

這改變促使蘋果對供應鏈有更高度的掌控，也讓為iPhone、iPad和iOS作業系統開發的應用程式更易於在麥金塔上執行、不需要修改。蘋果進入「客製化晶片」領域，對長久以來晶片製造商與晶片客戶區分開來的晶片產業帶來深遠影響。

這對安謀而言也是歷史性的一天，安謀與蘋果的長期關係再一次擴大。除了行動電話和智慧型手機，現在ARM晶片還將用在筆記型電腦裡，從一個市場延伸至另一個市場，英特爾曾經反向地努力過，想從個人電腦市場延伸至行動裝置市場，只是不太順利。部分緣於ARM晶片提供更優異的電池壽命，所以微軟很快地跟進，這個軟體業巨擘在2011年首度推出一款在ARM晶片上跑的行動作業系統。

Chapter10
300年願景，64天收購

港邊的午餐

位於土耳其的港口城市馬爾馬里斯（Marmaris）的鳳梨餐廳（Pineapple Restaurant），自1988年開業以來生意興隆，從早到晚為船員和觀光客供應鮮魚、烤肉、披薩、義大利麵，胃口大的食客可以試試主廚的其中一樣招牌菜：一顆鳳梨挖空烘烤後填滿海鮮。

鳳梨餐廳座落在港邊整排商街的居中位置，餐廳以棕櫚樹和紫色九重葛裝飾。坐在黃色天蓬下，望著停泊於港邊的數百艘船，這裡是熱門的放鬆景點。

馬爾馬里斯是前往地中海東部的其中一個門戶，曾在歷史上的幾個重要時刻扮演跑龍套角色，當英國海軍將軍納爾遜勳爵（Lord Nelson）在1798年率領皇家海軍前往埃及擊敗拿破崙的艦隊時，曾在這港口集結整備。1522年鄂圖曼帝國的蘇萊曼大帝（Suleiman the Magnificent）修建矗立於山上、俯瞰大海的馬爾馬里斯城堡，做為鄂圖曼海軍圍攻羅得島（Rhodes）五個月期間的基地。

2016年7月3日，馬爾馬里斯意想不到地成為企業史重要事件的發生地，這天鳳梨餐廳的一樓被一行人包場。

他們一行共有四人：2013年時成為安謀第三任執行長的西蒙・

西嘉斯（Simon Segars）；安謀董事會主席史都華・錢伯斯（Stuart Chambers）；投資資產包括中國商務網站阿里巴巴和美國行動電話電信商斯普林特（Sprint）的日本億萬富豪孫正義（Masayoshi Son）；投資公司軟銀集團（SoftBank）的財務長阿洛克・薩馬（Alok Sama）。

他們點了午餐開始聊天，就像四位老友在夏季週日的午後閒聚。事實上，這次倉促安排的會面只有一個目的：商討英國最成功的科技公司——安謀的未來所有權。

動物的本能

孫正義以快速決策聞名，初次與阿里巴巴創辦人馬雲見面時，只花幾分鐘就決定投資阿里巴巴。當時是1999年10月，第一次網際網路泡沫化情勢已經大幅蔓延，但是投資人對中國科技股的激情高漲，少有投資人謹慎行事。

那次在北京的會面是投資銀行高盛集團（Goldman Sachs）為孫正義仲介的幾樁投資案之一，幾週前高盛集團領軍投資阿里巴巴500萬美元，讓同年3月才創立的阿里巴巴，公司估值來到1,000萬美元。

初次見面，孫正義和馬雲立即看出彼此有某些相似。兩人都出身卑微、都是坦率直言的人，個頭不大卻雄心萬丈。「我們沒談論營收，甚至沒談論商業模式，」馬雲有次回憶他與孫正義初次見面的情形：「我們只談一個共同的願景。」❶

不久，馬雲來到東京談交易，孫正義馬上提議以2,000萬美元取得40％的阿里巴巴股份，這等於是高盛集團和其他投資夥伴的持股價值在短短幾週內翻升了3倍。然而馬雲卻猶豫不決，他不想讓出這麼多股權，孫正義馬上把價碼加倍，最終敲定2,000萬美元取得30％的阿里巴巴股份。多年後，孫正義解釋他當年的決策：「他的眼神有一種動物的氣味，」促使他如此快速

地投入這筆錢。❷

　　2000年1月18日，軟銀集團宣布領頭聯合投資2,000萬美元，再加上承諾投入額外資本發展阿里巴巴網站的國際語言版本，以及幫助他們度過隨即而來的網際網路泡沫化時期。投資資產在這段時期崩跌的孫正義，在日後重振旗鼓時，這筆投資卻成為重要支柱。阿里巴巴於2014年9月在紐約掛牌上市，募集到250億美元，創下全球最大的首次公開發行紀錄，軟銀的32％持股總值來到750億美元，一舉讓孫正義登上日本首富寶座。阿里巴巴網站已經從2000年初的10萬個會員成長至有800萬個賣家，2013年單天出貨量就達到1.56億。

　　在孫正義的白手起家故事中，這種心血來潮的投資很平常。孫正義的祖父躲在漁船的船艙裡，從南韓渡海來到日本，身無分文的一家人住在日本國鐵土地的違章建築裡。孫正義的父親養豬、釀私酒，但是最終靠著經營餐廳和柏青哥生意成功改善家境。

　　1973年夏天，孫正義16歲，他的家境已經富裕到可以送他去加州留學。有一天，語言課的休息時間他去當地的喜互惠（Safeway）超市購物，在那裡翻看一本《大眾電子》（*Popular Electronics*）雜誌時，看到一張英特爾最新8080晶片的特寫鏡頭照（8080晶片是後來制霸個人電腦市場的x86架構的前身），孫正義說，他對此留下深刻印象。

　　「那就像你看到一部電影橋段中非常震撼的一幕，或是被樂曲所吸引，你全身起雞皮疙瘩，」他說：「就是這種感覺，我全身汗毛豎了起來，熱淚滑落臉龐。」❸

　　孫正義買了那本雜誌，並且把那張照片剪下來，放進透明的塑膠夾裡，保存在他的外出背包裡，晚上睡覺則拿出來放在枕頭底下。他決定投身於電腦產業。

孫正義在1977年進入加州大學柏克萊分校，主修經濟學和電腦科學，那裡有成排成列的電腦供學生24小時使用。在學時他就充分展現創業精神，設計一款語言翻譯機授權給日本夏普電子。接著，他又從日本進口遊戲機到美國。

返回日本後，孫正義在1981年創立軟銀，「Softbank」這個名字中的Soft取自software（軟體），而bank不是單純的銀行，而是取自他使用多年、用來記錄無數潛在發明的筆記本「Idea Bank」（點子銀行）。

早年投資網際網路入口網站雅虎（Yahoo!）讓孫正義走上致富之路，但是把雅虎引進日本的合資企業更是讓他財運亨通，滿懷有勇氣去相信凡事皆有可能。

在日本企業界，孫正義的風格罕見：有魅力、有遠見、願意挑戰當道者，他和軟銀集團為日本注入了松下、東芝、索尼、富士通等成熟日本科技公司逐漸喪失的活力。他總是彬彬有禮，但是，當然啦，他也不是完人。

並不是所有他投資的公司最終都能成功，約莫投資阿里巴巴的同時，軟銀也投資線上雜貨零售商Webvan，跟那個時期的許多網際網路公司一樣，這也是一家過度炒作的公司，根據報導，軟銀最終虧損1.6億美元。孫正義能辨察趨勢，但是有時他也相當專橫，他根據自己的大膽預測，提出「300年願景」做為長期投資決策依據，他的顧問群鮮少對此提出質疑。

孫正義縱橫全球的億萬富豪圈。他和梅鐸（Rupert Murdoch）一起投資日本媒體；從拉斯維加賭博業大亨薛爾頓・阿戴爾森（Sheldon Adelson）手中買下美國電腦展Comdex；和微軟共同創辦人比爾・蓋茲一起說服南韓總統金大中，把全部資源投入寬頻設施，重振該國經濟。

在相鄰東京灣的汐留街區，位於軟銀總部二十六樓辦公室可以俯瞰世界，孫正義經常一邊揮舞著竹劍，一邊做決策，按自己的喜好揮灑金錢。

2006年收購日本沃達豐（Vodafone Japan）是大膽冒進之舉，2008年向蘋果取得iPhone的日本獨家銷售權更是，2012年10月軟銀更加狂妄，以200億美元收購處於虧損狀態的司斯普林特的70％股份，在當時是金額最大的日本公司收購案。

如果說斯普林特收購案還不足以宣告孫正義躋身美國科技業的上流階層，那麼他的下一筆交易絕對名符其實。2012年11月，孫正義以1億1750萬美元買下加州伍塞德鎮（Woodside）的一棟豪宅，創下當時美國最高房價紀錄。

這棟新古典風格宅邸座落於山頂，占地9英畝，宅邸有柱廊、游泳池、網球場、悉心照料的花園、獨立的圖書館，四周可俯瞰山景，短車程即可到達史丹佛大學校園。這裡是矽谷最昂貴的住宅區之一，英特爾共同創辦人高登・摩爾、創投家約翰・杜爾（John Doerr）、甲骨文執行長賴利・艾利森都住在這一區。

物聯網

2016年6月27日，西蒙・西嘉斯來到這座豪宅，過去幾年他和孫正義會面過多次，完全不知道軟銀的目的。這些會面中有幾次是和華倫・伊斯特同行，伊斯特執掌安謀12年後，在2013年7月交棒給西嘉斯，這12年間伊斯特拓展安謀的授權對象，更重要的是，成功阻擋英特爾的入侵企圖。

2004年的艾堤生收購案是安謀想忘卻的交易之一，但是從許多方面來看，正是因為整頓艾堤生的事業成就了西嘉斯。當這收購來的事業經營績效明顯不好時，西嘉斯於2007年帶著妻子和三個孩子從劍橋搬遷至美國。「有一天，我告訴華倫，我能為公司做出的最佳貢獻是去加州，嘗試矯治這個事業，因為我想，我了解這事業，」西嘉斯說：「華倫很樂意讓我去做這

件事。」

艾堤生改變了安謀的文化，把公司軌跡轉向眾多客戶駐紮的美國西岸，安謀甚至把美國分公司的員工遷移至加州桑尼維爾市（Sunnyvale）的艾堤生總部。如果西嘉斯成功整合安謀與艾堤生，同時改善艾堤生的績效，他將成為備受青睞的安謀下任執行長人選之一。

西嘉斯展現積極進取精神。他出生於英格蘭艾塞克斯郡（Essex）巴西爾頓市（Basildon），父親是消防員，母親是教師，從小就對工程感興趣，一次受訪時他說：「我經常拆解東西，焊接東西，燒到手指，也愛在電腦上撰寫程式。」❹

標準電話電纜公司（Standard Telephones and Cables）是巴西爾頓市的一個大僱主，西嘉斯向這家公司申請助學金，在那裡工作一年後，前往艾塞克斯大學就讀，每年暑假回到該公司工讀，自大學取得電子工程學位後，又繼續任職該公司。

標準電話電纜有輝煌的歷史，為了英國製造電話交換機、海底電纜和早期的光纖，是英國電信集團的主力供應商，英國電信在1984年民營化後升級電話交換機，連帶使得標準電話電纜受益。唯一的問題在於，這家公司缺乏國際化，進軍主機型電腦市場又不成功，嚴重拖垮過去累積的老本。

巴西爾頓市分部設立於1960年，高瘦的西嘉斯進入這裡工作時，這裡的廠房已經相當破舊了，只能用鷹架暫時支撐著，防止混凝土板塊坍塌。

緣於對微處理器產生興趣，再加上加拿大的北電網路公司（Northern Telecom，後易名為 Nortel）以26億美元收購標準電話電纜，促使西嘉斯另謀他職。此收購案宣布於1990年11月，也就是在這個月，艾康和蘋果聯合成立 ARM，西嘉斯在雜誌上看到這消息立刻產生興趣。「我寫信給 ARM，說我對設計微處理器感興趣，請賜我一份工作，」西嘉斯說：「他們給我面試機會。」❺

ARM 創立團隊遷至哈維穀倉幾星期後，西嘉斯加入他們，成為該公司

的第16名員工。西嘉斯還未完成學習，這裡的新同事建議他去找在曼徹斯特大學任教的史蒂夫・佛伯，佛伯同意讓他攻讀曼徹斯特大學電腦科學碩士學位，並擔任他的指導教授。西嘉斯在極其忙碌的兩年間完成他的碩士論文，主題是有關於低功耗微處理器的設計，這期間他參與ARM7TDMI核心計畫，也就是後來被諾基亞6110手機使用的處理器。由於佛伯仍然經常造訪劍橋，所以攻讀碩士學位期間，他從未去過曼徹斯特大學，這讓西嘉斯節省很多時間。

西嘉斯歷練過工程、銷售及事業發展等高階職務，當安謀處理器事業部執行副總麥克・英格里斯（Mike Inglis）在2012年4月通知他將離開安謀，去參加2013年的環球帆船比賽後，西嘉斯接掌更多的職責。

跟伊斯特一樣，接掌執行長後，西嘉斯聚焦於為ARM架構尋找新市場及新應用，因此他樂於會見像孫正義那樣總是放眼未來、願意花大錢的企業領導人。

孫正義在伍塞德鎮豪宅舉辦晚宴的前一年秋季，安謀已經研擬計畫，要增加投資新技術領域。2015年9月15日早上，在倫敦巴比肯藝術中心（Barbican Arts Centre）附近進行分析師和投資人說明會時，安謀詳述將投資網路基礎設施和電腦伺服器領域，提高公司在這些領域的能見度。

安謀訂定一個引人注目的目標——在2020年前把安謀在伺服器晶片市場的占有率從20％提高至25％，儘管當時他們在這個區隔市場的存在感小到微不足道。安謀推測，到了2020年伺服器市場總值將達200億美元，相比於制霸的行動應用處理器市場的預測總值250億美元，規模不會小太多。但是為達目標，安謀得有料才行。自十七年前掛牌上市後，行動裝置市場的旺盛成長是安謀的主要收入來源，但是現在成長正開始放緩。

那天的說明會也談到物聯網是下一個技術範式，從冰箱到洗衣機，種

種家電都安裝低功耗的晶片，讓人們可以遠端遙控這些家電。安謀預測，2017會計年度物聯網帶來的額外支出將成長至4,000萬英鎊。**❻**

西嘉斯強烈感受到股市帶來的束縛，一些股東支持為了追求長期報酬而擴增成本，但是其他股東卻因為公司利潤縮小而痛責他。在公司內部，有人認為安謀只能有限投資。這是所有公開上市公司都會面臨的平衡問題。儘管如此，安謀在那年投入2.15億英鎊於研發，比上一年增加了28％，年度股利也發放了1.08億英鎊，二股成長趨勢並駕齊驅。

2015會計年度是績效優異的一年，但是公開數字顯示，安謀需要更多的經常性支出。那年他們的獲利成長24％，達到5.12億英鎊，在四年間成長超過1倍，營收成長15％，達到15億美元。在這些數字底下，技術權利金收入成長31％，這部分不是公司所能掌控的，而且全是來自以往的設計。至於授權的營收（亦即授權費，顯示該公司前景的重要指標）幾乎沒有成長，該公司說，幾年前推出ARMv8-A技術帶動顧客數擴張後，現在授權數已陷入成長停滯。

第八代ARM架構（v8）正式進入64位元領域，將幫助安謀進軍電腦伺服器市場，此外安謀也認知到，就連行動電話未來也一定會需要更多的記憶體容量，因此這是該公司的一項長期計畫。安謀的設計師在2005年開始構思，2007年啟動專案，2011年宣布v8指令集架構，2013年開始用於第一批產品。

在規畫未來時，安謀曾提及、但沒有投入的領域是物聯網。這是一個還不需要巨大投資的商機，也不值得去談可能帶來的利益，因為要獲利還有很長的路要走呢。那年的公司年報中，安謀在「裝了晶片的魚兒更好」（fish are better with chips）這個俏皮的標題下講述一個故事：南韓的農場經營者在偏遠地區安裝ARM晶片的感測器，追蹤水質和營養水準，養殖出更健康的魚。在董事會主席的綜述中，錢伯斯談到物聯網：「成長率和市場規模仍然不確定。」

但是這仍然止不住預言者的推測。麥肯錫管理顧問公司在2015年時預測，到了2025年時，把實體世界和數位世界連結起來的商機將一年創造11.1兆美元的經濟價值，相當於全球經濟總值的11％左右。[7] 2016年6月27日，當一小群人在孫正義的豪宅共進晚餐時，物聯網是他們熱議的一個話題。西嘉斯上週在牙買加度假期間，還熱切地追蹤幾千哩外英國脫歐公投的後續餘波，現在在這晚宴中，他也熱切地推銷商機。

他談到物聯網將生成巨量資料，孫正義和他的長期副座隆納德·費雪（Ronald Fisher）津津有味地聆聽著，如何應用人工智慧從巨量資料中萃取價值，這是他們感興趣的長期商機。物聯網可能是數位革命的下一個階段，只是距離收穫還太遙遠，那些著眼於季績效和定期股利的退休基金並不感興趣。

此時，孫正義和西嘉斯彼此已經相當熟識。在軟銀於2006年3月收購日本沃達豐來進軍行動領域前，伊斯特就已經在西嘉斯的陪同下，於2005年12月造訪過孫正義，兩人在孫正義的辦公室俯瞰東京全景，讚嘆不已。他們和孫正義討論合作於TrustZone——保護電腦程式和資料的安謀服務，但沒有實質結果。

———————————————————

收購日本沃達豐後，孫正義才開始關注安謀。他深信，網際網路之軸正在從個人電腦轉向行動領域，因此找上了讓消費者彈指之間上網的手機。

孫正義接受媒體採訪時說，蘋果共同創辦人賈伯斯贊同：「打造終極行動機器的時機已經到來。」他認為，這個裝置將必須內含一個來自安謀的中央處理器。[8] 蘋果和安謀已糾纏20年，孫正義和賈伯斯的這席談話將為安謀的歷史展開出人意外的另一篇章。

在智慧型手機領域，蘋果和使用谷歌安卓作業系統（Android operating system）的手機製造商廝殺，但是兩邊都使用ARM架構的晶

片，因此孫正義已經辨識出，縱使在晶片業巨人英特爾持續嘗試進軍行動裝置市場下，人見人愛的手機背後隱藏的大腦是誰。這種制霸地位激起他的興趣，儘管當時他正在別處追求更大的交易——2012年時，軟銀集團以200億美元買下美國第三大行動電信業者斯普林特的70%股份。

孫正義說：「如果當時我沒有收購斯普林特，我會收購安謀，我有把握當時可以用遠遠更低的價格買下他們。」[9]

和安謀的接觸並未停止，2014年12月，西嘉斯和此時已離開安謀的伊斯特在倫敦的薩沃伊飯店（Savoy Hotel）跟孫正義共進晚餐，在座的還有圓滑的印度裔高階主管尼克許‧阿羅拉（Nikesh Arora），他幾個月前被孫正義從谷歌挖角至軟銀。

2016年6月27日的孫宅晚宴前，孫正義其實極其忙碌。軟銀在6月21日宣布以73億美元（當年多數新聞報導的售價是86億美元）把手中的芬蘭遊戲公司，以《部落衝突》（Clash of Clans）等遊戲聞名的超級細胞公司（Supercell）持股賣給中國的騰訊公司，這距離軟銀收購和持有這家公司股份還不到三年，軟銀在一份聲明中說，出售超級細胞持股是因為：「軟銀持續聚焦於最佳的資本分配，包括進一步降低槓桿。」[10]三週前軟銀才宣布出脫至少79億美元的阿里巴巴持股，這是自2000年投資阿里巴巴以來，軟銀集團首次出售持股。

顯然多年來的收購交易早就讓孫正義不堪重負，截至2016年3月底，軟銀集團的計利負債已經達到1,070億美元。巨額負債開始拖累集團的股價，在這種情況下，多數公司執行長最不會做的事，就是支持另一樁巨大收購案，但是孫正義顯然與眾不同。

軟銀的投資人冀望，2015年6月升任軟銀總裁暨營運長的阿羅拉能夠降低集團的資產組合風險和負債。在2015年5月發布標題為「軟銀準備邁向2.0版本」（SoftBank Readies for Version 2.0）的新聞稿中，孫正義說：「許多科技公司在三十年後因為技術演變、事業模式變化、過度倚賴創辦人而面

臨衰退，……，身為軟銀集團總裁的尼克許將和我一起致力於推動軟銀轉型，邁入新階段。」⓫ 阿羅拉將接棒孫正義的跡象再明顯不過了。

因此當宣布超級細胞持股出售案幾小時後，傳出阿羅拉將離開軟銀的消息震驚各界，那是軟銀年度股東會的前夕，原本預期他應該會在這次的董事會改選中進入董事會。阿羅拉其實不受軟銀股東的愛戴，一些投資人質疑他的薪酬太高，以及他的能力不足以勝任手上的職務，甚至有人質疑，他同時擔任美國私募基金公司銀湖（Silver Lake）顧問有利益衝突之嫌。儘管如此，他的離職引發外界不安。

翌日早上在東京國際論壇會議中心（Tokyo International Forum）A廳舉行的年會上，孫正義對出席的2,200名軟銀股東解釋：「我原本希望在我成為公司的瓶頸前，更早交棒給一位較年輕的人。」他揭露先前的祕密計畫，打算在2017年8月他的六十歲生日那天交棒給阿羅拉，孫正義說：「大約一年多前，……我仍然有想做的事，我覺得自己有點貪婪。」⓬

根據媒體的採訪和報導，2016年5月孫正義和阿羅拉在加州為一個月後的軟銀股東年會做準備，其中一張投影片上顯示孫正義打算交棒給阿羅拉的長期計畫。此前孫正義曾告訴阿羅拉，他將在六十歲時交棒，因此阿羅拉看到這張投影片時就問孫正義：「你做好準備了嗎？」孫正義顯然還不想交棒，阿羅拉說：「他每天工作18小時，精力充沛，他說他還想繼續。」⓭阿羅拉是否跟孫正義一樣熱中追求安謀，不得而知，有人猜測兩人在此事上有歧見，雖然軟銀對外說，阿羅拉辭職跟這樁收購案無關。

安謀賣給軟銀

2016年7月18日早上7點24分，英國商界起床後看到財政大臣菲利普・哈蒙德（Philip Hammond）發的一條推特文。剛上任第六天的，他歡欣鼓

舞地宣布令許多人震驚的消息：英國的旗艦科技公司安謀賣掉了。

哈蒙德在他的推特帳號上貼文：「軟銀投資安謀的決定顯示，英國並未失去全球投資人的吸引力，英國張開雙臂歡迎企業。」在股東、員工、顧客和監管當局都還沒機會對這樁收購案表達各自的看法前，7點27分哈蒙德又寫了另一則推特文：「這是有史以來亞洲對英國的最大筆投資，不但會增聘安謀的英國員工，還能充分地展現外界對英國企業的信心。」

早上7點剛過，英國政府就向倫敦證交所發布一則措詞謹慎的聲明，核准這樁收購案。財力雄厚、但鮮有英國人知道的軟銀集團以240億英鎊現金收購安謀，安謀的董事會建議股東接受報價。執行長西嘉斯在發給安謀客戶的一封信中說：「這是安謀史上最重要的日子之一，」他向客戶保證：「我們的業務一切照常」。❹

這一天英國鼓噪不安。6月23日英國脫歐公投決定，英國將脫離當了43年領頭會員的歐盟，這場地震粉碎了期望大眾續留歐盟的英國企業和政壇領袖，令他們深陷震央的餘波盪漾中，英鎊兌美元的匯率重跌，英格蘭銀行被迫調降利率以穩定投資人的信心。

現在又來這樁收購案。英國向來是控制股權收購者和海外收購者熱愛的獵食地，尤其是當舉債成本很低的時候，有數十年歷史的機場、鋼鐵廠、電信公司、化學公司和食品公司，全都在鮮少或沒有政府干預、群眾抗議下，落入外國人手裡。

就連享有盛名的英國學術圈產出的頂尖創新與創意也一樣，例如：由前西洋棋神童暨神經科學家戴米斯・哈薩比斯（Demis Hassabis）與他人共同創立的人工智慧公司深智科技（DeepMind Technologies），成立不到四年，就在2014年被谷歌以4億英鎊收購。富時100指數籃中的資料整理軟體公司奧托諾米（Autonomy Corporation），規模更大、歷史更久，2011年也以110億美元賣給惠普，唯一的差別是，奧托諾米的實際價值讓惠普在這樁交易中吃了大虧。

安謀不一樣，是皇冠上的一顆珠寶，一家冠軍的科技企業，是劍橋頂尖知識中樞的主力公司，許多人認為，安謀是不能賣的珍貴資產。安謀此時已經實現了創辦人在1990年時的夢想，創造並樹立了產業標準，把自己置於極為重要的生態系中心地位，是「半導體業的瑞士」，受到信賴而能夠同時跟蘋果、三星和谷歌這些互為勁敵的公司做生意，因此每當有收購傳聞出現就會馬上被人駁斥，例如：如果傳聞蘋果是收購者，駁斥的理由可能是：「不可能，安卓系統的谷歌會做何感想？」誠如安謀的第一任執行長薩克斯比在二十多年前面對英特爾探詢時的回應：「別買我們的公司，買我們的授權。」

一週前，英國資產的所有權才剛成為熱議話題。7月11日競選下一任首相的德蕾莎・梅伊（Theresa May）在伯明罕的會議廳發表演講，批評前英國政府差點讓英國的頂尖製藥公司阿斯特捷利康（AstraZeneca）賣給美國美國的輝瑞大藥廠（Pfizer），她斥責輝瑞：「這是一家劣跡班班的脫產者，自認收購交易對它的吸引力是避稅。」

梅伊說：「合宜的產業策略不會阻礙英國公司賣給外國公司，但是政府應該要主動介入，捍衛像製藥業這種對英國無比重要的產業。」⑮演講結束才過沒幾分鐘，梅伊的保守黨內唯一競爭對手安德莉雅・李德森（Andrea Leadsom）宣布退出競選，梅伊回到倫敦準備接掌首相一職。

措詞嚴厲的演講或最近的政治氛圍沒有影響到孫正義，在他的300年願景指引下，翌日他飛到倫敦去鞏固即將到手的東西。7月18日他大步走入唐寧街，在台階上露齒微笑與哈蒙德握手，陪同他的是安謀董事會主席史都華・錢伯斯。

那天稍後，梅伊在英國下議院針對國家安全議題發表談話，但是她首先歡迎軟銀收購案，她說：「這清楚展現英國對企業的開放態度，比以往更加吸引國際投資。」接著，她談到要更新英國的三叉戟核武系統，以及預估要花310億英鎊打造四艘新潛艇。

由於英國內閣禮貌性的熱情友好，孫正義稍後才舉行自己的記者會，會中談到一些關心他的友人詢問，在英國脫歐後是否考慮把安謀總部遷出英國。「我完全反對，」他熱情洋溢地告訴在場記者：「我說，這是我們堅定相信英國未來的時刻。」⑯記者會結束後，他驅車前往劍橋，首次造訪安謀總部，會見高層團隊。

事後回顧，整起收購案的開展與推進可以用飛速來形容。孫宅晚宴的兩天後，即將進入美國獨立紀念日假期，西嘉斯接到一通電話。「我很興奮，」孫正義在電話中告訴他：「這個週末我想與你及董事會主席見面。」無疑地，有事情正在進行中。

西嘉斯追蹤到錢伯斯，熱愛航海的他，此時正在地中海東部一艘70英呎（21公尺）的長艇上與家人度假。他們原想建議7月的下半月再見面，但是這念頭很快就被打消。

錢伯斯本來就計畫在馬爾馬里斯港停泊後，再折返西行。因此孫正義在一群人的陪同下，飛到離馬爾馬里斯港六十哩的土耳其達拉慢機場（Dalaman Airport），另外派遣一架私人飛機去加州接西嘉斯來跟他們會合。

錢伯斯對於國際收購很熟稔，十年前他擔任英國玻璃製造商皮爾金頓集團（Pilkington Group）主管時，集團被日本板硝子株式會社（Nippon Sheet Glass）收購，他繼續留任協助擴張事業，直到2012年的六年後才離開，期間還有三年待在東京。他也擔任過英國飲料罐製造商雷盛公司（Rexam）的董事會主席，這家富時100指數籃中的公司以60億美元被科羅拉多州的波爾公司（Ball Corporation）收購，收購案就在幾天前完成。

錢伯斯的父親是殼牌石油公司（Shell）的工程師，隨著父親的工作他早年待過汶萊、馬來西亞、新加坡和斯里蘭卡，一路薰陶出他的國際觀，

並且把全球視角帶入他任職的董事會裡。他的休閒生活跟職業生涯一樣刺激精采，攀登過坦尚尼亞的吉力馬札羅山和日本的富士山，駕駛遊艇橫度大西洋，在柏林圍牆倒下前，曾經在柏林圍牆邊的查理檢查哨（Checkpoint Charlie）被槍指著頭四小時。

在鳳梨餐廳的午餐很愉快，穿著短袖襯衫、米色寬褲、平底帆布鞋的孫正義很討人喜歡，然後他開始進入正題。「我做了很多功課，」他說：「我想收購安謀。」他把一張紙推到桌子對面，上頭寫著他願意支付的價格。

從一開始，他的意圖就很認真。物聯網時代來臨，安謀可以在其中扮演重要角色，有了軟銀在背後撐腰，安謀可以做出比上市公司更多、更快的投資決策。不只是錢，孫正義還端出他對劍橋和英國的承諾：創造更多就業機會。

安謀董事會有一個防禦委員會，每年開會一次，旨在掃描這種情況，思考該怎麼做才不會背離公司的成長策略。他們知道孫正義對安謀感興趣，因為他談論安謀許多年了，只是沒人料到他會真的採取行動。

活動轉移至倫敦，兩邊都動員了一群銀行家和律師。軟銀的前三次出價，包括在馬爾馬里斯午餐時的出價，都被拒絕，最終錢伯斯和孫正義在面向海德公園（Hyde Park）的蘭斯伯瑞飯店（Lanesborough Hotel）會議室握手成交。

軟銀的240億英鎊收購現金相當於每股17英鎊，比上個週五安謀收盤價高出43％的金額，甚至比過去三個月的均價高69％、比安謀股價在這年3月達到歷史最高點還高出41％。英國脫歐效應並未導致安謀的出售價格變便宜，因為軟銀以美元報價，而且在追求安全投資的效應下，自英國脫歐公投結束以來，安謀的股價已上漲了17％。

安謀董事會每隔幾天就開會，衡量軟銀的出價和安謀靠自身能創造的價值，最終董事們判斷價格已經差不多了：軟銀的溢價收購已經高到令絕大多數股東不可能拒絕的程度了。

7月17日星期天，飛回倫敦前，孫正義跟德蕾莎‧梅伊通話，確定沒有任何阻礙後，方於翌日宣布這樁收購案。

──────────

譴責來得很快。當年的遠見促使原始ARM晶片設計誕生的赫曼‧豪瑟說：「這是英國科技業很悲哀的一天」。

其他人無可避免地對這消息做出反思。在劍橋大學附屬、幫助學者們把創意商業化的劍橋企業公司（Cambridge Enterprise）看來，安謀是個「成功的本土孩子，」是過去二十年間本土創造的一群獨角獸中的佼佼者，但是絕大多數的本土獨角獸都被國外投資人收購了。

「現下我們根本沒能力把安謀這樣的公司推升至下個層次，我們沒能力壯大和留住我們自己的谷歌和安進（AmGen），」劍橋企業的執行長東尼‧雷文（Tony Raven）寫道：「我們已經成為頂尖公司的開創者了，現在必須成為終結者。二十年前，我們立志把科技新創公司推升至10億美元的規模，現在我們必須把目標訂在1,000億美元。」[17]

保守派也有人抱著持平的看法。「我個人認為，在物聯網概念下，有安謀正在做的事，有軟銀正在做的事，能把二者結合起來，讓他們變得更好、更大、行動得更快，那就是大贏家，」薩克斯比告訴英國廣播公司：「反過來說，如果優勢難以整合，那就是一場災難。」[18]

也有人感到困惑。安謀在2016年5月18日以3.5億美元收購擅長電腦影像技術的頂尖公司（Apical），這家位於英格蘭密德蘭區（Midlands）羅浮堡市（Loughborough）的公司，能讓相機更了解周遭環境、適應天氣變化，還可用於物聯網。但是局內人說，直至當時，安謀在物聯網技術方面仍然沒什麼發展。

樂觀者反駁指出，安謀已經在研發物聯網微處理器，探索以不同的方式來連結裝置與設備，未來的重要貢獻是在安全性領域：無人駕駛車和交通

號誌溝通系統如果被駭或出錯，將危及生命安全。總體來說，物聯網是對一個難以想像的未來下賭注，就如同1990年時安謀的第一份SWOT分析中列出的「攜帶式裝置」，當時並無行動電話榮景將來臨的跡象。

孫正義承諾把安謀擺在軟銀的「中心的中心」，他大膽預估，不出二十年，每年將有1兆片安謀晶片進入市場，相比於2015年出貨150億片提高到了67倍。[19] 而且安謀本身不製造晶片，將繼續維持中立地位。

科技業巨擘紛紛致電向孫正義道賀，包括他的老友馬雲、蘋果的提姆·庫克、高通執行董事會主席保羅·雅各（Paul Jacobs）。孫正義說：「從這裡，我們可以和全球領導人建立互信的夥伴關係，談論技術在未來五或十年將如何發展。」[20] 這正是安謀一直在做的事。

在日本，這樁收購案的新聞導致軟銀的股價下跌。所有跡象顯示，軟銀從出售多家公司持股而獲得的資金，將被用來減輕公司的負債，但是後來孫正義說：「我們出售原本不想賣掉的阿里巴巴和超級細胞股份，是為了募集收購安謀所需的錢。」[21] 軟銀在4月份早就開始悄悄地買進安謀的股份。

在英國，國安疑慮被輕描淡寫，西嘉斯和錢伯斯拜訪英國國防部，解釋安謀的晶片架構和設計如何安裝在三叉戟核武系統，以及為什麼安謀賣給軟銀後，落入中國人手中的可能性會更低。

有些投資人的態度比較嚴厲，例如：透過各類基金而持有10％安謀股份的愛丁堡基金管理公司柏基投資（Baillie Gifford）就批評，這樁收購案過於短視近利，只不過當他們想阻止收購案時，卻無法動員足夠的支持，因為公司旗下一些基金經理人也傾向同意收購。

柏基旗下的蘇格蘭抵押投資信託基金（Scottish Mortgage Investment Trust）經理人詹姆斯·安德森（James Anderson），因為長期投資伊隆·馬斯克（Elon Musk）的電動車製造公司特斯拉而獲得高額報酬。在安謀收購案不到一年後，他寫道：「安謀有機會成為全球科技業巨人，為此需要犧牲當前獲利而做出長期投資的意願；需要敢於夢想、而非只會計算的經理

人；需要支持這個願景的股東。上述方面我們都做不到，只要當前的績效成長足以帶來紅利，誰會在乎這些呢？」❷

自從美國的卡夫食品公司（Kraft）在2010年買下英國的巧克力製造商吉百利（Cadbury's），接著很快違背承諾關閉位於薩莫塞特郡（Somerset）的工廠後，英國政治領袖就開始提防國外收購者的虛假承諾。孫正義在馬爾馬里斯港的午餐中承諾繼續壯大安謀，此後在種種場合也堅定地履行承諾。

軟銀承諾讓安謀的全球總部繼續留在劍橋，並且把現有的1,700名骨幹員工數增加至少1倍，讓他們繼續在英國市場發展先進技術。軟銀說，安謀也將在接下來五年間，增加非英國籍員工數（當時占安謀總員工數4,200人的60％），而且為了不被指責在安謀塞入廉價勞工，在五年後，至少70％的英國和非英國員工必須是技術性員工（這組成與安謀歷年趨勢大致一致），「我們要僱用的不是清潔工。」軟銀的財務長阿洛克·薩馬說。❸

軟銀對收購後的安謀資產照料周到，但是收購前的盡責調查可說是點到為止。軟銀的律師以不到兩天的時間，有限度地了解安謀如何處理智慧財產授權合約，其他較不重要的細節根本不可能阻擋孫正義的願景，以及實現軟銀與安謀的十年戀愛關係，就連監管當局的核准與否，也不會阻撓他的決心。如果收購案出於什麼原因而受阻，那也是孫正義甘願承受的風險。

最終安謀出售案以空前速度推進，獲得超過95％的股東支持。從馬爾馬里斯港的午餐，到9月5日完成收購案，只花了64天，速度之快，令參與其中的銀行家和律師驚訝不已。

表面上一切都未改變。安謀仍然在劍橋從事晶片設計，決定數十億部裝置與設備的運作方式；仍然是其中一個成長中的全球產業中心點；如果軟銀信守承諾，安謀也將擴大規模。

不過悵然若失的感覺仍然難以甩脫。儘管這聽起來沒什麼道理，因為天天都有公司被收購、被出售、被重組，但是安謀這家英國的旗艦科技公

司，現在被外國收購者納入旗下，似乎減弱了自身的影響力。

　　這種不安感是否有理有據，只能留待時間來證明，只是有一點很確定：只要政府當局開始了解，這年代主宰未來技術的工具有多麼重要，很多國家是絕對不會准許這種事情發生的。

進軍全球：
中國使出王牌

美國的國防戰略

　　頑強的地產開發商暨實境電視節目名人唐納德・川普（Donald Trump），當選美國總統後推出減稅法案，旨在說服大企業從經營成本較低的海外遷回美國，增加本國的投資與就業機會。2017年11月2日，輪到晶片業巨人博通呼應川普的競選口號「美國優先」。

　　「我母親絕對想像不到，有一天，她兒子會來到白宮的橢圓形辦公室，站在美國總統身邊，」博通領導人陳福陽（Hock Tan）驕傲地說。陳福陽個頭矮小，黑髮光潔地向後梳，西裝翻領上別著一枚美國國旗。❶

　　「我母親也是，」那天親自招待他的川普插話，並從背後上前，開玩笑地抓住陳福陽的雙肩，逗得現場人士大笑。

　　陳福陽自2006年起擔任安華高科技公司（Avago Technologies）執行長，2015年出價370億美元收購總部位於加州爾灣（Irvine）的博通，並於2016年完成收購，兩家公司合併後，續用「博通」這個名字。這是帶來重大改變的一樁收購案，創造出巨大的微晶片帝國，其產品被用於資料中心、智慧型手機等裝置和設備。

　　安華高的總部雖然位於新加坡，實際上是美國血統，根源於矽谷創始公司之一的美國惠普半導體產品事業部門。這個半導體事業部門後來分支成

為獨立公司，2005年時私募股權投資公司銀湖和科克羅（KKR）在新加坡的淡馬錫控股公司，以及新加坡政府投資公司的資金奧援下，收購這個半導體事業，成立安華高科技，並且把總部設在新加坡，但是管理經營大多仍位於加州聖荷西。固然總部設於新加坡有稅負上的優惠，但是安華高科技也可以聲稱自己是新加坡本地的企業，因為惠普自1973年起就在新加坡製造計算機了，當時陳福陽還是麻省理工學院的學生。

安華高選擇新加坡做為總部，部分也是因為這裡更靠近顧客。起初，該公司營收有60％左右來自亞洲，而且這個比重有增無減。就連該公司取中文名稱時，也想到了主要成長中的市場：安指的是安心，高意指傑出技術。

站在白宮橢圓形辦公室時，所有這些因素都被陳福陽置之一旁，他說：「今天，我們宣布將再度把總部遷回美國，」川普在一旁開心地笑。在美國24州僱用7,500名員工的博通宣布，將聖荷西基地設立為公司的唯一總部，法律註冊地在德拉瓦州。川普的讚美過份諂媚，他稱博通是：「非常、非常傑出的公司之一。」❷

川普的「美國優先」計畫尋求重新平衡美國的全球角色，降低貿易赤字、振興美國的製造業，以及不順從於世界貿易組織之類的國際機構。有博通等級的公司站到同一陣線，這是額外的甜頭。微晶片產業已經蓬勃發展，政府支出的影響力降低，伴隨技術的跨國散播，政府愈來愈難左右複雜的全球供應鏈。自五十年前甘迺迪總統使用快捷半導體的積體電路來驅動阿波羅計畫中使用的電腦以來，從來沒有改變的是，產業的技術優勢轉化為世界舞台上的一股力量。

博通把總部遷至美國是別有用心的動機：他們希望此舉能疏通以59億美元收購博科通訊系統公司（Brocade Communications Systems）的交易案。博通在2016年11月宣布要收購這家專門做儲存網路交換系統元件的公司。外國投資人想收購美國公司，不論他們的美國味有多濃，都會受到美國外資投資委員會（Committee on Foreign Investment in the United

States）的審查，這個跨部會委員會由來自十多個部門與機構的代表組成審查小組，考慮企業交易對國安構成的威脅。

而且陳福陽不只是聚焦博科通訊的收購案，他早已瞄準了下一個遠遠更大的收購目標。就在白宮之行的四天後，他揭露一個重磅炸彈，不請自來地提議以1,300億美元，收購高通這家下一代無線晶片製造商暨美國企業巨擘。如果博通成功收購高通，將成為全球第三大微晶片製造商，僅次於英特爾和三星，「創造出一個擁有傲人的技術與產品資產組合的全球通訊業龍頭。」陳福陽在聲明中這麼說。❸

不論此前在鏡頭前製造多歡樂友好的氣氛，一下子煙消雲散了。總部位於加州聖地牙哥的高通是一家國家和地區性的冠軍企業，由前加州大學聖地牙哥分校電腦科學與工程教授厄文‧雅各領頭共同在1985年創立，舉行美式足球超級盃和大聯盟足球賽的聖地牙哥體育場甚至有一段期間以這家公司命名。更重要的是，高通（Qualcomm，從 Quality Communications 字首組成）是 5G 通訊技術的關鍵開發商，繼無線電通訊技術標準分碼多止接取（code division multiple access）之後，5G 通訊技術在國防產業中的應用至關重要，更何況高通本身根本無意被收購，不想失去公司獨立自主性。

高通擁有蘋果和五角大廈之類的重量級客戶，美國政府自然敏感地認為該公司的所有權改變可能挑戰美國的霸權地位。2018年1月29日，高通請求美國外資投資委員會進行調查，3月4日審查擴大到涵蓋博通意圖接管高通的全範圍活動，美國外資投資委員會通知高通延後舉行年度股東大會。一天後，美國財政部發給兩家公司的律師一封信，信中表示，美國外資投資委員會指出這樁收購案有潛在的國安疑慮，其中涉及的很多細節被列為機密，但是這封信揭露這些國安疑慮跟博通和「第三方外國實體」有關。❹

這封信還提到博通使用「私募股權」進行交易的作風，聚焦於短期獲利力、犧牲研發支出。「根據媒體報導，過去十幾年間，博通花在收購企業

的支出是研發支出的6倍，這封信寫道，前員工說，博通在長期產品發展上的投資不足。」如果博通以這種方法對待高通，將會削弱競爭力和影響力，並且：「將開啟機會，讓中國擴大樹立5G技術標準的影響力。」❺ 陳福陽的魅力攻勢被拋諸腦後，他的購併企圖陷入大麻煩。

日本曾經被視為對美國技術構成很大的威脅，蘇聯則是美國的頭號軍事對手，但是現在美國面臨的頭號技術與軍事威脅皆來自中國，美中兩個強權之間的戰略與技術領導地位之戰遍及全球。不同於日本的技術能力有很大部分源自美國的專利授權為起點，中國意圖發展自給自足，好與美國主宰的供應鏈脫鉤，在國際間賣出自己的技術、用自家研發生產的微晶片。美國財政部發出的那封信中提到的「第三方外國實體」，無疑地就是中國，其潛力令美國拉響警報。

美國外資投資委員會是1975年美國總統福特以行政命令所設立的，緣於憂心石油輸出國組織（OPEC）的會員國購買美國股票及國債帶來的隱患。❻ 1988年美國國會通過《埃克森-弗洛里歐修正案》（Exon-Florio Amendment，以提案的兩位國會議員命名），併入美國的《國防生產法》（Defense Production Act）中，此修正案讓美國外資投資委員會的角色制式化，並且賦予美國總統有權阻止經美國外資投資委員會調查後認為對國安有害的交易。

美國國會之所以通過此修正案，主要是日本富士通於1987年提議收購快捷半導體一事引發的疑慮。當時美日貿易關係陷入谷底，記憶體晶片之戰有幾樁傾銷訴訟案。在美國經濟衰退和愈來愈依賴外國供應商的憂懼中，根本不會有人支持一家美國軍方電腦晶片的主力供應商被對手策略性收購，更何況快捷半導體在美國微晶片產業史中占有重要地位——創立巨人英特爾的諾伊斯和摩爾，以及無數的「快捷半導體仙童」都出身此公司，這更加激

化美國人的反對情緒。

政壇和商界的反對者未能說服雷根總統阻擋這樁收購案，但是歷經五個月後，擁有快捷半導體的法國油田服務公司施蘭卜吉（Schlumberger）基於「持續升高的政治爭議」，放棄出售給富士通。❼過沒多久，美國的國家半導體以便宜價格買下虧損的快捷半導體，儘管已經沒多少前景了，但起碼是在美國的手中枯萎。

博通的情節不同於富士通，但是相隔三十年，卻換來相同的結果。博通雖然使出最後一搏，承諾設立一個15億美元基金，用於訓練下一代的美國工程師，也承諾不會把任何重要的國安資產賣給外國公司，但是美國政府不理睬這些承諾。2018年3月13日，川普總統發出行政命令，阻止這樁收購案，說這收購案：「將危害美國的國家安全。」❽

這是自美國外資投資委員會設立以來，美國總統依據其建議擋下的第五樁交易，人們對上一樁被阻擋的交易還記憶猶新，那是2017年9月13日，川普基於國安考量，拒絕中國凱橋資本公司（Canyon Bridge Capital Partners）以13億美元收購美國的萊迪思半導體（Lattice Semiconductor）。萊迪思設計與製造現場可程式化邏輯閘陣列產品，讓公司可以把自家的軟體寫入晶片上供不同用途使用，此前還供應產品給美國軍方。凱橋是急切於購買美國技術供應商的眾多中國公司之一，卻被查出是由中國中央政府部分出資的一家投資公司。

不成功的收購者通常有機會在被阻擋前撤銷收購案，以免公開宣布時難堪，或是像施蘭卜吉那樣，在爭議演變得太激烈時，逕自放棄富士通收購案。不過透過行政命令阻擋交易的趨勢愈來愈明顯，這五樁美國總統以行政命令阻擋的交易中，有四樁發生於2012年以後。另一個趨勢，博通是這五樁有爭議的交易中第三樁微晶片產業的交易，但特別不同的是，這是第一樁收購者非中國公司，儘管阻擋決策仍然認定其背後涉及中國而構成威脅。

無疑地，博通的手法太笨拙，陳福陽在拜訪白宮後就立即宣布要收購

高通，此舉顯得傲慢，只不過美國政府的反應速度和程度也很驚人。

　　博通不僅不是一家中國公司，而且股票在納斯達克證交所交易，最大股東是大眾熟悉的美國機構投資人，並糧由一位美國公民經營，在美國有顯著的營運活動，而且如同川普公開稱頌地，那年4月再度成為一家美國公司。

　　「博通將會阻礙高通發展，將使得中國的5G技術發展超前」，儘管這些都是推測，但是美國政府不能冒這個險。如果陳福陽再等五個月後才採取收購行動，美國外資投資委員會可能就無法施加影響力，去擔心中國的支配力將滲透到一樁純粹的國內交易裡，而且是一家需要投入鉅資整合產業、還可能創造出國家冠軍企業，否則這一切就太奇怪了。但是微晶片產業已經變得太重要了，以至於華爾街收購與經營的動物本能抵觸國會山莊想守護的欲望。

　　好鬥的中國對上川普的經濟國家主義，川普的成功競選凸顯中國構成的威脅。在最新的美國國安戰略中，中國也是主角，「中國之類的競爭者每年偷取價值數千億美元的美國智慧財產」，2017年12月的一份文件中說：「偷取專有技術和早期階段的創意，讓競爭者不公平地利用自由社會的創新。」❾ 不信任感愈來愈深。

　　不意外地，博通案後不久，美國外資投資委員會被賦予更廣大的權力。美國國會於2018年8月13日通過《外人投資風險審查現代化法案》（Foreign Investment Risk Review Modernization Act），授權美國外資投資委員會審查外國人士購買特定房地產的交易、不具控制權的外國投資（即外國投資人收購公司的股權比例未過半而不具有公司控制權）、涉及技術資產轉移的合資企業。這些全都是中國技術投資人為取得美國技術與創新所訴諸的途徑。

　　中國致力於提高產業力的行動也令先前的美國政府關切，歐巴馬（Barack Obama）於2017年1月離任的兩週前，美國總統科學技術顧問委員會（President's Council of Advisors on Science and Technology）發表一份有

關保護美國在半導體產業領先地位的報告，以因應中國政府主導涉入該產業所帶來的疑慮。

包括前微軟公司研發與策略長克雷格·蒙迪（Craig Mundie）和前英特爾執行長保羅·歐德寧在內，美國總統科學技術顧問委員會成員在這份報告中提出警告，如果美國只是聚焦於更便宜、更容易製造的微晶片，將無法保持市場領先地位。美國必須朝許多方向創新，例如：探索執行運算的新方法，使用矽以外的材料來製造晶片。美國總統科學技術顧問委員會也建議政府：「適當地改變國安工具的應用方式，以嚇阻和因應中國政策。」❿

中國是否真的相信博通走收購捷徑來節省研發成本的做法，將讓中國在 5G 技術上超前美國，這很難以判定，但是中國2018年7月有個報復的機會。

遭到博通侵略的同時，高通本身也是個侵略者，在2016年10月宣布將以470億美元收購前身為飛利浦半導體事業的恩智浦半導體，這讓高通得以進入汽車晶片這個新成長領域。不同於博通不請自來、遭到高通董事會全體成員的反對，高通的收購意圖獲得恩智浦董事會的支持，但是仍然需要取得政府方面的批准。

一家美國公司暨全球最大的智慧型手機晶片製造商高通要收購荷蘭籍公司恩智浦，收購案必須獲得九國政府的批准，其中八個點頭，但是前一年占了高通營收近2/3的中國遲遲不批准。中國的國家市場監管總局一直沒有動作，儘管沒有表示反對，只是一直拖延不表態，最終高通不得不放棄收購。

美國財政部長、正好也是美國外資投資委員會主席的史蒂芬·梅努欽（Steven Mnuchin）在接受全國廣播公司商業頻道（CNBC）分析訪談時表達他的失望：「我們只希望美國公司被公平對待。」高通執行長史蒂夫·莫倫科夫（Steve Mollenkopf）極低調地說：「我們顯然陷入非我們能掌控的麻煩中。」⓫

2018年12月1日，在布宜諾斯艾利斯舉行的G20高峰會期間，川普和習近平在場邊交談後，白宮在一份聲明中說，如果高通重提收購恩智浦一案，中國「可能批准先前未批准的收購案」。[12] 但是高通未接受邀請。

這次的調解可能被視為兩個對抗強權緩和關係的跡象，但是這麼想的人可就大錯特錯了。

中國採取攻勢

在微晶片產業打滾數十年的高啟全向來以功成事立聞名，個頭瘦小、不愛出風頭的他，有著一頭濃密黑髮，但是髮際線和前額高聳，總是穿著普通的灰色西裝。高啟全專長記憶體晶片世界的割喉戰，這個產業的特徵是低價、性能倍增、利潤薄。

1994年台灣最重要的集團企業之一──台塑集團想進入這個市場時，便延攬之前任職過英特爾和台積電的高啟全。為了啟動16 GB DRAM晶片（能夠儲存1,600萬數位的資訊）的生產，台塑集團旗下的南亞塑膠公司和日本的沖電氣工業簽署授權合約。

有上百年歷史的沖電氣工業，製造過電話系統、迷你型電腦、印表機、傳真機等產品，但是在經濟不景氣的1990年代初期必須瘦身，撙節製造和研發支出。南亞科技在1995年3月初創立，當時不但興建一座晶圓廠，還計畫在1998年前推出64GB的DRAM晶片。很快地，南亞科技從IBM引進技術，讓公司快速產生動能。[13]

高啟全（英文名Charles Kao，人們經常把他跟因電信光纖而獲諾貝爾物理學獎的高錕搞混）後來升任南亞科技總經理，帶領公司快速發展成全球第四大DRAM晶片製造商。他也擔任南亞科技和德國晶片製造商英飛凌（Infineon）的合資公司華亞科技（Inotera Memories）的董事長，這個合

資企業同樣製造DRAM。高啟全因此贏得「台灣DRAM教父」的稱號。

因此當中國想要延攬專家協助進軍這個市場時，當然知道要找誰。2015年10月6日一則震撼的消息傳出，高啟全離開南亞科技，他不是跳槽別家台灣公司，而是轉往中國的紫光集團（Tsinghua Unigroup）——從北京清華大學創立後獨立出來、由中國政府控股的公司，重度投資於新技術。

中國持續挖角台灣的晶片業人才，高啟全是其中位階最高的人，後來他成為紫光集團的全球業務執行副總。南亞科技咬牙切齒地向台灣記者確認，高啟全已經向公司提出退休申請。❹

對於總是遭受中國威脅的台灣來說，最新式的侵略猶如腹背受敵。中國受夠了只是當個舉世最大的微晶片消費者，也想自己製造更多的微晶片。中國向來認為所屬領土台灣是最好的市場，事實上中國使用的微處理器中有大約1/4來自台灣。如果中國想迎頭趕上並最終超前，台灣是下手的好地方。中國口袋深，但是也需要智慧財產、可靠的製造技術，以及足夠數量的工程人才。

「這對台灣記憶體半導體產業將是相當大的產業傷害，」萬寶投顧創辦人暨商業媒體評論員朱志成，在台灣當地新聞中評論高啟全背離台灣、前往中國之舉時說：「我們不可能阻擋任何人被挖角。」❺

中國在2014年開始展現野心，分析師說，最有可能促使中國採取行動的，是美國網路情報被愛德華·史諾登（Edward Snowden）所揭露，使得中國認知到倚賴美國製通訊器材所帶來的國安風險。

中國訂定2020年前年成長率達到20％的目標，在政府提供高達人民幣1兆元（相當於1,700億美元）的扶持下，屆時中國將是16奈米和14奈米晶片的量產者。中國也聚焦於發展國家冠軍企業和區隔市場勝出者，讓私募股權公司可據此分配各自的投資資金。❻

2015年5月中國進一步完善這項計畫的細節，「中國製造2025」戰略擁抱所有高端製造業，其中微晶片位居核心地位。中國的目標是，境內需求的所有核心元件在2020年時有40％為國內製造，2030年時再把比例提高至70％，至於晶片部分，設定的目標是在2020年時自產比例從41％達到49％，2030年時從49％達到75％，這將讓中國成為全球第一大晶片製造國。然而2019年時中國使用的所有晶片中，國產晶片占不到20％，遠低於「中國製造2025」戰略中訂定的目標。如果這戰略成功的話，影響將是在十年內把從美國進口的半導體減半，在20年內把它們完全踢出中國供應鏈。⑰

　　打從一開始，這戰略和目標看起來就像不可能的任務。如同麥肯錫管理顧問公司發表於2015年的研究報告中所言，如果中國製造商要達成中國政府規畫2025年自給自足的目標，那麼接下來十年間全球新增的晶圓廠產能幾乎全都得落在中國。⑱

　　中國過去也嘗試建造半導體產業，但是皆以失敗收場，失敗原因通常是文化性質，非經濟性質。中國公司是快速仿效者，卻不是優秀創新者，身為世界工廠，中國能快速且便宜地製造產品，但無法保證品質都是業界最高水準，這在消費性電子產品領域還不要緊，但是對微晶片來說，精確是一切，絲毫不能妥協。

　　中國在1990年推出「908工程」，投入人民幣20億元來縮小中國微晶片和國際微晶片的差距。但是在官僚體制下，審批時間過長，工程從立項到實際開始生產相隔了七年之久，這在技術變化與產品升級快速的晶片產業猶如一輩子那麼長。中國雖急切於打造媲美軍力的民間製造能力，投入的鉅資卻見不到回報。

　　中國的國營體制並非總是支持創新，不但沒有創造出國家冠軍企業，反而創造出彼此模仿的競爭者，導致投入的資金過於分散化。在沒有區域劃分下，中國未能形成像矽谷或類似專業中樞的群聚效應。而且中國的商

業公司也不想花心力去管理，每當獲准收購別家公司時，他們總是沒有能力做整合。中國極不尊重智慧財產的傲慢態度在業界是出了名的，導致外國投資人小心翼翼。

當中國在晶片業的發展即將熄火時，台積電卻是平步青雲。2014年時台積電囊括全球代工晶圓的54％市場占有率，42％的營收來自28奈米及以下的製程。

台灣對自己打造出這家公司非常引以為傲，封為「護國神山」，二十年前在美國有志難伸時被延攬至台灣的張忠謀，現在是上了年紀的產業政治家，經常代表台灣出現於全球舞台。台積電已經建立一個資本密集產業所需要的龐大規模經濟，以及一個不停地追求精進的標準製程技術，在晶圓代工產業是堅強且不可或缺的在位者，就像電腦作業系統市場上的微軟。

台積電擊敗了所有參賽者。IBM、三星和格羅方德（GlobalFoundries，從超微半導體製造部門獨立出來的晶片製造公司）建立共同平台聯盟（Common Platform Alliance），意圖發展一個新的代工事業模式，但是歷經十年也未能動搖台積電的地位，最終舉白旗投降。2014年10月IBM倒貼15億美元給格羅方德，請他們接收IBM虧損的晶片製造事業。

三星也受到重擊，蘋果這家堪稱引領世界潮流的客戶也找上台積電幫忙，並於後來結束委託三星代工的合作關係。

台積電與蘋果的關係起始於一頓晚餐：張忠謀在家以簡單的家常菜招待蘋果營運長傑夫・威廉斯（Jeff Williams）。蘋果最早於2010年委託台積電為iPhone 4製造所有應用程式處理器晶片，據報導，張忠謀為此投入90億美元和台南廠的6,000名精英，展現他無比認真地看待這次機會。[19]

不過台積電也不全是一帆風順，只是他們不仰賴外國技術而自行研發DRAM記憶體晶片一事早已被世人遺忘。記憶體晶片市場的景氣循環性

（往往是工廠產能過剩導致）導致利潤波動極大，相較之下，台積電擅長的非記憶體晶片的利潤遠遠更穩定。

━━━━━━━━━

　　台積電一直讓中芯國際這家中國晶片製造的新創公司望塵莫及。中芯國際由曾經待過德州儀器和台積電的台灣企業家張汝京在2000年創立，但是創立過程涉及了公司恩怨，張汝京在上海創立公司時，從台積電帶走了180名員工。

　　由於中芯國際開始營運接單的速度太快了，馬上引起各界質疑，原來這家公司偷的不只是台積電的人才。2003年台積電在美國法院狀告中芯國際竊取台積電的智慧財產和侵犯專利，之所以選擇在美國提出控訴，旨在驚嚇美國客戶。台積電的呈堂證據確鑿，包括台積電離職員工偷印技術檔案，透過電子郵件傳送給中芯國際等，最終兩公司達成和解，中芯國際同意分六年付期支付1.75億美元給台積電。但是中芯國際卻違反和解協議，沒有履行歸還偷竊文件等要求，促使台積電再次提告。最終在台積電首次提告的六年後，中芯國際同意支付台積電2億美元，並且把中芯國際的10％股份，包括8％股份和2％的認購選擇權授予台積電。官司和解後不久，2009年張汝京離開中芯國際。[20]

　　「中國製造2025」戰略組織就比以往的行動更迅速到位，政府成立200億美元的積體電路基金來支持新創業，而且地方政府也設立基金，資本和低利融資很容易取得。

　　這回對中國有利的是國內市場已經大大改變，不再只是需要微晶片的供給來製造出口產品，中國本身也有龐大的消費市場。2005年時中國成為全球最大的半導體消費者，2012年時中國占了超過1/2的全球半導體消費量。根據普華永道（PricewaterhouseCoopers）的研究，自2004年至2014年的十年間，中國的半導體消費量年均複利成長16.7％，遠高於全球市場平

均年成長率4.7%。❷

　　要是中國能生產出優質晶片就好了。普華永道的研究指出，中國自己的微晶片產業供應13.4%的市場，只是流向各產業和領域的晶片品質差異甚大，頂級晶片被用於銷往國際的智慧型手機和消費性電子產品，不過整體來說，中國仍然生產較低階的晶片。

　　無論如何，中國準備撒大錢打造微晶片產業的能力。中國也試圖用錢買到支配力，就在訂定「中國製造2025」的遠大目標後不久的2015年7月，紫光集團想以230億美元收購美國的最後一家大規模記憶體晶片製造商美光科技，結果被拒。二十多年前曾指控從韓國進口的DRAM晶片價格低於合理價值，促使美國對韓國課徵反傾銷稅的美光科技，對紫光集團提議的收購案不感興趣，反正美國外資投資委員會也不會批准這樁交易。

　　除了嘗試購買資產，中國也需要人才和創意。歷史重演，張汝京於2018年重出江湖，擔任青島芯恩集成電路公司領導人，招募台灣人才前往青島這個中國東北港市。據報導，這家公司已於2021年8月開始測試一條12吋晶圓生產線。

　　中國公司也尋獵南韓及日本的人才，只是文化及語言相通的台灣仍是主要人才供源，中國開出的優渥薪酬令許多台灣的工程師難以抗拒，中國公司開出比目前高出2倍或3倍的薪資，外加定期免費返台機票、補貼住房、小孩上私立學校。中國僱主鼓勵這些被招募的台灣人才，以他們的經驗來訓練中國當地員工，如果他們簽約任職五年或更長期間，待遇往往更優渥。

　　儘管已經成為世界一流工程中心，台灣受過高等教育的技術人才，薪資水準仍然不高，相當程度靠的是忠誠度與國家自豪感來留住人才。台灣的公司擔心失去重要人才及其寶貴技術機密，總是警告員工小心提防。2018年夏季，路透社在新竹一家晶片公司的入職歡迎會上拍攝到一張宣傳單，宣傳單上的照片是一名金髮女士用一隻手指壓在她的唇上，旁邊寫著：「保護公司的競爭優勢，勿公開談論機密」。

這些或許能起一些保護作用，但是台灣的人才仍然繼續流失。《日經新聞》（*Nikkei Asia*）在2019年12月報導，台灣已經有3,000名工程師被中國公司挖角，估計占40,000名產業中堅人才的1/10。[22]

被招募的人才帶著什麼去中國，一直是受到高度懷疑。美國就發現一起極其惡劣的例子，這件事跟美光科技有關，雖然中國方面未能如願收購美光，依舊對其興致勃勃。

美光和南亞科技有密切關係，美光在2008年時買下從英飛凌科技拆分出來的奇夢達公司（Qimonda）手上全部的華亞科技持股，此時的華亞科技在台灣有2座12吋晶圓廠，每月產出120,000片晶圓。六個月前，南亞和美光成立一家DRAM記憶體晶片合資企業，並且發願共同研發與分享未來技術。2013年時，美光開始談判想獨家取得南亞科技的全部製造產出，2016年時美光買下南亞科技手上的全部華亞科技持股，華亞成為美光的全子公司，更名為台灣美光晶圓科技公司。

2020年10月10日，台灣的第二大晶圓代工廠聯電在法庭上認罪，承認為中國的福建晉華集成電路公司（中國冀望能成為DRAM大廠的三家公司之一）竊取美光的商業機密。聯電僱用幾名台灣美光晶圓的工程師把機密資訊傳送至福建晉華集成電路，幫助這家2016年才成立的公司，加速60億美元蓋的廠房生產記憶體晶片。

法庭聆訊內容指稱，聯電辦公室遭警方突擊檢查時，聯電的一名初階員工交出她藏匿於衣物櫃裡的犯罪USB碟、筆記型電腦和機密文件，最終聯電同意支付6,000萬美元罰金。

美國司法部副部長傑弗瑞・羅森（Jeffrey Rosen）說：「聯電竊取一家美國電腦記憶體大廠的商業機密，幫助中國達成戰略要務：在不自行花時間或金錢從事研發下，達到電腦記憶體生產上自給自足。」[23]

最終，福建晉華的詭計未能得逞，並且在美國將其列入禁止美國企業出售軟硬體元件的實體對象清單後就無以為繼了。中國必須得嘗試別的計謀，或是冀望別家中國公司幸運點，但可以確定的一點是，中國將不會停止稱霸微晶片產業的行動。

來自荷蘭的教訓

荷蘭是中國在微晶片業的發展使命中可以借鏡的國家之一。跟劍橋的安謀公司一樣，總部位於荷蘭恩荷芬市（Eindhoven）南方小鎮維德荷芬（Veldhoven）的艾司摩爾，離晶片業雙軸的美洲和亞洲甚遠，但是在過去數十年間已經成為任何有志於製造最先進半導體的公司，不可或缺的設備供應商。

艾司摩爾生產的光刻機或稱曝光機，把晶片的複雜藍圖設計投影至矽晶圓上，形成如同內含化學劑的膠片，蝕刻出連結與隔絕電晶體及其他元件的導電體和絕緣體圖案，並於相同的晶圓上重複曝光流程達百次。

光刻機的建造和運送過程，其複雜程度一如製程。一台光刻機的體積像一輛小型巴士，內含10萬個精密組件和總計長達2公里的電纜，從維德荷芬鎮出貨時，要用20輛藍白卡車運送至80哩外的阿姆斯特丹史基浦機場（Schipol Airport），再小心翼翼地裝上三架波音747飛機分批運送。

艾司摩爾自2017年春季開始銷售最新機型光刻機NXE:3400B，實現長久以來的一個夢想：7奈米節點製程的商業晶片量產。儘管一台定價1.6億歐元，依舊供不應求，艾司摩爾計畫2018年出貨20台，並且擴大產能，期望2019年時出貨至少30台。

了不起的是，據預期，這台光刻機將可讓問市超過五十年的摩爾定律再延續至少十五年。對晶片製造商來說，等待這台光刻機及支付昂貴價格很

值得。打造出NXE:3400B技術花了超過二十年的研發時間,研發成本超過100億歐元。

　　整個運作說明讀起來像是一本科幻小說中的橋段,起始於艾司摩爾的EUV技術,用波長僅13.5奈米的光把設計好的電路圖形縮小、並轉印於晶圓上面,提高一片微晶片的功能密度。這波長比艾司摩爾先前最優異的深紫外光(deep ultraviolet)193奈米波長短14倍。

　　為了產生EUV光源,艾司摩爾首先讓錫滴滴入真空室,再用比太陽表面溫度高100倍的二氧化碳雷射來轟擊這些錫滴。每秒約有50,000個錫滴生成及滴入真空室,每一個錫滴被雷射快速、連續地轟擊2次。

　　上述過程產生電漿──離子與自由電子組成的氣體──電漿散發出EUV輻射,再用世界上最光滑的六面反射鏡(這些反射鏡如果放大到相當於德國的面積,將不會有任何一個凸起處高於1毫米),把這些輻射聚焦轉移至光刻系統,精準度相當於從地球上射箭射中月球上的一顆蘋果。

　　艾司摩爾英文全名Advanced Semiconductor Materials Lithography,後來決定將縮寫當成公司正式名稱。該公司並非獨力發展技術至今,而是仰賴多項世界一流專業技術,再加上財力有限,因此必須和其他公司通力合作。事實上,艾司摩爾的機器大部分組件並不是自己製造的,而是由600多家供應商合力完成,其中60家是關鍵組件供應商,包括位於德國南部上科亨鎮(Oberkochen)的光學公司蔡司(Zeiss),他們為艾司摩爾的EUV光刻機打造六面特殊形狀的反射鏡,一面造價150萬歐元。

　　創造全球龍頭企業並非一蹴可幾。1984年美國的賈伯斯驕傲地發布他的麥金塔電腦、英國的史蒂夫・佛伯和羅傑・威爾森研究出第一個ARM晶片設計、荷蘭則是誕生了艾司摩爾──先藝科技公司(Advanced Semiconductor Materials International,後改名ASM International)和飛利浦

這兩家荷蘭公司的合資企業。

　　先藝科技是歐洲第一家供應晶片製造設備給英特爾、摩托羅拉等公司的供應商，包括在製程中把化學薄膜沉積於矽晶圓上的設備。飛利浦是成立於1891年的電子業巨擘，主要活動領域是電氣與電子產品，以製造電燈泡、電動刮鬍刀和1982年風行全球的光碟聞名。飛利浦早期就已發展出一種簡稱「stepper」的步進式曝光機（step-and-repeat camera），供應靠近德國邊境的奈梅亨市（Nijmegen）的晶片廠使用，當時這是歐洲最大的晶片廠。

　　就跟艾康公司把ARM獨立出去來換取蘋果的支持一樣，飛利浦認為把步進式曝光機放在一家獨立公司更好做生意，也才能把機器供應給更廣泛的產業使用，於是便指派50名科學家來負責，後來還把他們的辦公室設在自家恩荷芬總部一棟屋頂有個洞、其貌不揚的木屋裡。

　　巨大的研發成本讓先藝科技在艾司摩爾這家合資企業中撐不了多久，1988年就早早出售持股了，這也可以解釋為何艾司摩爾創立之初，市場光刻工具供應商從10家快速銳減。艾司摩爾幾度瀕臨破產、但勉力存活下來後，與日本以相機產品聞名的佳能（Canon）和尼康（Nikon）進入三雄競爭市場龍頭。1991年艾司摩爾推出光刻系統PAS 5500，符合微晶片業巨人IBM的期望，讓該公司在1990年代初期取得業界第二的地位。

　　EUV是那些目睹產業從水銀燈做為光源起步的晶片製造商長久以來的夢想，他們希望打造比使用可見光波長設計出的電晶體還要更小的電晶體。高登‧摩爾知道，EUV是延續摩爾定律的關鍵，他稱其為「軟X射線」（soft X-ray）。

　　EUV技術的萌芽其實是國際性的研究，從1970年代俄羅斯所做的多層鏡研究，到1980年代日本電信電話公司（Nippon Telegraph and Telephone

Corporation）投影出第一批EUV圖像。儘管外界抱持極大的懷疑，美國能源部所支持的實驗室接下繼續研究的棒子。為了能夠使用研究成果，英特爾在1997年成立一個EUV LLC聯盟，包括摩托羅拉和超微半導體等公司在內，他們和能源部簽定一只合作協議，取得技術授權，聯盟在三年期間投入2.5億美元資助研發，包括研究人員的薪水和研發設備，因為沒有現金的話，EUV的研發可能會漸漸枯萎。

為了擴大聯盟的專業技術，成員想引進海外合作夥伴，但是這想法在美國國會激起爭論，主要是擔心外國公司會藉機取得敏感的智慧財產。在記憶體晶片之戰仍記憶猶新下，日本尼康注定不被接受，美國和荷蘭目前還沒有類似的貿易紛爭史，因此歷經一年多的談判，艾司摩爾在1999年獲准加入。

不過2000年時出現了小紛爭。艾司摩爾以16億美元收購矽谷集團（Silicon Valley Group），這樁交易清除了落後的美國光刻業碩果僅存的一家公司，也讓艾司摩爾順理成章地進入英特爾的供應商名單。雖然以艾司摩爾的進展來說，最終成為英特爾供應商是板上釘釘的事。

這個領域的另一個日本競爭者佳能公司，多年前要和矽谷集團建立聯盟時就已經被阻擋在外了。這回，上任頭幾個月的小布希政府擔心出售矽谷集團可能把它的技術轉移至敵人手中，儘管憂懼心理大得有點誇張，美國國防部延遲這樁交易的批准，因為他們發現，艾司摩爾的董事會主席亨克・博德（Henk Bodt）是代爾夫特儀器公司（Delft Instruments）的董事會成員，這家荷蘭公司在九年前因為非法出售夜視鏡給伊朗而遭到罰款。有人認為，這事情發生於遠在博德進入代爾夫特董事會之前，美方此舉似乎有點過慮。

「我們得歷經重重難關，還必須做出各種妥協，」於2000年時接掌艾司摩爾執行長的道格・鄧恩（Doug Dunn）來自英國約克郡、向來說話直率，他說：「我從未接觸過地緣政治影響及言辭誇大到這種地步，但是我們從未選擇退出，因為我們知道，這樁交易帶來的長期回報很巨大。」

鄧恩以為這樁收購案會花三個月完成，實際上卻花了一年多，其間他去了五角大廈幾次，最終艾司摩爾同意出售矽谷集團旗下，供應鏡片給哈伯太空望遠鏡的丁斯利實驗室（Tinsley Labs）事業部門，並且承諾重度投資於其餘的美國事業。儘管收購條件嚴苛，收購交易完成後，艾司摩爾的地位立刻大大增強，2002年時推出能夠節省時間同時處理兩片矽晶圓的Twinscan創新，讓該公司成為全球頂尖的光刻工具供應商。

2006年艾司摩爾更進一步，提供兩家EUV機器原型給位於比利時魯汶的校際微電子中心（Interuniversity Microelectronics Centre）和紐約州立大學的奈米科學工程學院，這家個機構都是密集研究新技術的中心。此時已經很明確了，EUV技術可行，但是需要專業協助研判它能否商業化。

艾司摩爾的故事顯示，縱使在充滿激烈競爭的市場，有時仍需要廣泛的通力合作才能獲得進步。艾司摩爾的執行副總暨策略長、2021年4月退休的范霍德（Frits van Hout）說：「大家一起合作直到商業化，之後再來決一死戰。」不論微晶片產業競爭得多激烈，姿態多強硬，沒有任何一家公司及任何一個國家能獨力推動進步。

漩渦式下沉

中國的電信器材供應商華為的故事跟艾司摩爾正好相反，而且在圍繞著技術與微晶片愈演愈烈的貿易戰中成為焦點。

2018年12月1日，加拿大警方應美國要求，逮捕在溫哥華機場轉機的華為財務長孟晚舟，並且將她關入拘留所，美國想引度她至美國面對多起欺詐罪指控。

孟晚舟把加拿大視為第二個家，她曾持有加拿大永久居留權多年，四名孩子都在加拿大接受教育。

在國際譴責聲浪下，46歲、留著黑色長髮、身材苗條的孟晚舟獲保釋，軟禁於她位在溫哥華郊區的六居室豪宅，配戴著電子腳鐐受當局監視。在法庭聆訊中，她被控金融欺詐和欺騙四家銀行，以逃避美國對伊朗的制裁禁運令。十天後，中國監禁兩名加拿大人康明凱（Michael Kovrig）及麥克‧斯帕佛（Michael Spavor），聲稱他們是間諜，孟晚舟則是反訴加拿大政府。

　　由於孟晚舟是華為創辦人暨董事長任正非的女兒，增添這起外交事件的重要性。巧合的是，孟晚舟被捕那天，川普總統和中國最高領導人習近平正在布宜諾斯艾利斯舉行的G20峰會上會面。

　　不難看出何以華為成為這場戰爭中的代罪羔羊，該公司的業務跨及多個相互關連的區隔——網路設備、微晶片、行動電話手機，而且影響力日益增強。不同於多數中國公司，華為拓展國際市場很成功，至少在先進網路設備這個領域，美國沒有可與之抗衡的公司。華為是員工擁有的公司，因此比起國營企業，或許更容易被美國針對。在華為擁有優越技術及深度國防產業知識下，擁有貝爾實驗室和麻省理工學院的美國政府不樂見其發展，而且習近平想要更多像華為這樣的公司占領國際市場。

　　任正非在中國人民解放軍擔任工程師九年，直到1983年中國的整建制撤銷基建工程兵，他轉業而離開軍隊，後於1987年創立華為。任正非也是中國共產黨黨員。

　　西方媒體報導華為在深圳占地龐大的總部時，總是想一窺裡頭那座酷似美國白宮的建築物，或許這象徵華為最想攻克的市場，但是任正非在一次接受訪談時堅持：「它是黃色，不是白色。」[24]

　　華為猶如虎杖般蔓生美國，搶奪行動手機領域早期領先者易利信和諾基亞在電信基地台及其他基礎設施市場的占有率。美國農村無線營運商協會

（Rural Wireless Association）估計，在4G的布署上，協會會員有大約1/4使用中國華為及中興通訊的設備。[25]

　　華為的抨擊者說，華為其實就是中國共產黨的一個支部，公司之所以飛快成長，有很大程度歸功於中國政府大力補助硬體及軟體資源。他們說，華為根本不在乎利潤，甚至不惜以虧本的價格幫各國安裝設施，為的是透過隱藏的後門來攫取敏感資料。華為矢口否認，但是美國政府指出，根據中國於2017年通過的國家情報法，中國政府可以要求華為這麼做。不論如何，軍事專家設想，如果美國不趕快採取行動，敏感的美國通訊將由中國建造的網路來傳輸。

　　批評者懷疑，華為在通訊基礎設施領域的大舉擴張是為更隱伏的事情做暖身。2018年華為的營收成長20％，達到人民幣7,212億元（相當於1071.3億美元），其中貢獻最大的是消費性產品事業。華為在2016年時訂定目標，要在2021年前成為世界最大的智慧型手機製造商，儘管在美國的銷售量有限，但是現在邁向龍頭寶座的路上只剩三星這個阻擋者。[26]

　　華為手機事業背後的驅動力是海思半導體公司（HiSilicon），屬於華為旗下的無廠晶片公司，雖然2004年才創立，但是根據報導，員工數已經達到7,000人。海思的麒麟晶片因為被視為可以跟蘋果、高通的晶片競爭而引起美國關切。海思也被認為是中國最大的積體電路設計商，使用ARM架構來設計智慧型手機、固定網路及無線網路（包括即將來臨的5G標準網路）的晶片。華為不僅贏得市場占有率，也有自恃的跡象，該公司揭露，華為在2019年銷售的50,000部5G基地台設備中有8％來自非美國技術。

　　這可不是能為疏離的國際關係升溫的發展情勢。自2001年中國加入世界貿易組織後，美國與中國曾經短暫地友好相處，貿易關係正常化，這是自二次大戰期間美國支援中國民族主義者對抗日軍入侵、並支持退守台灣的中

華民國政府後，美中關係明顯的改善。1950年至1953年韓戰的對立，導致美國與中國的關係冷淡了數十年，直到尼克森總統於1972年訪中與毛澤東會面後，雙方關係才開始有所改善。

更近年的美中關係惡化可歸咎於貿易。中國在2010年成為世界第二大經濟體，五年後超越加拿大，成為美國的最大貿易夥伴，但美中貿易不是一種平等關係，2015年時美國對中國的貿易赤字高達3,670億美元，其中有將近一半是購買電腦及電子元件。伴隨差距擴大，指責與反控的言辭不時出現。

中國發布「中國製造2025」計畫後，習近平愈來愈常公開談論如何改善中國的技術不足，川普則是在總統競選活動中聚焦於中國從美國取走的東西，以及如何把它拿回來。

在2016年4月19日召開「網路安全和信息化工作」的座談會上，習近平說：「互聯網核心技術是我們最大的『命門』，核心技術受制於人是我們最大的隱患。一個互聯網企業即便規模再大，市值再高，如果核心元件嚴重依賴外國，供應鏈的『命門』掌握在別人手裡，那就好比在別人的牆基上砌房子，再大再漂亮也可能經不起風雨，甚至會不堪一擊。」

他說：「核心技術是國之重器，最關鍵最核心的技術要立足自主創新，自立自強，……，但我們強調自主創新，不是關起門來搞研發，一定要堅持開放創新，只有跟高手過招，才知道差距。」[27]

川普較直白，兩個月後的2016年6月28日，他在賓州莫內森市（Monessen）的鉻鋁資源回收中心舉行競選造勢集會時，發表了他的貿易政策。在曾經是美國鋼鐵製造中心的賓州，川普說中國加入世界貿易組織：「導致我國史上最大量的工作被偷走，」又說：「當中國謊報自家貨幣，增加一兆美元的貿易赤字，偷走我們數千億美元的智慧財產」時，美國國務卿希拉蕊・柯林頓（Hillary Clinton）袖手旁觀。[28]

站在一捆捆廢金屬堆砌出來的牆前面，川普誓言：「用所有法定的總統權力去矯正貿易赤字。」他提到雷根總統在1987年對半導體進口課徵

100％關稅，他說：「這有很大的效果，各位，很大的效果。」❷

　　這翻言論可茲解釋為何2016年11月當選美國總統的幾週後，川普會接聽台灣總統蔡英文打來的祝賀電話，這是近四十年間，台灣領導人和在位或即將上位的美國總統首次接觸，因此充滿意義，川普稍後發推特說：「美國出售數百億美元的軍事裝備給台灣，而我卻不該接一通祝賀電話，那可真搞笑。」

　　美國在中國與台灣之間謹慎地把握分寸。在「一個中國」政策下，華府承認北京的主張──只有一個中國政府，所以與台灣沒有正式的外交關係。中國竭盡一切努力，阻擋台灣加入任何國際組織。

　　但是自冷戰以來，台灣這個小島的地理位置，顯然對美國及亞洲盟友具有戰略重要性，因此美國和台灣保持非官方接觸及「戰略性模糊」。此外，美國根據1979年通過的《台灣關係法》（Taiwan Relations Act），出售武器給台灣，並且承諾在台灣需要防禦時──基本上是指遭受中國攻擊，美國將提供支援。

　　多年下來中國的軍力增強，在美國看來，台灣淪陷是不能接受的世界秩序改變，而且台灣在微晶片領域的實力讓他們在現代數位經濟中握有強大的力量，這次的賭注更高了。2016年時台灣是全球第22大經濟體，也是美國的重要貿易夥伴。

　　2017年10月18日，在每五年舉行一次的中國共產黨全國代表大會上，習近平在開幕時說：「我們有足夠的能力挫敗任何形式的台獨分裂圖謀，」並且呼籲只要台灣承認「九二共識」就恢復雙邊談話。

　　在此背景下，貿易戰已經一觸即發。2016年3月7日，美國商務部把中國中興通訊電信設備製造商列入「實體清單」，美國公司必須申請許可，才能銷售商品或服務給中國。此「實體清單」首次公布於1997年2月，剛開始

被納入清單的，是與大規模殺傷性武器有關的組織，但是後來擴大到包含危害美國國家安全和外交政策利益的實體。

中興通訊被發現違反美國的制裁禁運，出售產品給伊朗和北韓，2017年時被處以12億美元罰金，最終與美國政府達成和解。但是因為中興通訊違反和解協定，美國商務部在2018年4月對其實施出口禁令，禁止該公司購買美國技術元件。現在川普出手干預，意味著在中興通訊繳交10億美元罰金後，該禁令於2018年7月解除，川普的干預行動令共和黨內一些人士不滿。沒想到，中興通訊事件只不過是之後重頭戲的預演罷了。

美國國會於2018年8月13日通過《出口管制改革法》（Export Control Reform Act），基於國家安全，授權商務部建立對美國新興與基礎技術出口、再出口或移轉之認定與管制程序。孟晚舟遭拘留的兩週前，商務部屬下的工業與安全局發布法規制定預告，對外徵求關於認定「新興與基礎技術」的意見。孟晚舟獲保釋並軟禁住家後，2019年1月底，美國司法部指控華為金融欺詐、洗錢、陰謀詐騙美國、妨礙司法和違反美國制裁禁令。華為創辦人任正非出面反擊，說很遺憾美國把5G視為一種侵略武器，「在他們看來，這就像一枚原子彈，」他說。❸⓿

2019年5月15日，美國加碼禁止美國公司在未申請取得許可下出售產品或服務給華為，實際上就是全面禁止，例如：華為的智慧型手機不能再使用谷歌的安卓作業系統。

安謀雖然不是美國公司，仍然下令員工：「暫停與華為及其子公司之間的所有現行有效合約、支援，以及任何未決的合約。」該公司的一份備忘錄中說，ARM的設計內含美國的原創技術。❸❶

這公文顯然是倉促而為。跟其他技術供應商一樣，安謀必須確立一些產品的「國籍」，而這有時需要分析時間表，以判定哪個員工在何處設計哪個產品。

結果就是，用於資料和高性能運算的安謀 Neoverse 設計，以及全都在

德州奧斯汀開發的安謀 Cortex 系列不再出售給華為，技術支援也停止。但是第八代的安謀架構（v8）以及2021年推出的第九代（v9）仍然供應給華為的子公司海思半導體，因為這些設計是在英國劍橋研發的。

自2019年8月19日起，美國把華為的分公司也列入實體清單，導致華為無法再透過這些設於英國、法國，以及其他地方的分公司向美國供應商採購。2020年5月，美國進一步縮緊，修改外國生產直接產品規範（foreign-produced direct product rule），讓華為無法再從那些「製造半導體時使用到美國技術」的外國公司購買元件，使得台積電自9月起限制對華為供應晶片。這宣告華為無法再生產麒麟晶片，至少目前是如此。

美國盡所能地把影響力延伸至海外，說服英國禁止行動服務供應商自2020年底後向華為購買新的 5G 設備，並且要求在2027年前把華為的設備從各國的網路中移除，儘管這麼做將造成 5G 網路延後二到三年推出，並且增加20億英鎊的成本。

在美國的規範不適用之處，美國也加以勸說。艾司摩爾的高價 EUV 光刻機內含美國製元件價值並未超過總價值25％，一旦超過這比例門檻，就必須申請許可才能出售給中國。艾司摩爾在2018年時取得荷蘭政府許可，可以出售最先進的機器給中國客戶，但是根據報導，那年夏季荷蘭總理馬克‧呂特（Mark Rutte）拜訪白宮時，獲得一份出售這些機器給中國的後果情報。美國也訴諸《聖瓦納協定》（Wassenaar Arrangement）——限制軍商兩用的技術的出口，被視為冷戰俱樂部的後繼者，目前有42個締約國。呂特取得這份情報後不久，荷蘭政府便撤回出售許可證，艾司摩爾不再出貨給中國，據信，原先要出貨的對象是中芯國際。❷

2013年退休的前艾司摩爾執行長艾力克‧莫萊斯（Eric Merice），曾希望該公司的技術能夠不受限地供應給每一個半導體製造商，事實證明，這希望只是一廂情願。2020年12月中芯國際也進入美國的禁止出口實體清單（這加長版的清單中有77個中國實體），因為：「證據清楚顯示，中國利

用美國技術來支援軍力的現代化，」美國商務部長威爾伯·羅斯（Wilbur Ross）說。❸❸

　　如同博通和高通收購案受到戰略性政治干預後的企業界反應，企業界並不贊同情勢如此發展下去，事實上業界對此十分憤怒。

　　2020年5月的新規範發布兩個月後，電子產品設計與製造協會估計，其會員對與華為無關的銷售損失已經達到1,700萬美元。「新的限制也將加劇人們對美國技術供應不可靠的看法，導致非美國客戶追求不含美國技術的設計，」該協會說：「此外，這些行動進一步激發取代這些美國技術的努力。」❸❹銷售減少意味的是，更少現金可投入於研發，以及更少的創新，長期來說可能危害國家安全。

　　「問題在於，美國可能變成最後才被採用的供應商，」前德州儀器執行長瓦利·萊恩斯說出延長使用實體清單帶來的憂慮：「如果你是日本或歐洲的廠商，如果你沒把握最終產品能否賣給中國或任何被美國視為敵人的對象，為何你要使用美國的半導體設計呢？」

　　歷史可為萊恩斯的看法做證，身為美國商務部的技術委員會主席，他回顧1979年的《出口管理法》（Export Administration Act）在冷戰時期限制美國銷售半導體產品給盟友，導致美國的半導體設備製造商在全球市場占有率，十年間從76％降低至45％，其中有很多的銷售拱手讓給日本，日本也是美國的盟友，但是貿易運作更自由。根據當時的《出口管理法》，備用零件和使用者手冊的出售也必須先申請銷售許可。

　　美國的公司跟其他國家的公司無異：中國市場已經變得太重要而無法忽視。2014年英特爾和紫光集團簽署合作協定，為了促進中國的行動裝置使用英特爾設計，英特爾投資15億美元，入股紫光集團旗下的銳迪科微電子（RDA）和展訊通信（Spreadtrum），這兩家是中國最大的無廠晶片設

計公司。同年，高通也投資一些中國的半導體新創公司，並且宣布和中芯國際合作於28奈米產品及14奈米製程技術的發展。

<hr>

　　緊張情勢延伸至美中關係之外，激發更多的雙邊關係事件。日本已經不再是一級的晶片製造者，但是仍然在晶片產業供應鏈中扮演重要角色。2019年7月1日，日本終止半導體產業的三項關鍵材料——氟化氫（hygrogen fluoride，蝕刻過程中使用的氣體）、光阻劑（photoresists，把電路圖投影於精晶圓上時需要使用到的材料）、氟聚醯亞胺（fluorinated polyimide，用於智慧型手機面板），出口至韓國的免出口申請許可待遇。

　　據報導，日本占光阻劑和氟聚醯亞胺全球產量約90％。日本出口商每次出口時如果需要申請許可，流程將多花九十天，而且每次出口僅有幾天的存貨，韓國晶片製造商勢必得爭取別的供貨來源。[35]

　　這次風波起於南韓法院判決，日本製鐵公司必須對1945年前殖民朝鮮半島時強徵的韓國勞工做出賠償，做為回應，日本決定取消對南韓的優惠待遇，此舉必然危及南韓的高科技產品生產。這事件不僅引發南韓決心降低對日本供給的依賴度，也造成更廣泛的文化衝擊，那年夏天，一些南韓商家在櫥窗上張貼「本店不銷售日本貨」的標語。

　　數十年間通力合作而顯著進步的高科技領域現在正在分裂，但不是一種均勻的分裂。面對選擇時，多數客戶知道現在中國替代品不夠好，至少目前為止是如此。

PART 3

2017年到2021年全球布局與地緣風險

大數據，以及與巨人同行

資料中心太耗電了

都柏林東北方，被標示為亞馬遜在愛爾蘭的最大資料中心園區，26公頃的土地開發案陷入爭議，這位網際網路巨人於2017年3月提出的計畫，因為抗議者關切可能造成的環境衝擊而受挫。這開發案首先將興建一座占地近223,000平方呎（21,000平方公尺）的資料中心，大約是都柏林市用來舉行國際橄欖球賽和足球賽的英傑華球場（Aviva Stadium）的3倍大。除了第1座在綠地上的資料中心，亞馬遜還打算興建另外7座資料中心。等到2019年秋季，工程包商終於可以開始動工時，已經比原訂動工時間晚了好幾個月。

亞馬遜不是都柏林的生客，在附近已經有幾座資料中心，都柏林市機場邊有1座，都柏林郡南部的塔拉市（Tallaght）有3座。在這裡設立資料中心的，不是只有亞馬遜，包括谷歌、微軟和臉書在內，不少數位巨擘的資料中心也群集於都柏林市的周邊。

這是時代的標誌，在行動革命下，現在每天透過攜帶式裝置完成的小交易，總額達上兆億美元，而生成的資料也必須有儲存地。跟手機一樣，資料中心也需要微晶片來驅動，這是英特爾稱霸的另一個市場，也是安謀垂涎的另一個市場，這兩家公司摩拳擦掌，準備再一次對抗。

在資料中心裡頭，一廊又一廊的電腦伺服器裝點著燈光，輕聲地運行

著，這些設備是數位經濟的實體，每一根指頭點擊與滑動產生的龐大資訊皆儲存於這裡。這裡是運算的「雲端」，或者說是網際網路的骨幹，遠距地提供電子郵件、社群媒體、銀行交易、線上購物等生成的資料。

長久以來，愛爾蘭為一堆美國公司提供便利的歐洲基地。沿著路邊有都柏林的旗艦企業之一——占地100英畝的IBM園區，啟用於1997年。愛爾蘭提供優良技能人才、共通語言、誘人的低公司稅稅率，伴隨許多產業公司從製造業轉向服務業，該國非常成功地自我推銷成為一大資料中心中樞，但是這些數位巨人也引發驚人風暴。

亞馬遜的新址是當時正在興建中的10座資料中心之一，已經營運中的資料中心有54座，還有31座已獲得規畫許可。❶愛爾蘭的寒冷氣候抵消了一部分大量電腦處理所散發的熱氣，而且地理位置也很適合透過跨大西洋海底電纜及都柏林的地下光纖來連結美國與歐洲大陸。愛爾蘭的工業發展署（Industrail Development Agency）近期的一項研究指出，自2010年以來，資料中心這個產業已經對愛爾蘭做出71億歐元的經濟貢獻。

但是這些投資以及伴隨而來的適量就業機會也造成一些成本。為了運行和保持冷卻，資料中心耗用當地巨量的電力網，當地人擔心停電的同時，也把愛爾蘭的糟糕環境紀錄歸咎於資料中心，愛爾蘭愈來愈無望達成2020年的減碳目標，很可能被歐盟判繳罰金。

愛爾蘭的中央統計局（Central Statistics Office）指出，2015年至2020年間，各國的資料中心用電量增加144％，2020年第四季增加至849百萬瓩時（gigawatt hours，亦即849百萬度電）。❷

工程師艾倫・達利（Allan Daly）是大力反對亞馬遜擴張資料中心的人士之一，他要求在核發規畫許可前，進一步評估這座資料中心的電力需求量。此前，達利的反對行動已經導致距離這座亞馬遜資料中心以西，兩個小時車程的蘋果資料中心陷入困難。

蘋果公司在2015年2月宣布計畫在歐洲設立2座資料中心，包括1座位於

高威郡（Coutry Galway）的阿森瑞鎮（Athenry），達利就居住在這座樹木叢生的小鎮。這計畫在那年9月批准，但是被抗議及控訴圍困。

後來，愛爾蘭總理李奧‧瓦拉卡（Leo Varadkar）前往加州庫柏蒂諾的蘋果總部拜訪執行長提姆‧庫克，說：「我們會在期限內盡一切努力促成（中心的興建）❸」，2017年11月障礙終於清除，但是蘋果已經失去興趣。2019年10月亞馬遜的資料中心動工時，蘋果決定出售原定的阿森鎮資料中心土地。

約莫就在都柏林東北方的這座亞馬遜資料中心動土之際，愛爾蘭的國營電力公司EirGrid發布一則嚴峻的預測，指未來十年間，愛爾蘭的總電力需求成長率將介於25％至47％，主要是新的大型電力用戶所驅動，其中包含許多的資料中心。EirGrid的分析指出，到了2028年，資料中心和其他的大型電力用戶可能占總電力需求的29％。❹

面臨挑戰的不是只有愛爾蘭。已經成為東南亞資料中心中樞地的新加坡，在2019年時暫停接受新資料中心的興建，荷蘭也是，後來荷蘭的禁令撤銷後，阿姆斯特丹都會區對新的資料中心開發案施加電力預算與節能目標，為了取得許可，每座新的資料中心必須達到1.2的電力使用效率（power usage effectiveness，電力使用效率的計算公式是：資料中心總用電除以電腦運算設備用電量）。

此前，另一個產業也出現類似問題。行動電話問市的二十年後出現突破性創新，節能的晶片縮小電池體積，因此得以推出輕型手機。現在，經過多年的努力與嘗試，安謀的設計漸漸接近另一個新商機。

資料中心的營運商可以興建垂直廢熱回收系統，以及安裝自己的再生能源系統來補充電力，但一個不爭的事實是，資料中心的用電量持續上升。如果網際網路的巨人們不想遭到社會排斥，必須盡其所能地努力控制用電量。

亞馬遜選擇安謀

2019年12月3日寒冷的早上，安迪‧賈西（Andy Jassy）大步走上拉斯維加金沙會展中心（Venetian Expo Center）的舞台，這是雲端科技開發者大會（AWS re:Invent）的第二天，65,000名技術人員在感恩節假期的週末趕來與會。

1997年亞馬遜公開上市的幾週前，從哈佛商學院取得企管碩士學位的賈西入職亞馬遜，長期擔任傑夫‧貝佐斯（Jeff Bezos）的技術助理。亞馬遜從銷售書籍轉向多角化經營的過程中，他是重要的副手，早就深知他老闆——對公司極其專注的亞馬遜創辦人，有多麼嚴格，「任職亞馬遜前，我認為我是個標準很高的人，」賈西在一次受訪時說：「後來，……我才發現，我的標準還不夠高。」❺

早期，亞馬遜不滿於內部 IT 專案得花很長時間才能完成，便建立一個能夠共用的電腦運算平台。賈西認知到，亞馬遜的這項技術專業可能有外部市場，便在2003年組成一支57人團隊致力於這項事業。這個亞馬遜雲端運算服務（Amazon Web Service，後文簡稱 AWS）從2006年開始對外出租電腦運算服務，包括向那些不想花費高成本及心力自建硬體、又希望能夠隨需彈性調節使用規模的客戶出租資料儲存空間。

當時所謂的「雲端運算」方興未艾，但是有很長一段期間，AWS 跟其領導人賈西一樣很低調。賈西酷愛吃雞翅，由於公司開會時總是議程甚多，他手工製作了一個「命運輪盤」，用來選出可以在這場會議中提出意見或構想的人。

他在2016年晉升為 AWS 執行長，此時這家公司已經大到無法被忽視了。2019年 AWS 年營收350億美元，年成長率37％，是整個亞馬遜帝國年成長率的近2倍，創立僅僅六年，營收就成長至10倍。AWS 那年的營業淨利為92億美元，占亞馬遜整個集團當年總營業淨利的近2/3。❻

AWS 不僅是亞馬遜的大事業，根據市調機構顧能公司（Gartner）的調查，AWS 在雲端運算市場的占有率達到45％，遠遠甩開第二名的競爭者微軟蔚藍（Microsoft Azure）的17％。❼ AWS 的客戶來自各種產業，包括西門子、哈里伯頓（Halliburton）、高盛集團、輝瑞大藥廠、蘋果等，其公共部門的客戶甚至包括美國中情局。

AWS 的事業如此興旺，無怪乎賈西開始受到矚目。雲端科技開發者大會最早於2012年開辦，旨在令AWS的客戶及夥伴們對自家的技術發展感興趣，2019年12月初的這場大會，賈西在台上踱步了近三小時，他那天穿著深色西裝、藍色襯衫，以及一雙白色鑲邊的鞋子，這身行頭就算是出現在夜總會上，也不會顯得不合適。那天，吸引許多人注目的是一款新晶片。

一年前推出的 AWS Graviton 晶片是 AWS 的第一款客製化處理器，用以驅動「執行個體」（instances，雲端運算領域的術語，指的是在雲端為客戶執行工作負載的虛擬伺服器）。這款處理器承諾在一些領域節省成本達45％，早期客戶包括家譜網站Ancestry.com、南韓的樂金電子，IT夥伴如賽門鐵克（Symantec）和紅帽（Red Hat），也已經開發了針對這款晶片的服務。

現在AWS更進一步。事實上團隊在建造第一代 Graviton 時，就已經開始研發第二個版本了。在零星的歡呼與掌聲中，賈西揭露 Graviton2，然後滔滔不絕地講述它的特點。相比於第一代，Graviton2 有多4倍的電腦核心（處理力的指標）、快5倍的儲存器、高7倍的性能，賈西說，最重要的是，相較於英特爾最新一代的x86處理器，Graviton2的性價比高出40％，他先讚嘆：「光想這點，就令人難以置信，」才繼續講述其他特點。❽

此前25年的歷史中，亞馬遜從銷售書籍擴展至衣服、雜貨等，成為「什麼都賣」的商店。接著又無畏地進軍新市場，自製電影、自製電子器材

（例如：Kindle）、建造資料中心，現在又推出自主研發的微晶片。

這最新的多角化是一股更大的發展趨勢中的一部分。全球最大的科技公司普遍認知到，運算力和性能已經成為事業的一大差異化因子。跟美中的政治糾葛一樣，大家渴望取得領先地位，降低對他人的依賴。

亞馬遜滿手現金、且早已是晶片的巨量採購者，負擔得起研發自身需要的晶片來降低採購成本，並向業界其他公司發出挑戰。除了亞馬遜，蘋果、谷歌及臉書這些巨大的網際網路平台，其軟體和社群媒體早就已經超越矽谷最早的稱霸者，同時也爭搶矽晶片。這是「客製化」晶片時代，微晶片已經變得太重要而不能只留給微晶片產業。

客製化晶片不是什麼新東西，晶片產業的最早期就已經有先例，只不過，在可以針對不同工作來編程的英特爾4004晶片於1971年問市後，通用型晶片才取代客製化晶片。但是技術持續變化，而且科技業巨人規模也夠大，使客製化符合成本效益。

亞馬遜的行動始於2015年1月以3.7億美元收購以色列晶片設計公司安納普爾納實驗室（Annapurna Labs），對亞馬遜來說，這是一筆小錢，但這收購行動是一種意圖聲明。安納普爾納實驗室是艾維朵・威倫茲（Avigdor Willenz）創立於2011年，此前威倫茲創立過另一家晶片設計公司伽利略科技（Galileo Technologies），在2001年被邁威爾科技以近30億美元收購。

賈西說，這樁收購案是AWS的一個「重大轉折點」。此前AWS和安納普爾納實驗室合作發展第一代的AWS Nitro System——AWS執行個體使用的基礎技術，現在收購了安納普爾納實驗室之後，AWS有了技能可以設計自己的晶片。

這個發展對英特爾來說是壞消息。英特爾已經成功地從宰制個人電腦市場轉向稱霸伺服器市場（和超微半導體廝殺的結果），AWS創立之初高度倚賴英特爾的伺服器晶片。不只英特爾是AWS的「親密夥伴」，超微半

導體也向 AWS 供應晶片，但是賈西說：「如果我們想為你們提供更優的性價比，我們必須自己做一些創新工作。」[9]

────────────

　　這收購案對安謀來說則是天大的好消息，因為安納普爾納實驗室的晶片設計使用的是 ARM 架構。早自2008年起，安謀就已經瞄準伺服器市場，知道2011年推出的第八版本架構——也是第一個擁抱64位元處理的架構，將會為進軍伺服器市場鋪路。安謀預期這個市場將會有巨大的成長，並且冀望伺服器用電量引發的環保關切，以及 ARM 的低功耗聲譽能促成安謀的生意。改善手機過早沒電或電池過熱的節能設計，也可以幫助耗電量大的伺服器，這道理是一樣的。

　　安謀在2015年年報中舉一個例子：PayPal 使用安謀的伺服器晶片設計一套詐欺偵測系統，跟傳統資料中心使用的配套元件相比，購買價格僅一半、運行成本只有1/7、體積僅為1/10。[10] 不過，儘管有這些有利因素，不順的開始導致安謀進軍這個市場時困難重重。

　　一家名為凱希達（Calxeda）的晶片設計公司，在2011年時宣布參與惠普的一項計畫，使用安謀的伺服器晶片設計，幫助惠普打造低功耗的伺服器，但是凱希達在2013年決定歇業。十年前，超微半導體嘗試使用 ARM 架構來複製該公司 Opteron 晶片的成功模式，卻無疾而終。未被收購前的博通原本在推動一項代號「Vulcan」的計畫，想使用 ARM 架構的網路、儲存和資安的晶片，但是陳福陽的安華高科技於2016年收購博通後，終止這項計畫。緊接著，高通在2018年突然關閉生產 ARM 架構伺服器晶片的 Centriq 事業單位。整個產業試圖打破英特爾宰制地位的能力顯然都失敗了。

　　安謀在2015年時誇下海口，說將在2020年前奪下25％的伺服器市場占有率，到了2018年這個目標已經被延後至2028年，安謀此時的伺服器市場

占有率僅為4％，必須做點突破才行，不然就要鳴金收兵了。

安謀太急切於進攻伺服器市場了，甚至冒著危及寶貴獨立性的風險對市場播種。安謀投資幾家使用ARM指令集來開發伺服器晶片的公司，包括上文提到的凱希達，安納普爾納實驗室是另一家，安謀的老兵圖朵·布朗擔任此公司的顧問委員會成員。安謀也和邁威爾科技建立「策略夥伴關係」，邁威爾於2017年收購凱為半導體公司（Cavium），取得博通的「Vulcan」計畫藍圖，推動這項研發計畫。

另一項大有前景的投資是安爾運算公司（Ampere Computing），這是一家由前英特爾總裁、在前執行長歐德寧手下工作多年的詹睿妮（Renée James）成立的新創公司，私募股權投資公司凱雷集團（Carlyle Group）是出資股東之一，其客戶包括微軟、TikTok的中國母公司北京字節跳動科技公司。安爾接收應用微電路公司（AppliedMicro）自2011年起使用ARM架構的X-Gene伺服器晶片開發專案，繼續在此基礎上開發產品，並且於2022年4月申請公開上市。安謀認為，如果這些投資獲得回報的話，將有利於整個ARM生態系，引領更多軟體開發者使用其伺服器設計。

雖然亞馬遜總是對各種選擇保持開放態度，但是他們熱切推出Graviton2顯示市場龍頭大力支持ARM架構，這種充滿信心的選擇相似於二十年前諾基亞選擇德州儀器的ARM架構晶片，

雖然市場規模可能較小，但是安謀可以索取的每筆授權費和每筆權利金較多。經過多年的宣傳，他們希望最終能引起產業注意，安謀設計的節能聲譽或許也幫得上忙，AWS聲稱，Graviton2的每瓦特電力的性能是自家其他處理器的3.5倍。　⑪

蘋果推出自己的晶片

　　蘋果比亞馬遜早幾年開始研發晶片。該公司在2008年4月23日以2.78億美元，買下有150名晶片工程師的無廠半導體公司PA Semi，原名帕羅奧圖半導體（Palo Alto Semiconductor）的公司是丹尼爾‧多柏普爾創立於2003年，此人在業界擁有超級明星的地位，但是為人謙遜低調。任職迪吉多時，多柏普爾是開發多款晶片的首席設計師，包括：驅動VAX迷你型電腦的晶片、1990年代初期的Alpha和StrongARM微處理器。英特爾於1997年接收StrongARM的所有權後，多柏普爾很快就離開迪吉多，與他人共同創立SiByte，運用他的淵博知識，設計用於高性能網路的64位元處理器，後來這家公司被博通收購。當時賈伯斯就曾試圖延攬多柏普爾。⑫

　　這些公司已經對彼此甚為了解。蘋果的麥金塔電腦改用英特爾晶片時，有人猜測蘋果工程師已經花了很長時間研究PA Semi，想知道其低功耗晶片是否可用。

　　無疑地，收購PA Semi對蘋果來說是關鍵至要的一步，讓蘋果開始邁向研發晶片之路，準備擺脫對英特爾和高通等晶片業龍頭的依賴。不過，當時還不能清楚看出的是，其實這也是蘋果疏遠三星的第一步，這家蘋果的重要供應商很快就會變成蘋果的競爭者。

　　蘋果收購PA Semi引發好奇與關注，翌週，在發布每季績效的電話會議上被問到這樁收購案時，當時的安謀執行長華倫‧伊斯特說：「我們和那〔PA Semi〕團隊有一些淵源，他們當中的一些專家有使用ARM架構的經驗。所以我認為，有多一點的ARM工程師進入像蘋果這樣的公司，不是壞事。」

　　伊斯特說：「至於他們打算如何處理它，我們不予置評，你們必須去問蘋果，因為這不關我們的事。」⑬ 完成PA Semi收購交易的兩週前，蘋果跟伊斯特通電話，要求ARM架構授權。

全錄公司老兵、Dynabook 的設計師艾倫‧凱伊曾說過：「真正認真看待軟體的人，應該打造自己的硬體。」賈伯斯在2007年推出 iPhone 時，提及凱伊的這句話。那天他站在台上，沐浴於喝采和掌聲中，他知道 iPhone 很優秀，但是如果英特爾晶片能符合實際需要、如果蘋果不是被迫在三星的協助下湊合地使用原本為 DVD 播放器設計的晶片，iPhone 會更優秀。

賈伯斯向來著迷於設計美學，曾在2005年史丹佛大學畢業典禮演講時，談及書法課如何啟發他在電腦上使用漂亮的字型。他把顧客體驗擺在第一位，從希望提供的顧客體驗回溯到什麼技術才能實現。

他的顧客最好別去憂慮裡頭的東西，前蘋果執行長史庫利指出，出售的麥金塔電腦是一個封閉的箱子，需要特殊工具才能打開外殼，如果麥金塔電腦的擁有人打開外殼的話，蘋果的售後保證書就會失效。「史蒂夫堅持這種限制規定，因為他相信，在電腦產業，軟體將變得更重要，而不是硬體，」史庫利在其自傳中寫道。❶ iPhone 的外殼同樣不易打開，後來的版本甚至有一個防篡改螺絲。

這都是蘋果魔力的一部分，但是很顯然，賈伯斯執著於所有小細節，也讓顧客不必擔心這些小細節。賈伯斯及蘋果之所以決定對晶片有更多的掌控，可能是初始的 iPhone 被迫做出妥協，可能是因為不能認同在 iPad 中使用英特爾的凌動（Atom）晶片，也可能是知道個人電腦製造商受制於晶片供應商，尤其是英特爾獲利占比很高，蘋果不希望行動裝置製造商也面臨相同命運。

或者也可能是蘋果想再次嘗試，而且這次想完全靠自己。蘋果和 IBM、摩托羅拉聯盟為麥金塔生產晶片 PowerPC 架構起初還不錯，但是因為沒有什麼實質進展便解散了。2005年宣布改用英特爾晶片時，賈伯斯說

得很直白：「我們能夠想像我們想為你們打造的優異產品，但是我們不知道如何用未來的 PowerPC 路徑圖來打造它們。」⓯

2007年9月底會計年度截止時，蘋果的資產負債表上的現金、約當現金、短期投資合計有154億美元，這下子公司有更多錢可用了。就跟亞馬遜後來在伺服器領域的情形一樣，在最近一年賣出5,200萬台 iPod 下，蘋果成為晶片的龐大消費者，這種規模有機會創造一個良性循環：只要蘋果的產品繼續熱賣，就有夠大的產量可以分攤龐大的研發成本；撰寫的軟體愈好，需要的處理器時鐘週期愈少，消耗的電力更少。

「史蒂夫得出結論，蘋果要想真正的差異化，供應真正獨特、真正優異的產品，唯一之道就是你擁有自己的晶片，」強尼・史魯吉（Johny Srouji）說：「你必須掌控和擁有它。」⓰

受僱策畫整個行動的史魯吉太了解這點了，根據這位個頭矮壯、以色列籍晶片設計師的領英（LinkedIn）個人檔案，他在 PA Semi 收購交易幾週前的2008年3月加入蘋果，擔任手持裝置晶片及超大型積體電路的高級總監。史魯吉出生於以色列北部港口城市海法（Haifa），畢業於以色列理工學院（Technion Israel Institute of Technology），這間學府是以色列成為晶片人才溫床的一大功臣，史魯吉取得電腦科學學士和碩士學位後進入 IBM，再於1993年轉任英特爾，負責研究測試半導體設計優劣的方法。

在蘋果，他貢獻的第一個果實是 Apple A4 晶片，用於在2010年1月27日發表的第一代 iPad，這是新產品，也是蘋果公司取得 ARM 架構授權後，第一個使用自行研發晶片的器材。

該公司說：「A4 提供卓越的處理器和繪圖性能，以及長達10小時的電池續航力。」但在發表當天，A4 晶片並未引起多大的注意。⓱ 蘋果的高級副總鮑伯・曼斯菲爾德在一支促銷影片中說：「iPad 的響應能力是因為我

們為此產品客製化晶片，」他說，A4晶片提供的性能：「你無法以其他方式實現。」⑱那年6月，A4晶片再度亮相，用於新推出的iPhone 4。

蘋果晶片引起廣泛注意，是在2013年推出iPhone 5s時使用的A7晶片，這是第一款64位元核心的智慧型手機晶片。A7晶片讓手機提供更多功能，包括Apple Pay和Touch ID，也讓蘋果和競爭者之間有長達一年的明顯差距，仍然使用32位元核心的其他競爭者得卯足勁兒迎頭趕上。

到了此時，晶片設計分工已經擴大。收購PA Semi後，蘋果又在2010年以1.21億美元收購位在德州奧斯汀、專長ARM設計Intrinsity晶片公司。

有專家懷疑，為趕著推出A4晶片，Intrinsity提供了此晶片的中央處理器核心，亦即晶片的大腦。在和三星（蘋果的晶片夥伴）的合約下，Intrinsity設計了一款ARM架構的處理器，名為「蜂鳥」（Hummingbird），分析師猜測，這就是Apple A4的核心。基於技術理由，這是一款蘋果設計的晶片，因為蘋果只把「網表檔案」（netlist file）交給三星，基本上這就是晶片設計的最終結構版本。

蘋果意圖對晶片有更多的掌控，尤其是為了處理器和作業系統的更緊密整合，讓晶片更優於許多智慧型手機製造商所使用的谷歌安卓作業系統。

這意味著蘋果擁有圖形設計系統（graphic design system）──傳送給晶片製造商的最終檔案，內含晶片布局的細節。就算三星把蘋果擺在第一優先順位，生產出最小、最強的晶片製程節點，也無法打消蘋果想要有更多掌控的決心。2012年發表的Apple A6晶片由蘋果獨自處理設計部分，三星的角色僅限於代工，不少人猜測，可能過不了多久，蘋果連代工都不讓三星做了。

2011年蘋果控告三星侵權，這樁轟動業界的官司，顯露蘋果與三星的緊張關係，儘管三星集團旗下製造智慧型手機的事業部門和製造元件（包括微晶片）的事業部門各自獨立，但並非總是和睦相處。

如果蘋果想傷害三星，只要把上一年花在用於 iPhone 快閃儲存晶片、隨機存取記憶體、微處理器的57億美元轉單，如果再包括面板的話，預估2011年的損失總計上看78億美元。

但是晶片之戰從來就不是那麼簡單了當。蘋果這家僅次於索尼的三星第二大客戶知道，在品質和數量上，沒有立即可以取代三星的供應商，而且這樁官司不是為了錢，兩家公司都從行動革命中賺很多錢，大概也會繼續如此。這樁官司是賈伯斯對抗安卓手機製造商（以及擴延至谷歌）的「熱核戰」延續，這場熱核戰早在一年前就爆發了，始於蘋果控告台灣的宏達電。[19]

當 iPhone 問市徹底顛覆手機業時，三星是少數倖存、且繼續繁榮的手機製造商之一，在2009年6月推出 Galaxy 系列智慧型手機，又在2010年9月——蘋果 iPad 首度亮相的八個月後，推出7吋平板電腦 Galaxy Tab。

蘋果指控三星無創意地抄襲自家產品，這起官司包含十項跟 iPhone 及 iPad 矩形設計相關的專利侵權，以及使用姿勢操作觸控螢幕。三星對此做出反擊，也對蘋果提出侵權訴訟。

訴訟戰拖得很長，並且在世界各地法院開打。2015年12月，三星同意賠償蘋果5.48億美元和解，但是又在另一個法庭繼續上訴，兩家公司的夥伴關係更加疏離。

一年前張忠謀和蘋果營運長傑夫・威廉斯共進晚餐後建立關係，台積電首次接單為蘋果製造晶片。

2018年北加州聯邦地方法院判決三星必須賠償蘋果5.39億美元，蘋果和三星在庭外達成和解，此時兩家公司都是無可取代的科技巨頭了。三星雖然失去一些蘋果的生意，但是在2017年首次超越英特爾，成為全球最大的

晶片製造商，半導體事業年營收達到700億美元，比英特爾的630億美元還多。晶片業的板塊再次移動。

―――――――――――――

2018年蘋果再度展開收購行動，10月11日以6億美元買下德國戴樂格半導體公司（Dialog Semiconductor）的部分股權，這樁交易被稱為是授權交易，蘋果 iPhone 在過去十年一直使用戴樂格的電力管理系統晶片。蘋果購買戴樂洛的專利、幾處辦公室，以及約300名工程師團隊，這些工程師此前大多已經在為蘋果設計晶片。這6億美元中有半數是預付未來三年的晶片供給。

自A4晶片推出後的十年間，蘋果成為羽翼豐滿的無廠半導體製造商，可以生產自己的晶片來處理相機、人工智慧、蘋果手錶、電視、耳機。麥肯錫管理顧問公司在2019年發表的研究報告中指出，蘋果是全球第三大無廠晶片製造商，僅次於博通和高通，並且估計如果蘋果賣晶片的話，可以創造年營收200億美元，半導體事業價值將達800億美元。[20]

2020年12月，當史魯吉告訴屬下，蘋果也在研發自己的蜂巢式網路數據晶片――讓蘋果器材連結上網的晶片，高通的股價下滑。史魯吉形容此行動為：「另一個關鍵的策略性轉變，確保我們有豐富的創新技術滋養我們的未來。」[21]

這消息值得注意，5G iPhone 是使用高通的元件，蘋果過去一直依賴這家晶片業巨人供應蜂巢式網路數據晶片，儘管兩家公司之間的關係愈趨不睦。2017年時蘋果控告高通收取過高的技術授權權利金，高通反訴蘋果欠錢並侵犯專利，這期間蘋果一度改用英特爾的數據機晶片。

雙方在2019年4月和解，蘋果同意支付高通45億美元，雙方簽定至少到2025年的授權合約。三個月後，蘋果展現未來將不再重蹈覆轍的姿態，當英特爾決定退出智慧型手機數據機晶片業務時，蘋果以10億美元買下。這

椿交易讓蘋果擁有的無線技術專利增加到超過17,000項，從蜂巢式網路標準協定到數據機架構與作業，種類甚廣。

　　2021年5月的新聞進一步證明蘋果想擺脫對高通的依賴，就如同先前擺脫對英特爾和三星的依賴一樣：該公司在德國慕尼黑投資10億歐元，部分用於一家聚焦於網路連結和無線技術的晶片設計中心。了解蘋果的人估計，2015年時晉升為提姆・庫克的管理高層團隊成員、領有股票選擇權的史魯吉，手下至少有4,000名工程師。蘋果在高通和博通總部附近設立衛星工程辦公室，大量招募人才。

　　分析師認為，蘋果將在2023年秀出自家研發設計的數據機晶片，完完全全掌控iPhone的內裡，如今iPhone的晶片是使用5奈米製程技術所製造。在與真實世界聲音和影像互動的擴增實境（augmented reality）應用程式興起下，原本就很重要的連結速度變得更關鍵，這項趨勢再加上無線晶片的複雜性，導致晶片的價格上漲到跟處理器成本不相上下。透過自己研發設計，蘋果希望能更有效地整合這些元件，提高10％的性能，或是電池續航力提高15％，並且以更低的成本製造。

　　這是耗費巨資的行動，但是2021年9月結束的會計年度，蘋果握有的現金和約當現金已達1,726億美元，很多國家大概負擔不起晶片自給自足的投資，但是全球最大的公司都想放手一博。

━━━━━━━━━

　　重度投資客製化晶片的不是只有蘋果和亞馬遜。谷歌的Pixel 6手機使用的是自家研發設計的Tensor微晶片，由三星代工。Google Silicon的高級總監莫妮卡・古普塔（Monica Gupta）在2021年10月19日張貼的一篇部落格文章中，詳細說明這款新晶片的能力，她寫道：「Google Tensor能夠跑更多高階、最先進的機器學習模型，但是耗電量比先前幾代的Pixel手機更少。」[22]她舉例：在錄音機之類的長程應用程式上使用自動語音辨識，不

會快速耗盡電池。

　　中國的手機製造商華為使用子公司海思半導體設計的麒麟晶片；阿里巴巴集團創立於2018年、100％擁有的平頭哥半導體技術公司（T-Head Semiconductor）已經發展出自己的伺服器晶片；據報導，臉書母公司社群元宇宙也在做類似的事。

　　特斯拉也來參一腳，在2019年時發表自己設計的晶片，用於電動車的自駕軟體。「設計出世界上最好晶片的，怎麼會是以往從未設計過晶片的特斯拉呢？」該公司創辦人伊隆‧馬斯克在發表會上問道：「但這是客觀上已經發生的事，不只是比其他晶片好一點點，而是好上一大截。」[23]

　　根據市場調查機構對位研究公司（Counterpoint Research）的報導，2021年時三星再度成為全球最大的晶片製造商，就連他們也計畫將不再對外供應的晶片，[24] 不過這項計畫必須迫使長期不和睦的三星半導體事業部門和三星智慧型手機事業部門更加密切合作，才有望在2025年上市的 Galaxy 系列手機一起設計的新處理器。蘋果仍然依賴三星供應最新的有機發光二極體（OLED）螢幕顯示器。

　　大家競相花大錢追求與眾不同，但這些晶片設計公司，不論是存在已久者，還是領域的新進者，包括蘋果、亞馬遜、三星、高通、華為、阿里巴巴、社群元宇宙、特斯拉在內，全都有一個共通點：ARM。

　　在這個生氣蓬勃、高賭注的市場，大多數公司要不就是取得安謀設計為基石，或是取得 ARM 架構授權，用安謀的規則手冊來研發出自己的設計。安謀的獨立地位顯然讓公司處於終極甜蜜點，只有再度改變所有權，才可能受到威脅。

Chapter13
輝達的平行宇宙

一個勉強的願景

　　座落於洛杉磯郡帕薩迪諾（Pasadena, Los Angeles County）高檔社區，以鐵路鉅子亨利・亨廷頓（Henry Huntington）命名的亨廷頓朗豪飯店（Langham Huntington），從1914年開始營業至今，保持著美國鍍金年代的蓋茲比風格，粉紅鮭色皇宮外觀、大理石內飾、水晶吊燈、修剪整齊的草坪，宛如電影場景。事實上這家飯店也經常成為電影或電視劇場景，例如：電影《天生一對》（*The Parent Trap*）、《奔騰年代》（*Seabiscuit*），以及電視影集《推理女神探》（*Murder, She Wrote*）、《霹靂嬌娃》（*Charlie's Angels*）。

　　2019年9月，占地23英畝的亨廷頓朗豪飯店換上好萊塢風裝飾，讓富有的科技業人士在這裡聚會三天。精幹的創辦人和高階主管們交流有關於人工智慧和量子運算等的最新發展，試駕高性能跑車，享受佳餚和歌手約翰・傳奇（John Legend）以及讀心師利奧爾・蘇查德（Lior Suchard）的表演。軟銀集團舉辦的這Sōzō峰會（Sōzō Summit，Sōzō是日語souzou的簡寫，意指「想像」與「創造」），開幕式核心人物是孫正義——需要資金的大製作經常上門拜會的大金主。

　　「根據你的學習經驗，你能對你投資的公司創辦人——那些正在做非

凡之事的人，提供什麼意見？」在台上的爐邊閒聊中，投資業貝萊德公司（BlackRock）執行長賴利·芬克（Larry Fink）熱烈地詢問孫正義：「因為我認為，我們從失敗中學到的東西比從成功中學到的東西還要多。」孫正義嚴肅地點點頭，咳嗽幾聲說：「顯然，根據你的經驗、我的經驗，失敗教我們更多東西。」❶

這位科技業鉅子似乎站在世界之巔。收購英國晶片設計公司安謀後的三年間，孫正義沒有停止花錢，完成那椿如閃電般快速的交易後不到六星期，軟銀宣布成立願景基金（Vision Fund），將在接下來五年內投資至少250億美元於科技業，潛在規模高達1,000億美元，軟銀說：「目標是成為世界最大的科技類基金之一。」

縱使孫正義口袋很深，他也必須找富豪朋友加入行列。這支基金中有450億美元來自沙烏地阿拉伯公共投資基金（Public Investment Fund of Saudi Arabia），沙國急於把國家經濟多角化，擺脫過度集中在石油業。沙烏地阿拉伯公共投資基金的主席、沙高王儲穆罕默德·賓·沙爾曼（Mohammed Bin Salman）表示：「基於他們的悠久歷史、良好的產業關係，以及優異的投資績效，」很高興與軟銀及孫正義合作。❷阿布達比的穆巴達拉基金（Mubadala Fund）、蘋果、高通也有投資。

到了2019年6月，軟銀願景基金已經有81家公司投資持股，公允價值來到820億美元，其中包括許多新創公司，例如：食物外送平台DoorDash、印度的連鎖旅館品牌Oyo、即時通應用程式Slack。軟銀願景基金的投資案往往以高估值做出數十億美元的投資。軟銀也把25％的安謀股份轉入這願景基金，似乎是為了減輕在日本的稅負。軟銀願景基金設定的時間軸是12年，比孫正義自己說的「300年願景」少了288年，到了一個時點，投資人將連本帶利地拿回他們的錢。

2019年7月，軟銀宣布成立第二個、規模更大的軟銀願景基金。根據一系列的合作備忘錄，簽署投資意願者包括蘋果、微軟、富士康、哈薩克的主

權財富基金，預期投資額上看驚人的1,080億美元。

　　但是一起尷尬的熄火事件即將發生。Sōzō峰會的一個月前，軟銀最受注目的投資之一，宣布即將申請在紐約證交所掛牌上市。由一頭濃密黑髮、以救世主自居的亞當·紐曼（Adam Neumann）創立的分享辦公空間供應商WeWork獲得來自孫正義和軟銀總計110億美元的投資，最初的40億美元投資是典型的孫正義風格：一場簡短的會議，一些倉促的筆記。

　　在WeWork的最後一輪資金募集中，軟銀在470億美元的估值下注，但是面臨延期的首次公開發行，目標估值卻低至不到前述估值的一半。紐曼有一些崇高理想，包括公司的使命：提升全球意識。❸潛在投資人對該公司含糊不清的投資公開說明書議論紛紛，因為其中顯露令人難以接受的利益衝突，例如：紐曼把自己部分擁有的物業租給WeWork（現在名為We Company）。Sōzō峰會結束後不到一星期，媒體揭露紐曼在一架私人包機上吸食大麻，他也被迫辭去執行長一職，公司接著撤回及延後首次公開上市。

　　這些事件重創軟銀的聲譽，外界也質疑軟銀未盡責調查投資對象。事實上軟銀投資的公司，首次公開發行的結果好壞不一。共乘服務平台優步（Uber）在那年5月掛牌上市，但是到了8月14日——WeWork提出上市申請書的同一天，優步的股價在報出第二季虧損50億美元後重挫。當年6月掛牌上市的Slack，績效也沒好到哪裡去。

　　軟銀不僅沒能從虧損嚴重的WeWork獲得任何報酬，還得挹注更多錢讓WeWork持續營運。10月23日軟銀再注資50億美元，並且拿出30億美元向現有的股東收購股份，使得軟銀對WeWork的持股比例從30%提高至80%左右。

　　兩週後，在減記幾樁投資的價值後，軟銀申報季虧損65億美元，這是

該公司14年來首次出現虧損。「很多時候，我的投資判斷很糟，我對此深切反省，」孫正義說。❹軟銀願景基金1的麻煩令投資人對願景基金2深感不安，儘管先前表示要投資願景基金2的公司很多，最終只有軟銀投資，未能達到原先期望的1,080億美元目標。

2019年6月成為軟銀董事會成員的東京大學工程研究所教授松尾豐（Yutaka Matsuo），回想他進入董事會頭一年：「就像坐雲霄飛車，」在Sōzō峰會到達巔峰。驚訝於軟銀在全球的高調程度，他在該集團的2020年年報中坦承：「我感覺好到不太真實。」❺

身為2000年網路公司泡沫破滅下的倖存者，孫正義過去有大賺、有大賠，但這次不一樣，2020年2月6日的新聞指出，美國的激進投資人、對軟銀持股3％（市值超過25億美元）的艾略特投資管理公司（Elliott Management）敦促軟銀做出改革。該公司指出，軟銀的股價只剩下資產公允價值的4折，孫正義應該買回庫藏股，同時改善公司治理。可是當孫正義同意這麼做時，信用評等機構標準普爾把軟銀的展望降為負面，關切買回庫藏股對其信用品質的影響。

3月23日看到新冠肺炎疫情擴散，以及擔心經濟衰退逼近，孫正義做出反應：軟銀將出售410億美元的資產，用以改善內含淨負債1,300億美元的資產負債表結構，並且買回更多公司股票和債券，用來支撐投資資產組合中經濟拮据的公司。2020年7月出版2020年年報時，孫正義宣布變現目標已達成80％，靠的是出售手中的阿里巴巴、軟銀的控股公司、美國行動網路公司T-Mobile的持股，「我有信心我們將能繼續完成剩下20％的目標，」他說。❻

軟銀已經想好要用什麼來填補剩下的數字：安謀。

不合適的時機

　　時任安謀執行長的西蒙·西嘉斯也出席了 Sōzō 峰會，他對安謀公司截至當時為止的發展，做了一番流暢的簡報說明，他新長出的灰色鬍子增添了些許嚴肅感。「安謀跟軟銀集團旗下的許多公司有點不同，」這位光頭執行長在台上邊踱步邊解釋：「我們不是一家新公司，我們不是新創公司。」❼

　　為說明這點，西嘉斯在他僅有的十五分鐘簡報中揭露，安謀的夥伴出貨65萬片晶片，帶給安謀31,700美元的權利金收入。安謀無法像軟銀持股的一些公司那樣提供爆炸性成長，但是能創造大量現金，其中有些來自超過20年前簽下的授權，在這麼長的時間軸下，當市場下滑時，安謀的價值顯然比許多其他更投機性的資產更持穩。

　　安謀意圖在傳統市場中保持強勁，同時也在新興技術領域成長，期望更先進且有價值的技術，讓安謀提高每片晶片可以索取的價格（權利金）。2019年時，安謀在行動應用程式處理器（包括智慧型手機、平板和筆記型電腦）市場的占有率仍然超過90％，該公司希望到了2028年，在預估上看470億美元的未來市場上，仍然握有相同的宰制地位。在網路設備領域，安謀希望能夠在相同期間把市場占有率從32％提高到65％。在資料中心這個領域，其雄心仍有待實現，但是自駕車領域的發展旺盛，這意味汽車業這個市場區隔也很有前景。總計來說，安謀在可追求的市場上擁有33％的占有率，成長相當強健。

　　西嘉斯和 Sōzō 峰會的出席者分享他的興奮之情：「現在安謀能夠積極地投資，如果我們還是一家上市公司絕不可能這麼做，」他說對於那些市場機會：「我們不必從中選擇一個，我們能夠全部投資。」❽

　　還有物聯網，孫正義在2016年時已經著迷於這個領域的前景，安謀預測，到了2035年將有一兆個和網際網路連結的器材，目前每年安裝於建物、醫療系統和交通監視器裡的微控制器，有數十億台使用安謀的晶片設

計。不過，安謀企圖攫取物聯網商機的最明顯行動是軟體平台Pelion，這是該公司在2018年收購數據寶藏公司（Treasure Data）及串流技術公司（Stream Technologies）後，將其與安謀既有的事業部門合併而成，平台的目的是幫助客戶簡化物聯網，做為管理應用程式、連結網路、收集物聯網生成的資料，以及使用人工智慧處理這些資料的基石。

物聯網仍然是被高度談論的話題，但是早期宣傳不敵現實，物聯網的發展緩慢。市調機構顧能公司（Gartner）在2014年11月預測，2020年前將有250億個器材連結網際網路，改變製造業、公用事業及運輸業。❾ 到了2017年2月，預測3/4的物聯網專案實行時間將比原規畫時間拉長1倍以上，顧能公司把先前預測的數字改為204億個。❿ ⓫ 現實中存在種種問題，包括：物聯網缺乏共同標準；大量安裝將提高公司遭到網路攻擊的風險；成本巨大等。

不過產業老兵並不擔心，一些創新就是需要花較長時間去發芽。1993年問市的蘋果牛頓，所有概念和形成因素並未實際轉化成功，直到17年後的2010年，iPad問市後才成功。

安謀向來注視遙遠的未來，嘗試預測終端使用者未來想要什麼，只不過當未來變得比當下更清楚時，已經是一年後了。從拮据中誕生的這家公司，現在儘管有用之不竭的資金和一大群工程師可以形塑未來，仍然得下注於正確的技術，聚焦於最終令客戶想排隊取得授權的先進東西。

一如孫正義的承諾，自從軟銀收購安謀後，員工數成長超過50％，已經超過6,700人，光是那年就增加了750人。安謀大舉招募，使得劍橋市同一時期也在招募人才的對手公司很頭痛。根據安謀當年的年報，他們也開始從增加的研發支出中收割回報。

西嘉斯本身也有所成長，他仿效周遭的矽谷老闆和高階主管，「對外發言時，他展現政治家風範，對內，他很關懷、重視培育。」一位在安謀待了很久的同事說。他有時也能說出一些狂妄的話，例如：他曾在公司的部落

格中形容安謀生態系是：「明日的號召力」。

　　但是除了支付2016年的收購價格——這些錢是付給外部投資人和一些內部人員，軟銀並未如同當初的承諾一樣，對安謀注入更多資金。基本上軟銀變成安謀的東家，益處就是安謀不必再保留近50％的盈餘來分派股利、取悅股東。安謀有一些公司間的借貸，但是不涉及股利，所以可以在接近損益平衡點上營運，讓研發支出至少倍增，達到估計每年約5億英鎊。

　　這令人振奮，但是2019年時安謀的業績仍然衰退，使用ARM設計晶片的出貨量在該公司史上首次出現下滑的情形，減少至228億片，這數字後來修正為222億片。在應用程式晶片這一塊，安謀已經建立了廣大的客戶群，但是他們無法背逆更廣大的產業趨勢，智慧型手機晶片仍然占該公司營收約一半，但是智慧型手機的需求減緩，中國的4G手機銷售量下滑。根據半導體產業協會（Semiconductor Industry Association）的統計，美中貿易戰使得晶片市場總銷售縮減12％，來到4,120億美元。被軟銀收購前，安謀的淨營收維持年均15％的成長率，由於權利金收入降低，2019年的淨營收為19億美元，僅成長2％。❷

　　只要安謀繼續保持孫正義所言的地位——軟銀「中心的中心」，這些都不要緊。但是情況很快顯示，這個地位恐怕持續不了多久了。Sōzō峰會後不久，WeWork災難開展之際，2019年10月8日西嘉斯在聖荷西舉行的安謀技術研討會上證實，該公司正在尋求2023年再度掛牌上市，但是「很多事情必須就緒」才能做到。❸ 孫正義曾在軟銀集團的2018年年會上提到，可能五年後讓安謀再度掛牌上市，但是對於一家產品循環週期為10年的公司來說，此舉有點不合適。此時正值安謀的營收成長不振，研發支出又顯著增加，分析師認為，該公司必須先重振獲利，再上市才有機會讓軟銀回收當年投資的錢。

事實上軟銀在2019年和2020年初考慮過讓安謀再次上市，後來決定先擱置，因為該公司的顧問們認為無法獲得需要的報酬。「我想把這科技業隱藏的珠寶弄到手已經超過十年了，」孫正義在軟銀集團的2017年年報中談到安謀時如此寫道：「有一天，當我回顧我做為企業家的漫長歲月時，我相信安謀將是我做出最重要的收購與投資。」他還預測，有一天安謀晶片將被用於：「跑鞋、眼鏡，甚至牛奶容器。」⓮但是在資產負債表的壓力愈來愈大下，讓安謀再上市的想法轉變為賣掉它。顯然才不過三年，孫正義對安謀的激情就變淡了。

出售安謀的過程遠不如當年僅花九星期就買下的過程那般順利。據報，投資銀行高盛集團向近乎所有大客戶——蘋果、三星、谷歌、高通，全都洽談過了，個別洽談，或是聯合財團形式。

對安謀這個英國科技業巨人來說，這是一件很不光彩的事。包括西斯嘉及其副座瑞恩·哈斯（Rene Haas）在內的領導團隊，密切參與兜售安謀之事，由於新冠肺炎疫情關閉了面對面的商業活動，他們透過無數的視訊會議講述著安謀的前景。

在財務績效、產業不景氣，以及更廣泛的經濟動盪下，當時是個很難出售事業的時機。此外，高盛集團辨識可能有收購意願的ARM被授權方全都擔心，一旦其中一個被授權方收購了安謀，恐怕會嚇跑其餘五百多個被授權方。畢竟安謀靠著獨特的商業模式——一視同仁地服務每個客戶——而繁榮。除非能找到另一個像軟銀這樣的金融投資人，否則軟銀需要的是願意挑戰不可能的任務、遠見媲美孫正義、又能看出安謀的長期潛力且有數百億美元可用的人。

另一位億萬富豪

　　黃仁勳初入美國接受的教育，並不是他父母在家鄉台灣時夢想的教育，他和哥哥被父母先送到美國投靠舅舅，舅舅把他們送到肯塔基州東部鄉下的安尼達浸信會中學，這是一所專門收容少年罪犯的寄宿學校。

　　他生長於台灣台南——就是台積電後來設立第二座製造基地的地方，父母從小灌輸他毅力和渴望學習的特質。他的父親是個化學工程師，曾因工作到美國受訓，因此萌生全家移民美國的念頭。他的母親是家庭主婦＊，為了全家移民開始做準備，每天從英語字典中隨機找字彙，讓黃仁勳和他哥哥背誦。

　　艱苦的起步並未阻礙黃仁勳的發展，起初他成為優秀的桌球運動員，後來在奧勒岡州立大學讀電機工程，並在那裡遇到他的實驗搭檔、後來成為他妻子的蘿莉（Lori）。

　　大學畢業後，黃仁勳首先進入超微半導體工作（1984年至1985年），後來轉職艾薩公司（LSI Logic，1985年至1993年），並於1992年取得史丹佛大學電機工程碩士學位。在艾薩公司，他從設計工程部門申請轉至行銷部門，爾後又擔任管理職務，學習一些授權技術的專長。三十歲生日（1993年2月17日，）過後不到兩個月，黃仁勳實現了他的夢想：創立自己的公司。

　　克里斯‧馬拉喬夫斯基（Chris Malachowsky）和科提斯‧普瑞姆（Curtis Priem）是黃仁勳在昇陽電腦公司（Sun Microsystems）的兩位顧客，他們設計的低階圖形加速器——旨在改善昇陽工作站上呈現影像的一款晶片——被上司拒絕，上司選擇了另一個高階、但性能尚未獲得證實的設計。當他們發現有機會把自己的設計供應給三星，便找上有商業頭腦的黃

＊根據台灣媒體報導在台時他母親是小學老師。

仁勳為他們談判。

「這跟剝奪感沒有那麼大的關係，」馬拉喬夫斯基說：「只不過，我們看著它，覺得為何我們要為他人做事呢？不如我們自己做吧。」他們三人在聖荷西一間昏暗的丹尼斯餐廳（Denny's），商議出他們新創事業的細節，馬拉喬夫斯基吐槽為何挑選這個地點，「聖荷西有那麼多我們能喝好咖啡的地點啊！」他說。

在研議過程中，他們把所有檔案都用「NV」（next version 的簡稱）做為標頭。後來要為公司取名時，他們去查看含有這兩個字母的字，看到拉丁字「invidia」有「envy」（嫉妒）的意思。競爭者如果不嫌麻煩地去探查「Nvidia」這個名稱的來源，大概會有一些想法吧。輝達在早期介紹公司的一篇新聞稿中，毫不羞怯地闡述計畫，也大方地展現黃仁勳活潑的行銷與自信，「我們想實現多媒體的潛力，推動人類認知的極限，」他說。❺

相較於1970年代的第一代電腦遊戲玩家必須應付單調、移動速度緩慢的遊戲，下一代遊戲玩家想要生動、像是從螢幕跳出來的影像。廠家競相提供專門創造與增進3D影像的晶片，競爭態勢相似於英特爾處理器宰制個人電腦市場前的榮景。

輝達創立時，市場上約有30家圖形晶片公司，三年間這數字增加到70家。為脫穎而出，輝達的三個創辦人決心瞄準速度，而非效率——就像英特爾的模式，而非安謀的模式，並且不只是靠價格來競爭。他們的產品起初是銷售一張卡，可以插入個人電腦裡，加快電腦圖形的速度和品質，減輕中央處理器的工作負荷。

輝達的發跡地很一般，穿著短褲、T恤、人字形夾腳拖鞋的工程師走進公司，總部就像聖塔克拉拉一座小型校園裡的預製組合屋。工作時數很長，馬拉喬夫斯基每週七天都進公司，只會在每天傍晚六點回家跟家人共進晚餐，之後再返回公司繼續幹活。黃仁勳日夜工作，但是週末不進公司。

圖形晶片市場的起飛慢，但是兩件事帶來改變。在難以取得歐洲晶片

製造商意法半導體公司的產能下，黃仁勳接洽台積電的美國銷售辦事處，不過未能獲得回應，所以他直接寫信給台積電創辦人張忠謀，就這樣，兩公司在1998年建立關係。「他們有產能可以支持我們的雄心，他們也有技術能夠做到，」馬拉喬夫斯基說：「我們最終建立起很緊密的關係。」

1999年8月31日，輝達聲稱引進一個新紀元，宣布推出世上第一部圖形處理器（graphics processing unit），取名「GeForce 256」。在新聞稿中，黃仁勳興奮的說，這款有2,300個電晶體的晶片將能實現：「生動、富想像力、扣人心弦的」新互動內容，將：「深深地改變未來說故事的方式」。⑯他開心地向公司新進人員展示一支演示GeForce能力的影片，內容是行進中的一群玩具大頭兵。

此前的1999年1月22日，輝達已經掛牌上市，上市後第一年的市值就翻倍了。1999年耶誕節，該公司在蒙特利灣水族館（Monterey Bay Aquarium）濱水區舉辦大型派對，該公司的大批印度裔程式設計師帶著父母和祖父母前來同樂。

好戲還在後頭。2000年時，微軟進軍被索尼PlayStation和任天堂宰制的遊戲機市場，選擇輝達為其第一代Xbox供應核心圖形晶片。

不過該公司也遭遇過重大挫折。贏得微軟的生意後，興奮之餘，黃仁勳在2000年3月5日發給全體同仁的一封電子郵件中，不經意地洩露合約細節。發現自己犯錯後，他立即要求同仁不能根據此資訊進行金融交易，但是一些員工早就做了，此舉引起美國證管會注意。兩年的調查擴大到包含調查輝達的會計帳目，最終該公司被要求重新申報稅額——重新申報的收益比原先申報的還要多，財務總管也因此離職。

2003年時，輝達失去Xbox這個客戶，但是此時他們已經建立聲譽。2001年年初蘋果成為輝達的客戶，2004年12月輝達和索尼簽約為PlayStation供應晶片。

黃仁勳的鮮明形象也形成。他的英文名字為「Jensen」，跟賈伯斯的黑

色套頭衫加牛仔褲一樣，黃仁勳也一身黑色招牌穿著：皮夾克、polo衫、牛仔褲、鞋子，只是夾克漸漸變得時髦花俏些。基於輝達的亮眼表現，黃仁勳自然有資格視自己為企業界的搖滾明星，但他不是一個自負、愛炫耀的人。

圖形處理器的用途並非只有圖形，這點使得輝達的前景被大大看好。與用途廣泛的中央處理器能夠一件接一件地處理廣泛的工作相比，圖形處理器則是可以同時執行許多相似的工作。

為了同時產生個別像素，讓影像清晰、栩栩如生，需要相對較低階的重複運算。除了電腦遊戲和動畫，這些性能也可被調修後用於凡是需要平行處理大量指令、咀嚼大量資料的領域，例如：人工智慧和自駕車。

史丹佛大學的三位電腦科學家在2009年發表一篇研究論文《使用圖形處理器的大規模無監督式深度學習》（*Large-scale Deep Unsupervised Learning using Graphics Processors*），結論指出：「圖形處理器的運算能力遠超越多核心中央處理器，而且具有為無監督式深度學習方法帶來革命性應用的潛力。」❼ 這意味著，圖形處理器很適用在大量資料中辨識型態及預測未來的機器學習作業。研究人員的結論是，在一些情況下，圖形處理器在破解深度信念網路（deep belief networks）——巨大的資料圖形模型，是未來電腦運算革命的核心——的速度快上70倍。

突破帶來新商機，黃仁勳決心要為遠距驅動影像串流和商務服務的網際網路中樞供應晶片和軟體。圖形處理器也被用於無人機、軍事設備、DNA排序等的運算工作上。

這個領域也有新敵人。英特爾在2009年針對輝達在製造晶片時使用英特爾技術授權的範圍，向法院控告輝達，輝達則是提出反控。雙方在2011年1月達成和解，英特爾同意支付輝達15億美元取得輝達的技術授權。

輝達在所有陣線推進。在2011年1月宣布的「丹佛計畫」（Project

Denver），將研發與設計基於ARM架構的桌上型電腦低耗電處理器；推出的智慧型手機晶片Tegra 2也頗受市場好評；公司在2012年的營收為40億美元，僅僅六年後，就增加到了近100億美元。

為相稱於公司的新地位，輝達總部於2017年搬遷至距離聖塔克拉拉舊園區不遠的新基地。名為「奮進號」（Endeavor）的新總部，是一棟面積500,000平方呎（46,500平方公尺）的三邊形建築，裡外充滿三角形元素，表達對電腦圖學核心形狀的崇敬，包括內部明亮透氣的三角天窗。

過沒多久，該公司又在旁邊興建第二棟更大的大樓，名為「旅行者號」（Voyager），內部中心是一座「山」，還有植物簇葉裝飾的隔牆，員工在此開會、工作或凝視景觀。同年7月8日股市收盤時，輝達的市值首次超越英特爾，儘管輝達的營收還不及英特爾的1/4，雄心勃勃的黃仁勳已經進入大聯盟的行列了。

───────────

公司的大成功也讓黃仁勳身價上漲，他的住家位於舊金山太平洋高地區（Pacific Heights）的「億萬富豪排」，是美國人最嚮往的住宅區之一，遠眺金門大橋，鄰居也非等閒之輩，包括賽富時（Salesforce.com）共同創辦人馬克・貝尼奧夫（Marc Benioff）、前蘋果設計長強納生・艾夫、暢銷小說家丹妮爾・史蒂爾（Danielle Steel）。

新冠肺炎疫情期間，黃仁勳在家辦公，2020年夏季的某一天，他坐在廚房接到孫正義傳來的一則簡訊。「他發簡訊給我：『你想不想談談？』，接著我們通了電話，就這樣，」黃仁勳輕描淡寫地講述安謀歷經的出售過程。[18]

2020年9月13日，輝達宣布同意以400億美元收購安謀，在星期天宣布消息蠻奇怪的，但是過去幾週已經有消息傳出了，因此也不令人意外。這次收購價格比軟銀四年前的收購價高出90億美元，但是基於微晶片概念類股

普遍上揚，這樁交易的漲幅並不大。2016年安謀下市時，輝達的市值大約與之相當，但到了此時，輝達的市值已經漲了12倍。而且隸屬軟銀集團期間，安謀做出的重度投資並未計入收購價格裡。

這400億美元的價格有附帶條件。日後如果安謀達到財務目標，軟銀可再獲得高達170億美元的現金，外加215億美元的輝達股票（約為8％的輝達股權），還有支付安謀員工15億美元獎酬。

軟銀在一份聲明中說，這樁交易絕對不是軟銀對安謀技術和潛力的信念有所改變，並且說這樁交易將創造人工智慧時代舉世頂尖的電腦運算公司，孫正義相信輝達是：「安謀的理想夥伴。」聲明中說，軟銀實踐了投資承諾，讓安謀：「擴展至具有高成長潛力的新領域，」安謀與輝達的結合將：「帶領安謀、劍橋和英國走入我們這個時代中，最振奮人心的技術創新前線，」身為輝達的大股東，軟銀期待：「支持合併後企業繼續成功。」[19]

這樁購併案將結合輝達的人工智慧專長，以及安謀處理器的廣大觸角，安謀的晶片設計高度普及，其生態系包含超過1,300萬名軟體程式設計師──非常驚人的數字，一旦完成購併，除了輝達生態系所涵蓋的200萬名程式設計師外，還可以汲用安謀那龐大數量的設計師。「安謀的事業模式很棒，」黃仁勳在給輝達員工的一封信中寫道：「我們將維持開放授權模式及客戶中立性。」[20]

許多人思考輝達要如何做到這點呢？一些人擔心，所有權的改變將導致安謀喪失獨特的中立地位，成為輝達的一部分必然會帶來大改變。雖然軟銀常談到投資持股公司之間的合作，但是大體上軟銀讓安謀自行其事。有人擔心，安謀被輝達收購後將不再有這種自主性。順帶一提，孫正義著迷於物聯網下的產物──Pelion平台及相關資產，將從安謀獨立出來，繼續留在軟銀旗下。遠景仍在，無庸置疑，只不過物聯網事業走向成熟的步履緩慢。

孫正義和黃仁勳彼此很熟識。軟銀於2016年收購安謀的一個月後，他們在軟銀總部大樓樓上的東京康萊德飯店（Tokyo Conrad Hotel）套房會

面，此次會面是為了簽署一只自駕車合作協議，當孫正義問到：「全世界最終將變成單一一部電腦，屆時你將能做什麼？」時，兩人的思考與交談格局就變大了。[21]

　　兩週後的2016年10月20日，黃仁勳跟孫正義在加州共進晚餐，他們坐在露臺上邊喝酒、邊回憶起五年前過世的前蘋果領導人賈伯斯。「當時我已經買下安謀了，我熱烈地談到我想把安謀和輝達合併起來，用一個人工智慧運算平台來為產業帶來革命，」孫正義有次回憶道。[22]

　　如果那真是孫正義的最終計畫，安謀裡鮮少有人知道，而且這計畫無法透過讓安謀再度上市來達成，但是孫正義似乎更傾向讓安謀走這條路。

　　不論如何，黃仁勳對這個降臨他家廚房的機會很興奮不已，「我立即抓住它，電話最後我告訴他：『我會是出最高價的人，如果真要出售安謀，我將是出價最高者』，我確實是。」

　　黃仁勳的左臂上有一個輝達公司標誌（像隻眼睛）的刺青，那是輝達股價漲到100美元時，為了兌現許諾而刺下的。宣布這樁半導體產業史上最大的收購案後，他到各地拜訪時思考著，這樁交易如果成的話，是否值得再來一次身體藝術，「也許，我應該把安謀（ARM）刺青在我的大腿，」他說：「我為了它付出了一隻手臂（arm）和一條腿。」[23]

安謀的中國危機

　　除了說服受到驚嚇的被授權者，安謀還有另一個問題：在兩年前完成的另一樁交易可能讓現今這樁輝達收購案變得更複雜。

　　2018年6月5日，安謀宣布將以7.75億美元把安謀中國的過半數股權出售給當地的一群投資人。此舉震驚許多人，包括對安謀中國業務很了解的前安謀高階主管，他認為這麼做既危險、又不必要，而且這售價遠低於出售計

畫對公司帶來的價值。

　　中國是一個重要的半導體市場，安謀在這裡取得了很多的授權對象，據該公司估計，2017年時中國設計的所有進階晶片中，大約95％使用安謀的技術，安謀在中國的智慧財產權業務約占公司總營收的20％。安謀說，由於中國市場：「有價值且不同於世界其餘地區，」因此相信這樁交易將能夠拓展中國的商機。❷④

　　被軟銀收購前，安謀早就有在中國建立事業的構想。安謀探索過，在中國政府把錢投入這個產業、且中國國企在晶片設計扮演更大角色的情況下，該如何維持公司在中國的普及率。截至目前為止，安謀在中國市場經營得很好，而且預期將來可能超越美國，成為安謀的最大營收來源，但是萬一中國當局的政策轉向減少對外資企業的採購，安謀可能因此流失市場。

　　安謀被軟銀收購後，北京當局對安謀的施壓升高，中國想要由本土企業經營中國市場，但是對於國際公司該如何做，北京當局沒有提出明確原則。在中國經營了數十年的孫正義認為，只要讓當地公司獨立出來，就能滿足北京當局的需求，並促進安謀的前景。果然，北京當局大獲全勝，軟銀把安謀中國的51％股權賣給包括厚朴基金、絲路基金、新加坡主權財富基金淡馬錫等在內的一家投資集團。這個分支出去的公司接管安謀在中國的所有資產和員工，能充分取得安謀的智慧財產，成為一個取得安謀技術的專有管道。

　　安謀中國的領導人是吳雄昂（Allen Wu），安謀內部視他為安全的掌舵者，也是當初建立安謀中國規模與價值的關鍵人物。他在2013年1月時獲任安謀大中華區總裁，再於2014年1月成為安謀全球主管委員會成員。個頭瘦小的吳雄昂，在2004年安謀收購艾堤生元件後成為安謀的員工，被認為是當年那批新員工中最優秀的人之一。

　　吳雄昂從安謀加州業務團隊中被選中擔任中國區經理，2009年升任安謀中國銷售副總，因為公司認為他比前任更善於商務。吳雄昂出生於中國，已

經取得美國籍，對中國市場很了解，也能把中國的情況翻譯給英國和美國的安謀領導人。安謀內部有人擔心，在吳雄昂的手中，安謀中國的專利可能被偷，但是他繼續繳出成長的權利金收入，並於2011年升任安謀中國總裁。

吳雄昂早年創立過一家名為加速移動（AccelerateMobile）的公司，業務是加快行動資料的傳送，其工程師團隊成員曾任職英特爾、明導國際（Mentor Graphics）、朗訊科技（Lucent Technologies）、甲骨文和思科系統（Cisco Systems）。加速移動曾於2001年入選Futuredex舉辦的「百萬美元競賽」（match-a-million），獲勝者可贏得100萬美元的股權投資，但是這公司最終還是淡出眾人視野。

安謀中國可就沒有那麼低調了。2020年6月10日中國媒體報導，吳雄昂的領導職務將被拔除，報導說，安謀公司發現：「告密者提供的證據顯示，吳雄昂和安謀中國從事不正當及利益衝突的交易。」但是來自安謀中國的一份聲明堅稱，公司並未召開會議開除吳雄昂，他將繼續領導公司。

指控滿天飛，一篇報導說，吳雄昂已經祕密取得這家合資公司的部分股權。報導還說，他設立一個私人投資基金，投資安謀的中國客戶，而且還先斬後奏，未經董事會批准就已經成立基金，然後才在董事會會議中提出。

這位心急的副官驕傲自負到沖昏頭了，他想像自己經營的是一家獨立的中國公司，還把親信安插至管理高層，如果有人質疑這些權力變化，他就讓自己私人的保全人員進入公司處理。

吳雄昂囂張的行徑遠不僅於此，《日經亞洲評論》（*Nikkei Asian Review*）看到的一份文件揭露，安謀中國計畫在2021年或2022年公開上市，並且尋求在2025年前超越前母公司的營收，預測屆時年營收將達18.9億美元。[25]

雙方持續對立，安謀中國堅持前英國母公司無權撤換領導人，安謀中

國的經理人還在微信帳號上貼文讚美吳雄昂致力於：「激發與促進更多的產業創新，創造產業價值。」❷

在中國，高科技業受到老舊法律的限制。吳雄昂擁有用來核准正式文件的木頭印章，賦予他對這家公司的至高權力。在中國的眼中，不論最大股東怎麼想，吳雄昂仍然是公司的合法代表人。

這爭議讓安謀成為中國與西方之間，半導體業緊張對立中的焦點，尤其是當輝達這家美國公司要收購安謀之際，華為是安謀在中國的最大客戶。

安謀當年欣然地把最重要的市場控制股權賣掉，現在顯然已經喪失了全部掌控權。

輝達和安謀的辯護

輝達收購安謀一案遭到強大阻力。歷史重演，四年前安謀易主時的情境再現，只不過這一次英國政治人物和監管當局清楚意識到安謀的策略重要性，不再只是言辭上的爭論了，牽涉到的錯綜複雜性在世界各地引發迴響。

2020年11月27日，三十多位安謀退役老兵在線上舉行安謀三十週年慶聚會，這樁收購案成為他們的話題。不過交談很快就轉向敘舊，聊聊每個人離開安謀後的境況。

據報導，包括谷歌所屬的字母控股、微軟和高通在內的一群科技業巨擘可就不只是閒聊了，他們在2021年2月向美國聯邦貿易委員會申訴這樁交易，擔心輝達掌控了這家關鍵供應商後，將限制其他公司取得安謀的重要設計或是抬高價格。輝達雄心勃勃地想往圖形處理器以外的領域擴張，意味著他們將與眾多的安謀被授權商競爭。聯邦貿易委員會就此開啟調查。❷

除了科技巨擘，使用ARM架構自行研發設計晶片者的疑慮更深，而且這是少見的美國與中國同時都有疑慮的時刻，中國有太多羽翼未豐的晶片設

計公司是安謀的客戶，如果ARM架構落入美國公司之手，擔心安謀可能成為又一家在貿易戰中被限制、不得向中國出售的供應商。

在英國這邊，安謀的教父赫曼‧豪瑟擔心這樁交易將對安謀的商業模式造成毀滅性衝擊，甚至影響到就業，只不過在寫給英國首相鮑里斯‧強生（Boris Johnson）的公開信中，豪瑟說他最擔心的是國家經濟主權。

豪瑟提到川普和中國爭奪技術霸主的戰爭，警告：「如果英國沒有自己的貿易武器做為籌碼，將成為這戰爭中的附帶受害者。」他指出，做為蘋果、三星、索尼、華為等智慧型手機的晶片設計架構，安謀具有影響力，但是如果安謀賣給輝達，安謀將受制於美國外國資產控管局訂定的規範，並且根據美國外交政策及國安考量來管理和執行經濟與貿易制裁。

「這將迫使英國處於不利地位，允許安謀出售給誰的決策權在白宮，不在唐寧街，」豪瑟說：「以往，主權是地理性質，但是現在經濟主權同等重要，把英國最強大的貿易武器交給美國，形同讓英國淪為美國的附庸國。」

豪瑟主張，如果收購案成交的話，應該立下法律條件，保護安謀的員工和被授權者的權益，並且免於美國的外國資產控管局的約束。他也提出他所謂的「自然選項」：讓安謀做為英國擁有的公司，重返倫敦證交所掛牌，由英國政府當錨定投資人（anchor investor），取得「黃金股」（golden share），保護國家經濟安全。如果強生政府不這麼做，豪瑟警告：「歷史將會記得你是一位在關鍵時刻沒能為國家利益採取行動的人。」⑳

多年來，英國政府不干預公司收購這類事務，不論涉及的公司有多大、策略重要性有多高，但是現在必須大膽介入了。2020年11月這樁交易宣布的兩個月後，英國的《國家安全與投資法》（National Security and Investment Bill）頒布，承諾擴大國安考量可以適用的交易種類。此立法的

源起可追溯至德蕾莎‧梅伊在軟銀收購安謀一週前所做的演講，她說英國：「應該要能夠介入，捍衛像製藥業這類對英國如此重要的產業。」❷

為此法案帶來一些驅動力的，不是安謀，而是另一家晶片設計公司。2017年11月2日，英國法院批准中國的凱橋資本以5.5億英鎊收購陷入困境的專業圖形處理器公司進想科技（曾經是安謀的密切夥伴），然而在此的幾天前，凱橋資本的創始人周斌（Benjamin Chow）剛在美國因為內線交易遭到起訴。

2020年凱橋資本的大股東中國國新控股公司（China Reform Holdings），企圖在進想科技董事會安插自己的董事，但是遭到強烈的政治抗議而放棄。英國法院當年批准凱橋資本收購進想科技，顯然是因為凱橋資本受美國法律監管，但是後來凱橋資本把註冊地遷至開曼群島（Cayman Islands），現在外界擔心，他們可能把進想科技的註冊地遷至中國，並且一併把技術帶走。

「世界改變了，公司，尤其是科技公司，身處前線，」下議院外交事務特別委員會主席湯姆‧圖根哈特（Tom Tugendhat）說：「撰寫程式的人就是撰寫世界規則的人，影響力比任何官方通過的法規還要大。從布魯塞爾那裡取回了英國的控管權〔指脫離歐盟〕，沒道理再交到北京的手裡。」❸

與此同時，安謀試圖維持正常運作。由日本理化研究所（Institute of Physical and Chemical Research）和富士通共同開發的富岳超級電腦（Fugaku supercomputer），布署在神戶市的理研電腦研究中心，這部使用ARM架構的電腦正是安謀藉機宣傳的好機會，ARM架構的多用途引人注目。速度排名世界第一的富岳超級電腦有望促進藥物研發、氣候預測和其他重要創新。

安謀的生意也有起色，拜5G智慧型手機的強勁需求所賜，2020年的權

利金收入成長了17％。安謀仍然放眼未來，在2021年3月30日發表ARMv9是第九代ARM架構，也是十年間的首次升級，西嘉斯很有信心地預測，它將是：「未來3,000億ARM架構晶片的首要款。」[31]

輝達也忙於展現自身的能力，2021年夏天推出Cambridge-1，這是該公司投資1億美元的最新力作，不論是否成功收購安謀，Cambridge-1都將成為英國最強大的超級電腦。如其名稱所示，這部超級電腦布署在安謀的後院，讓頂尖的科學家和醫療專家們可以結合人工智慧和模擬技術，加快數位生物學研究，促進生命科學產業的發展，例如：更加了解腦部疾病。輝達也和阿斯特捷利康、葛蘭素史克（GlaxoSmithKline）、蓋伊醫院（Guy's Hospital）、聖湯瑪斯醫院（St Thomas's NHS Foundation Trust）等機構攜手合作。

2021年4月19日，英國數位文化傳媒與體育大臣（Secretary of State for Digital, Culture, Media and Sport）奧利佛‧道登（Oliver Dowden）發布一份「公共利益干預通知」（public interest intervention notice），證實他正基於國家安全理由，干預輝達收購安謀一案。

不久，英國競爭與市場管理局（Competition and Markets Authority）說，這椿交易引發嚴重的競爭疑慮，可能致使其他廠商無法取用安謀的智慧財產，進而導致汽車、行動電話、資料中心等的產品價格上漲。英國競爭與市場管理局執行長安德魯‧柯賽利（Andrea Coscelli）說：「這最終可能阻礙一些重要且成長中的市場創新，」因此將展開深入調查。中國監管當局也在評估這椿交易。

這些全都不是好消息，但是壓倒駱駝的最後一根稻草，應該是美國聯邦貿易委員會，他們在2021年12月2日提出行政訴訟來阻止這椿交易。聯邦貿易委員會的競爭局局長荷莉‧維多瓦（Holly Vedova）解釋，這麼做是

為了：「防止晶片企業阻礙下一代技術的創新管道，」因為各方擔心這椿交易：「將扭曲安謀在晶片市場上的誘因，讓購併後的公司以不公平手段削弱輝達的競爭者，」尤其是在自駕車、資料中心伺服器和雲端運算領域。

維多瓦說，這提告：「發出強烈的訊息，昭示我們將採取積極行動，保護我們的關鍵基礎設施市場免於受到非法垂直夥伴的影響，對未來的創新造成廣大的傷害。」❸

諷刺的是，股市投資人愈是認為孫正義不可能達成這椿交易，安謀對他的潛在價值就變得愈高。輝達股價的上漲也讓這椿交易協議的帳面價值升高，安謀的估值最高時達到800億美元，但這不是對安謀前景的評價，只是投資人愈來愈希望輝達的領導階層不再為這椿交易煩心。不論價格多少，這家英國的科技業冠軍企業太寶貴了，將不會被出售。

────────

安謀和輝達提出辯護，各別在2021年12月20日聯合向英國競爭與市場管理局提交說明書，內容中敘述的安謀並不是一家欣欣向榮、有無數事業夥伴、每年出貨數十億片晶片的公司，而是一家面臨嚴峻挑戰、迫切需要支援的公司。軟銀的投資意圖促進安謀在資料中心及個人電腦領域的成長，以更有力地跟英特爾及超微半導體競爭，但截至當時為止，安謀在這些領域的成果相當有限。

此時顯然不是慶祝安謀專長的時候，應該是凸顯弱點的時候。說明書中提到，安謀做為一家只靠授權智慧財產來營利的獨立事業，有其侷限性：「多年下來情勢變得愈來愈明顯。」

起初的行動市場仍然是安謀的最大營收來源，但這市場：「已經飽和，」資料中心和個人電腦市場：「遠遠較難攻克，」相比於技術堆疊幾個領域來謀利的英特爾和超微半導體，安謀處於劣勢。在欠缺專長、規模和資源下，安謀：「無法創造足夠的營收來做出必要的投資，跟地位穩固的x86

在位者直接競爭。」❸

　　為何安謀不提高權利金收費，這不是一個新疑問，西嘉斯接掌執行長的2013年就已經回應這個疑問：「我們可以這麼做，或許收入有一段期間會增加，但是客戶會離我們而去，去設計別的東西，或者他們的事業將變得不再有競爭力。如果我們試圖從生態系中賺取更多的錢，支持ARM架構的公司就會變少，這將限制公司的發展。」❸

　　此外，提交的說明書中說，安謀賣給輝達將：「大大改變安謀的誘因與機會，」這指的是交易完成後，安謀員工可以獲得15億美元的輝達股權，以6,500人來平均，每人可獲得230,000美元，但是，當然啦，公司領導人和明星級工程師分配到的遠遠更多。

　　這說明書提醒那些珍惜安謀獨立性的人：「英特爾、蘋果、高通和亞馬遜的獲利飆升並沒有為安謀『贏』得什麼，也不是競爭使然。」說明書把輝達收購安謀失敗描繪成一種最終審判日情境，將導致安謀任由「無情的」公開市場擺布，公開市場只要求「獲利與績效」，以及無疑的經營策略改變和刪減成本。說明書指出，過去兩年間考慮過、但最終放棄讓安謀再掛牌上市，因為這將使得安謀必須：「縮窄焦點，限制投資。」輝達尤其擔心安謀將被迫聚焦於行動和物聯網市場，放棄個人電腦和資料中心市場，無法為這些市場設計晶片。

　　在這份說明書中，安謀也沒有把自己描繪成值得購買的股份。相較於蘋果、高通和亞馬遜近期：「劇增的營收成長和獲利，以及市值的高漲，」安謀：「營收停滯成長、成本增加、獲利降低，對一家有三十年歷史的公開上市公司來說，可能構成挑戰。」西嘉斯在說明書中解釋：「我們考慮過公開上市，但是研判一旦上市，繳出短期營收成長和獲利的績效壓力，將扼制我們的投資、擴展、快速行動和創新能力。」❸

　　這些辯護並不足夠。2022年2月8日，輝達和軟銀屈服地宣布：「儘管我們雙方都做出了最大誠意的努力，」但是因為：「顯而易見的監管挑

戰，」決定放棄這樁交易。❸

　　黃仁勳說：「安謀有光明的未來，我們將繼續以滿意的被授權者身分支持他們。」孫正義顯然不覺得遺憾，他說：「安謀已經進入第二個成長階段，」軟銀預備讓公司在2023年3月前公開上市，讓安謀：「更進一步成長。」西嘉斯在2019年10月的安謀技術研討會上做出的宣布──安謀正尋求在2023年再度掛牌上市，看來即將成真，軟銀只是繞了一大圈子，回到原點。

　　不過領導安謀在七年後重返公開市場的，不是西嘉斯。宣布放棄交易的同時，他卸任執行長，由他的親密盟友、自2017年起擔任安謀智慧財產產品事業部總裁的瑞恩‧哈斯接任。

　　「安謀定義了我的工作生涯，」西嘉斯在卸任感言中說：「我非常感謝有機會從一位工程師成長到執行長。」又說：「我對安謀在瑞恩領導下的成功未來很有信心，我想不出有誰比他更適合領導這家公司，為其寫下新的篇章。」❸ 儘管如此，能夠明顯感受到他的失望之情。

RISC-V架構帶來的威脅

半導體業的瑞士

　　「Schiffbau」一字意指造船廠，這裡曾經是許多工程師揮汗造船之地，但是現在這棟醒目、有著高聳拱形窗戶的磚砌建築被開闢成劇場和餐廳。這是蘇黎世舊工業時代僅存少數未被抹除的遺蹟，其周遭已經成為生活與工作兼具時尚區。造船廠附近有另一棟樓，屬於早已被遺忘的高爐煉鐵廠的一部分，當年遠遠就能聽到這煉鐵廠發出的嘈雜銀鐺聲。

　　在瑞士最大城市蘇黎世的第五區（Industriequartier），這兩座地標之間有一棟無名的灰色辦公大樓，近年整修後，為白領工作者提供現代辦公空間，頂樓是一間餐廳。地址為造船廠2號的這棟大樓，承租戶包括瑞士的律師事務所 MLL Meyerlustenberger Lachenal Froriep 和會計師事務所 BDO，2019年年底另一個組織將搬遷到這裡。

　　RISC-V 國際基金會（RISC-V International）跟這地區的工業遺蹟風格相去甚遠，雖然他們的合作夥伴涉及最先進的製造業，這個組織卻不製造任何東西，營運不發出噪音，在當地也沒有僱員，只有一個註冊地址供領取郵件——如果真有人寄郵件到這裡的話。在這裡的存在程度，大概就這樣了。

　　晶片設計公司安謀常被形容為「半導體業的瑞士」，提供晶片設計授

權給所有付費者，刻意地在不共戴天的商場仇敵之間保持中立。

　　RISC-V是新手，做相同的事，但更進一步，不僅正式地把註冊地設在瑞士，避開刮過晶片產業的惡風，還意圖供應安謀提供的所有東西，而且不收費。

　　更重要的是，RISC-V國際還運行得很好。基金會創立後的四年間，已經吸引了325個付費會員，包括：高通、恩智浦半導體、阿里巴巴、華為等。就如同晶片代工先驅台積電讓晶片公司無需自己興建晶圓廠，從而降低進入產業的障礙；RISC-V國際吸引預算吃緊的晶片設計新創公司。RISC-V國際的存在激起新一輪的創新，令中國和俄羅斯的許多公司興奮不已，他們早就想要嘗試西方ARM和英特爾x86以外的晶片設計架構。

　　RISC-V國際也大受歐盟歡迎，歐洲處理器計畫（European Processor Initiative）期望這家公司能夠成為歐盟邁向半導體獨立的一條途徑。歐洲處理器計畫希望在2023時，能建造出一部使用RISC-V設計的超級電腦。

　　2020年傳出輝達考慮收購安謀一事，進一步激發產業界對RISC-V的興趣。擔心萬一安謀失去獨立性（雖然輝達執行長黃仁勳宣布一再強調不會）下，成為探索開放原始碼、免權利金的另一種備案，時機再好不過了。

　　分析師推論，輝達提議的400億美元收購案實際上將侵蝕、而非提升安謀的價值，而且反過來激發業界對RISC-V的興趣，幫助RISC-V成為另一種可靠的替代架構，因為它不為任何公司擁有，所有晶片設計商都可以使用。

　　安謀和輝達在2021年12月聯合提交給英國競爭與市場管理局的說明書中，對RISC-V給予高度讚美：「RISC相對於現在的ARM有兩個潛在優勢：較便宜，比ARM更客製化。縱使客戶現在更偏好ARM，RISC-V也構成一大的競爭限制。」❶

　　事實上最了解RISC-V的客戶就是輝達。RISC-V國際於2015年創立時，輝達是監督這個新標準的創始會員之一，不久輝達在一款新的圖形處理

器微控制器中使用 RISC-V 架構，期望能藉此大大改善性能。

雖然當新技術出現時，領先的晶片製造商偏好避險。但是安謀不能自滿，在過去的戰役中，大公司著眼於安謀提供的便宜授權，但 RISC-V 是人人、處處可以免費取得的競爭者。

源於柏克萊分校

如果安謀當年願意讓克里斯提‧阿薩諾維奇（Krste Asanovi ）實驗指令集的話，RISC-V 可能永遠不會存在。這位加州大學柏克萊分校電機工程與電腦科學系教授清楚地記得，當年在舊金山的一間咖啡店和一位安謀代表交談的內容。

為了一項新計畫，阿薩諾維奇想玩玩安謀的設計，並跟學術界分享他的心得。令他特別惱怒的是，他甚至無法對安謀網站上可下載的一些指令集規格建立模擬。

「安謀向來太自我保護，儘管基於商業模式，這做法也是合理，」阿薩諾維奇說：「智慧財產是他們的皇冠珠寶，所以他們不會交出去。但是從另一個方面來說，這做法驅動了 RISC-V。」

阿薩諾維奇的父母是二戰後從前南斯拉夫逃到英國的難民，他成長於英格蘭北安普敦郡（Northamptonshire）的科比鎮（Corby），身為嗜好電腦程式設計的第一個世代，他說服父母買一台艾康原子電腦給他。安謀誕生與發展時，他就住在鄰區。

阿薩諾維奇大學讀的是劍橋大學電機與資訊科學，於1987年畢業，當時史蒂夫‧佛伯和羅傑‧威爾森正在展示第一個版本的 ARM，並和未來的安謀主管們開香檳慶祝。他們原是想取得英特爾 16 位元 80286 晶片的授權，修改後用在艾康阿基米德電腦上，但是英特爾拒絕，促使他們決心發展

自己的晶片設計。

在阿薩諾維奇離開英國後，他和安謀的關係反而變得更近。他在1989年進入加州大學柏克萊分校，修讀大衛‧帕特森的電腦架構課程，當年劍橋大學電腦系講師、艾康的董事安迪‧赫伯把帕特森的RISC的研究報告放在威爾森和佛伯的辦公桌上。帕特森的研究激發RISC架構在1980年代興起，約十年後安謀成為這個市場的龍頭。在柏克萊，阿薩諾維奇開始和帕克森密切共事。

帕特森是個成功的舉重運動員，66歲時創下該年齡層與體重級的加州舉重紀錄。2008年柏克萊的平行運算實驗室（Parallel Computing Laboratory）創立時，他擔任該實驗室主任。這個幫助RISC成長的實驗室，是由英特爾和微軟出資1,000萬美元所創立的，當時有25所頂尖的大學電腦科學學系參與提案競賽，柏克萊大學的提案最終脫穎而出。這間實驗室後來吸引更多第三方資金挹注，甚至包括加州政府。

英特爾和微軟推出此競賽，並不是為了開發出一套新的指令集。英特爾的Pentium 4處理器失敗後，引發「Wintel」長期夥伴英特爾和微軟的關切，這款在2000年推出的處理器，時脈速度高於以往的處理器，但是更貴、發熱量高，性能不如其他競爭款。隨著多核心處理器的問市，晶片製造商追求發展平行軟體，以便把複雜的作業拆分開來，同時平行地處理。

阿薩諾維奇的團隊早前在研究計畫中使用 MIPS、源於昇陽電腦的 SPARC、x86指令集，在此期間，ARM 架構變得極為流行。他們持續遭遇到的問題是，當他們對一種架構做出改變時，運作的軟體就無法運行，因此他們考慮回溯至最根本，自己開發出一套指令集。然而安謀不讓他們實驗，就算他們付費取得授權，也不能和資源較差、無力取得授權的大學分享他們的研究成果。再者，該團隊偏好使用64位元，安謀當時還未從32位元推進至64位元。

「這世上最大的力量之一就是研究所學生的天真，」阿薩諾維奇說，

他向同事李延燮（Yunsup Lee，音譯）及安德魯・華特曼（Andrew Waterman）致敬。「當你不知道某件事是否不可為時，試試看就知道了。」他說。❷

　　當安謀終於在2011年推出64位元的第八版v8指令集時，帕特森懷疑是否還需要另一種選擇。剛好當出版商請他更新《電腦組織與設計》（*Computer Organization and Design*）教科書版本，他仔細研究這ARM v 8指令集，覺得比他原先想像的更複雜。要根據5,000頁的ARM手冊來撰寫一本教科書實在太難了，帕特森選擇只寫一部分，他稱為「LEG」──「leave out extraneous garbage」（省去無關緊要的垃圾）的簡寫。

　　阿薩諾維奇說，RISC-V架構：「並不是我們的研究的目的，只是我們自己建造出來的東西，好比我們做研究時需要的鷹架。」一開始只有40條指令──指令極其簡單，因為是由少數人建構而成。使用RISC名稱做為這項技術的第五個迭代版本，是想回歸這名稱的起源──1980年時帕特森主持的柏克萊RISC計畫。「大衛很遺憾它變成像胡佛（Hoover）這樣的通用名，」阿薩諾維奇說。

　　柏克萊的渴望實驗室（ASPIRE Lab）承繼平行運算實驗室的研究，得出幾個RISC-V相容微處理器，其資助來自美國國防部的國防高等計畫研究署（Defense Advanced Research Projects Agency）。此時阿薩諾維奇和帕特森意識到，外界對他們正在做的東西很感興趣，起初為了研究和教育而設計的東西，看來也具有商業用途。2014年他們的基本設計完成，決定對外發表RISC-V，測試一下市場反應。

　　雖然激烈競爭是尋常之事，電腦運算及通訊產業中卻有廣泛領域是使用大家皆可取用的開放標準，例如：電腦連線技術乙太網路（Ethernet）用於區域網路，以及為無線藍芽耳機開發的短程無線技術標準；1991年發布可取代微軟視窗的電腦作業系統Linux，已經被廣泛用於超級電腦、汽車，也是谷歌安卓行動作業系統的基礎。

阿薩諾維奇和帕特森在發表於2014年8月的研究論文「指令集應該免費：以 RISC-V 為例」（Instruction Sets Should Be Free: The Case For RISC-V）中寫道：「沒有好的技術性理由缺乏一套免費、開放的硬體指令集架構（instruction set architecture，後文簡稱 ISA）。」他們批評冗長的授權協議和成本，限制了學術界或使用量小的個人應用 ARM 及其他架構。這篇論文結論道：「一套開放的 ISA 比一套開放的作業系統更有理由存在，因為ISAs 變化得很慢，而演算法的創新和新應用需要作業系統的持續演進。」❸同一個月，他們出席在加州庫柏蒂諾市迪安薩學院（De Anza College）舉行為期三天的高性能晶片年度研討會「夯晶片」（Hot Chips）。阿薩諾維奇認為，業界應該對安謀有些不滿，主要出於權利金收費制度。雖然安謀說，相較於蘋果、高通及亞馬遜的獲利能力，安謀：「營收停滯成長，成本增加，獲利降低，」❹但是這翻話對於那些沒能力支付幾百萬美元取得授權的新創公司來說，根本站不住腳。

　　問題不只是成本。阿薩諾維奇在研討會上遇到新創者講述他們花兩年時間和安謀談判授權，以及在取得授權下，允許他們如何使用ARM 設計的限制頗多，缺乏彈性。

　　在把 RISC 商業化方面，安謀比其他公司都做得更成功，但是這個大膽、曾經阮囊羞澀的新創公司，早已經變成老練的供應商，也是開發商喜歡抱怨的對象。RISC 不是安謀的創新，安謀的創新是：用 RISC 設計出 ARM 架構，並且把這智慧財產授權給晶片製造商，讓他們不必自行設計處理器。

　　RISC-V 的創新讓晶片設計變成免費。它不是創造出來征服世界的，現在它的創造者想看看世界會不會接納它。就如同 Linux 作業系統已經成為開放軟體的一個核心，RISC-V 也可以變成開放硬體的核心：被所有晶片商使

用的一套指令集，卻沒有任何一家晶片商擁有它，因此可以更自由、更容易地修改它。

　　夯晶片研討會結束幾個月後舉行的一場研習營，有40家公司參加，他們有興趣使用這架構，但是有一個疑慮：RISC-V的家在一所大學裡，學者可能分心其他的研究計畫，研究生也會畢業離校，這不是一個夠穩定而讓他們願意投資數百萬美元研發經費的環境。因此阿薩諾維奇和帕特森決定把RISC-V獨立出去，設立基金會，純粹靠會員費來產生收入。Linux基金會就是一個明顯的模範，由基金會料理一切後勤事務。

　　這基金會的誕生，引發了安謀一直未能用RISC領導地位做更多事的挫敗。2015年接受訪談時，帕特森的前RISC研究合作者大衛・迪佐讚美安謀的64位元架構，但是明褒暗貶：「我認為這是非常優異的RISC架構，但是本來可以在20世紀80年代就完成。」❺

回擊與遷址

　　如同一頭想拍打一隻蒼蠅的大象，安謀在2018年7月9日決心對新的競爭者採取行動。該公司設立一個網站「riscv-basics.com」，旨在對那些想以RISC-V取代ARM做為處理器架構的開發商心中播下懷疑的種子。在安謀的標誌和「RISC-V架構：了解事實」（RISC-V Architecture: Understanding the Facts）這個標題下，提出幾個必須審慎考慮的因素。

　　其中就指出，潛在客戶不應該只出於RISC-V不需要授權費或權利金就動心，因為：「想創造出一部商用處理器，從設計到交付所需的總投資中，這〔授權費或權利金〕只占一小部分。」一個龐大的合作夥伴生態系能夠：「保障市場選擇、產品品質，以及問市的最適時間，」但是RISC-V生態系：「還未能達到這種發展階段。」在安全性威脅方面：「RISC-V架構

的產品較新，還未能受益於夥伴和專家們多年來的仔細審查。」

結論是：「不論你是想從有到無地創造一片晶片，或是想要一個完整的解決方案，你應該採用歷經超過1,250億片晶片考驗、有超過500個合作夥伴取得授權並用於處理器設計的架構。」❻

這個行銷訴諸恐懼、不確定性及懷疑，這種風格常見於美國軟體公司，但是這樣的好鬥戰術從來不是安謀的作風。現在安謀面臨一個敏捷的新秀威脅，公司裡一定有某人以為這回擊是個好注意，只是沒有想到引發劍橋的安謀工程師憤怒騷動，網站在一天後就被下架。

對於 RISC-V 的地址，國際上最先提出疑慮的是印度。此時是川普總統對中國發起微晶片戰爭的幾年前，但是一些開發商的記憶很好。1998年印度進行三次地下核彈試爆，在遏制核武擴散的前提下，美國對印度祭出制裁，限制電腦出口至印度，促使印度堅定決心，聚焦於建立自己的能力。

隨著地緣政治熱度升高，談話激烈度也升高。不同於 Linux 變得無所不在的年代，RISC-V 一舉向所有人開放時，正值國際間互不信任的心態高漲之際，RISC-V 是美國的基金會，是一個不受限於出口管制的開放標準，但是疑惑不免存在。

2019年6月，二十多個標準組織，包括監督 SD 記憶卡和乙太網路的組織在內，聯袂致函美國商務部長威爾伯・羅斯（Wilbur Ross），請求釐清與華為生意往來的規則，川普已經把這家中國電訊集團變成一個人人喊打的企業。他們提出警告，對華為的禁制有可能導致制定標準的力量轉移至海外。

RISC-V 基金會主席阿薩諾維奇傾聽來自日本、中國和歐盟夥伴的憂心，為凸顯其中立性，該基金會於2019年11月宣布將從德拉威州遷至瑞士，不受制於白宮的貿易限制。

RISC-V 基金會執行長、IBM 退休老兵卡莉斯塔・雷德蒙（Calista Redmond）說，基金會的全球合作迄今未受到任何限制，但是會員：「擔心可能受到地緣政治的破壞。」❼ 接著表示遷址一事：「跟任何一個國家、公司、政府或事件無關，」只是：「反映社群的疑慮，以及為社群未來五十多年投資於 RISC-V 所做出的策略性風險管理。」❽

在尋求中立性時，瑞士是明顯的選擇，但是還有一個原因促使決定更簡單：公立研究型大學蘇黎世聯邦理工學院（ETH Zurich）有一群很活躍的 RISC-V 開發者。

不過遷址一事在美國引發強烈抨擊，RISC-V 基金會的領導人實際上全都留在舊金山的辦公室。阿肯色州選出的共和黨籍參議員湯瑪斯・柯頓（Thomas Cotton）說，把這基金會遷址以留住中國會員：「說得再好聽也是短視近利，」他說：「如果美國納稅人的錢被用來發展這技術，這也太可恥了。」❾

資金湧入

RISC-V 的創作者也是商業化的先驅。賽發馥（SiFive）是第一家使用 RISC-V 架構來設計客製化晶片的無廠半導體公司，由阿薩諾維奇、李延爕和安德魯・華特曼共同創立。

這個新創事業吸引一些著名的大公司投資。2020年8月賽發馥募集到 6,100萬美元資本，投資人包括：南韓的記憶體晶片大廠 SK 海力士半導體公司（SK Hynix）、沙烏地阿拉伯國家石油公司阿美風險投資（Aramco）旗下的創投基金 Prosperity7 Venture。這使得賽發馥自2015年以來，總計已經募集到1.85億美元，金主還包括：英特爾、高通、威騰電子（Western Digital）。

2020年9月，湊巧在輝達宣布將收購安謀的幾天後，賽發馥延攬前高通資深副總派屈克・利托（Patrick Little）擔任執行長，凸顯該公司的意圖。

「這個產業正在從通用型運算轉向領域別（domain-focused），」利托說：「從這星期的新聞來看，這種轉變加快了，程度顯著變大。現在有很多公司說，該是比較開放性解決方案和封閉性解決方案的時候了。」❿

2021年3月英特爾宣布改變方向，採行台積電的「代工」模式，為其他設計商製造晶片，同一天賽發馥發布將和英特爾合作，使RISC-V設計更好廣泛取得。

一年後，就在輝達放棄收購安謀後不久，賽發馥又募資了1.75億美元，估值達到25億美元，並且開始談到掛牌上市的可能性，其P550晶片設計瞄準智慧型手機領域，企圖挑戰安謀的霸位，而立下使命為客戶選擇的任何架構製造晶片的英特爾，則是設立了一個10億美元的創新基金，部分聚焦於推升RISC-V。

起初是驅動便宜、低風險功能的一項技術，後來也出現了更昂貴的用途，2022年9月賽發馥獲選為美國太空總署的未來太空任務提供運算處理器。

賽發馥有錢有客戶，但是也需要人才。他們把坦克開上安謀家的草坪，在劍橋設立一家新的研發中心，公開招募上百名員工。為了強調在此札根和熱切於僱用當地人的決心，不久賽發馥簽約贊助第三級球隊劍橋聯足球會（Cambridge United Football Club），「這球隊以比競爭者更少的資源在球場上成功的故事，就是賽發馥成功故事的寫照。」他們說。⓫

身為劍橋大學校友的阿薩諾維奇，親自前往劍橋聯足球會，解釋RISC-V的運作。

總體來說，難以確知RISC-V晶片有多盛行，因為RISC-V基金會讓廠商自由揭露用途，許多公司選擇不揭露。基金會執行長雷德蒙在2022年夏季估計，基於RISC-V架構的晶片出貨量至少已達100億片。基金會會

員已經成長超過3,100個，來自70個國家。至於安謀的夥伴（許多夥伴也使用RISC-V），每四個月就出貨大約相同數量的晶片。RISC-V仍然沒有績效記錄、龐大的軟體生態系或多年的應用發展，但無疑是個具有深刻含義的起始。

半導體業行銷顧問研究機構賽米科研究公司（Semico Research）預測，到了2027年，市場上將有250億使用RISC-V架構的人工智慧單晶片系統（system on a chip）——把所有必要的電子電路整合到單一晶片上的積體電路。另一家市場調查機構對位研究公司認為，到了2025年，RISC-V將在需求簡單、低功耗的感測器物聯網這個市場取得25％的占有率。⓬

安謀也對自家的一些處理器核心採取開放原始碼設計，當被問到RISC-V國際和安謀相處得如何時，執行長雷德蒙說：「我會說，我們的關係是中性的，我們之間沒有任何積極互動或合作，但是也沒有不和，我們認為餅夠大到可以滿足大家。」

阿薩諾維奇就更尖銳些，他在RISC-V的十週年慶影片中說：「我倒想看看，再十年後，市場上還剩下哪些硬體指令集架構（ISA），或是有沒有新的東西出現。」⓭ 這形同宣戰了。

安謀已經在資料中心伺服器這個市場取得進展，向每一個科技巨人證明自身價值，但是創新推陳出新，企業必須提心弔膽，時刻保持警覺。

進軍全球：
瘋狂的技術主權支出

覆巢

2021年11月29日，台北市大同區富麗堂皇的君品酒店裡，用糯米粉和甜餡製成、象徵昌盛與長壽的橢圓形紅龜粿堆成兩座塔，成為這場私人宴會的特別焦點。

歐洲古典風格裝飾的君品酒店，大廳美侖美奐，銅箔材料的天花板上懸吊了16盞水晶吊燈。這天酒店迎接台灣總統蔡英文和重量級企業領導人，包括：無線與智慧型電視晶片供應商聯發科技董事長蔡明介、以代工iPhone聞名的鴻海科技公司創辦人郭台銘，以及其他數十位顯貴。❶

他們聚集在這裡慶祝一個重要的里程碑：台積電這家台灣最大、最重要公司的創辦人，張忠謀的90歲生日。如今已白髮蒼蒼的張忠謀其實出生於7月，因為新冠肺炎疫情導致壽宴延至11月。

張忠謀早在2018年自台積電退休，但是他對這家公司及台灣的影響力並未消減。縱使沒有他的掌舵，台積電仍然相當有信心地慶祝基業長青與繁榮。

多年下來一切都變大了，唯獨該公司用以生產晶片的製程例外。現在建造一座新的晶圓廠通常得花200億美元，是二十多年前的10倍，但是台積電就是有辦法負擔並不斷地投資。伴隨5G和高性能運算晶片的需求增加，

該公司2021年的營收成長19％，達到570億美元，淨利成長15％，達到210億美元。如果不計更簡單的記憶體晶片產量（台積電從未專注於這個領域），台積電的市場占有率達到26％。❷

台積電仍然持續不斷地把技術界限往外推，很了不起的一點是，他們的一半收入來自7奈米及以下製程節點製造的晶片，這製程在僅僅三年前才開始商業量產，而且預計到了2023年，比例將提高到70％。位於南科台南園區的台積電18廠是3奈米節點製程，已於2022年年底開始量產。

這一切都發生在這個國家仍對抗著來自台灣海峽對岸的侵襲，2021年3月台灣的檢察官指控，中國的加密數位貨幣挖礦和人工智慧業比特大陸科技公司，透過兩家偽裝的台灣公司非法挖角台灣人才。中國的公司可以在台灣設立分公司，但是必須向台灣政府註冊，活動也會受到嚴密監視，尤其是被懷疑從事輸出微晶片技術的話。❸

不久台灣勞動部禁止人才招募公司在台灣招募人員前往中國工作。勞動部的通告表示，這項政策是出於「中國挖角和瞄準台灣頂尖晶片人才的動作變得更加積極」，如果招募活動涉及半導體和積體電路產業，將加重處罰。

已鮮少公開活動的張忠謀，在2021年4月21日受邀在台灣《經濟日報》舉辦的「大師智庫論壇」演講時，質疑中國致力於主宰產業領導地位的行動成效，他說：「中國過去二十年補貼數百億美元，但是中國半導體製造仍落後台積電五年以上，邏輯晶片設計落後美國及台灣一到二年。」張忠謀說：「大陸還不是對手，」他認為最大的對手仍然是三星。❹ 但是台積電和中國市場仍然關係密切，台積電2021年的營收中，中國市場占了10％。

台灣完全不敢掉以輕心，2020年3月台灣調查局動員上百人，搜索4座城市、14個處所，以台資和外資做為掩護的中國大陸晶片與元件供應商，有8家公司在台非法挖角台灣的高科技人才。據報導，調查局約談近60人，他們涉嫌偷竊商業機密或引誘人才。台灣《聯合報》報導，中國的獵人頭公司專門尋找積體電路設計、電子設計自動化、電訊和電動車製造等領域的專

業人才。同年5月，台灣檢調單位再度突擊搜查10家假冒台資或外資的大陸在台公司。❺

　　儘管政治緊張情勢升高，台灣和台積電仍然屹立不搖。在川普總統對國際事務的強硬態度與好鬥做法下，很難想像他下台後，美中關係會變得更差，但是拜登上台後確實美中關係更加惡化。

　　2021年1月拜登上台後的頭幾天，中國的戰鬥機大舉入侵台灣領空，4月入侵台灣領空的中國戰鬥機更多了，此舉被解讀為測試美國對該地區的承諾。美國印太司令部司令、海軍上將約翰‧阿奎利諾（Admiral John Aquilino）發出嚴厲警告，指中國入侵台灣：「遠比我們多數人以為的更接近我們。」中國國家主席習近平說，必須實現與台灣統一。

　　中國在2020年6月在香港推出國安法，實質上削弱香港的自治權，此舉令台灣極度震驚和嫌惡。中國承諾讓香港這個前英國殖民地實行「一國兩治」，對台灣也提出相同承諾，如今香港的待遇顯然損毀了「一國兩治」的可信度。幾個月前，台灣總統蔡英文以創紀錄的820萬票連任，這結果是對中國的堅定斥責。

　　拜登強化旨在遏制中國半導體發展的出口限制，晶片製造工具供應商科磊（KLA Corp.）、科林研發（Lam Research Corp.）、應用材料（Applied Materials）被列入出口管制企業名單，因為擔心被用於軍事用途，輝達和超微半導體也被下令停止出售尖端人工智慧微晶片給中國。中國的記憶體晶片製造商長江存儲科技公司，被列入實體清單的可能性很高。❻

　　2021年時，美國陸軍戰爭學院（US Army War College）的季刊《參數》（Parameters）上刊登一篇研究報告，建議用一個激進的回應來打消中國攻打台灣的念頭，並且強調台灣微晶片產業的戰略重要性。這篇由美國空軍大學專業軍事教育遠距教學研究院戰略與安全學系（Department of Strategy and Security Studiese at School of Graduate Professional Military Education）系主任傑瑞德・麥金尼（Jared McKinney），以及科羅拉多州立大學彼得・哈里斯（Peter Harris）合撰的研究報告建議，華盛頓和台北當局應該訴諸「覆巢」（broken nest）嚇阻戰略，讓中國相信，一旦侵略台灣，台灣將摧毀台積電的設施。

「或許可以設計一個自動機制，一旦確認中國入侵，就啟動此機制，」麥金尼和哈里斯寫道。美國和台灣可以宣布應變計畫：「撤離和處理運作那些半導體晶圓廠的人力資本。」❼

產業國家主管認為，如果屆時台積電的台籍工程師仍留在台灣，他們很可能不願意在中國的統治下工作。就算那些晶圓廠未被任何一方摧毀，生產線也會嚴重破壞，其嚴重程度將不是新冠肺炎疫情時期，全球晶片荒的混亂所能比擬。屆時將陷入世界大戰，滿足最新車款或遊戲機的晶片需求不再是最重要的事了。

各國政治干預產業活動的情況也屢見不鮮。2021年4月義大利總理馬里奧・德拉吉（Mario Draghi）阻擋總部位於米蘭的外延設備製造商LPE出售給一家深圳的公司。台灣的環球晶圓公司出資49億美元收購德國世創電子材料公司（Siltronic）一案，因遲遲未能獲得德國主管當局批准，在2022年2月宣布破局。另一方面，俄羅斯入侵烏克蘭對半導體供應鏈帶來新的破壞威脅，因為光刻流程需要使用氖氣——鋼鐵製造過程中的副產品，而全球過半量的氖氣供應來自烏克蘭。

2022年5月，拜登當選總統後首次出訪亞洲，他堅稱美國對台政策並未改變，但是警告中國正在「挑釁」這小島，並誓言如果台灣遭到攻擊，美國將軍事干預。同一個月，台灣東岸發生6.1級地震，彷彿是大自然對緊張局勢發出的怒吼。

中國持續嘗試自建供應鏈

歷經近三年的外交爭吵，華為財務長孟晚舟獲准在2021年9月25日離開加拿大。在加拿大卑詩省最高法院外，身穿黑底白圓點洋裝的孟晚舟摘下口罩，以不流利的英語向記者講述她準備的聲明。

「過去三年，我的生活天翻地覆，」孟晚舟說：「身為母親、妻子，以及一家公司的主管，我度過了一段混亂期，但是我相信每朵烏雲後面都有一線希望，這真是我人生中的寶貴經驗。」❽

為打破僵局，達成的協議是她不在法庭上對詐欺罪認罪，但是承認她為了逃避特定的美國仲裁，對公司的一些資訊做出了虛假陳述。美國司法部撤銷引渡她的要求。

孟晚舟搭乘專機抵達深圳寶安國際機場時受到英雄式歡迎，華為創辦人任正非的女兒開心地回家了，但是華為面臨美國指控欺詐和陰謀竊取商業機密的故事，離結束還遠得很。在愈趨惡化的美中微晶片業霸權之戰的火線下，經營企業成本愈來愈大。

此前華為已取得驚人的成功。2020年年中，華為成為全球最大的智慧型手機銷售商，這是九年來首季出現三星或蘋果以外的另一家公司奪得銷售量季冠軍。這是環境因素使然：中國比全世界其他地區率先因新冠肺炎疫情而實施封城，先前的產業龍頭三星在許多大市場受到疫情衝擊導致銷售量下滑，而且華為在國內市場有優勢，據估計，中國智慧型手機市場占華為銷售量的70％以上。❾

由於列入美國實體清單的影響，華為整體的衰弱趨勢無可避免。華為的2021年營收下滑29％至人民幣6,370元（相當於1,000億美元），在出口受到壓制下，這是該公司首次出現營收全年下滑的局面。❿ 華為的輪職董事長郭平在向員工的2022年新年致辭中說：「2022年仍然面臨著一系列挑戰，」但是他對於迄今的營運績效感到滿意。「外部環境持續動盪，資通訊

行業面臨技術政治化、全球化割據等挑戰。」他寫道。**⓫**

　　該公司似乎正在逐漸瓦解。在谷歌被迫停止授權安卓作業系統給華為後，華為把旗下平價手機品牌「榮耀」（Honor）賣給深圳政府、代理商，以及經銷商組成的中國財團，以便重新啟動與谷歌之間的關係。在無法向英特爾採購x86晶片下，華為也出售電腦伺服器事業。

　　不過就此宣判華為已死，那就言之過早了。川普任內，華為被列入黑名單後，根據美國商務部的文件，雖然有總計1,190億美元的對華為授權未獲批准，但是仍然有總值870億美元的對華為授權獲批准。**⓬**例如：在華為的麒麟晶片庫存告罄下，美國當局批准高通出售較老舊、被視為不構成威脅的4G晶片給該公司。

　　在2021年營收下滑的同時，華為該年度的淨利卻上升76％至人民幣1,140億元（相當於178億美元），顯示這家公司的韌性。為了彌補在消費性器材和5G設備業務領域的營收流失，華為趕忙深入其他領域，例如：能源（將器材用於太陽能板發電）、採礦和汽車，這些是不需要最先進晶片的領域，用28奈米或更高的製程節點就能應付，這樣就不需要倚賴海外生產，或者可以尋找歐洲的供應商。

　　華為大力嘗試建造不再被美國准許採購的東西，例如：因為不能再使用安卓作業系統，得自己開發行動作業系統鴻蒙（HarmonyOS），用於仍然在銷售的手機上。

　　華為透過自己成立的哈勃科技創業投資公司（Hubble Technology Investment），在2021年時投資或增加持股45家國內公司，比2020年時的數目增加超過1倍，這些投資對象絕大多數是微晶片供應鏈各階段的運營商，包括封裝階段。**⓭**《彭博社》（*Bloomberg*）在2022年7月報導，華為旗下的晶片設計公司海思半導體，招募十多名工程師開發自己的半導體設計軟體，這是美國的益華科技（Cadence Design Systems）和新思科技（Synopsis）稱霸的利基領域。**⓮**

由於不能再委託台積電代工，華為面臨的最大挑戰是建立自己的處理器生產線。但是他們沒有理由退縮，據報導，該公司和福建晉華集成電路公司合作，恢復運行位於廣州的工廠，自從這家記憶體晶片製造商遭指控偷竊美國的商業機密後，這座工廠就停擺了好幾年。為強化華為試圖表現出的冷靜外表，華為輪值董事長徐直軍在2022年12月底的新年致辭中說：「2022年是逐步轉為制裁常態化正常營運的一年，也是逐步轉危為安的一年，」並且預估2022年全年營收持平。

全中國半導體產業的情況大致相似，美國的限制沒有讓中國退卻，反而激發新一輪的行動，追求變得自給自足。

非常諷刺的是，中國的客戶向來偏好進口晶片，直到別無選擇而必須購買本地的晶片。美國致力隔絕中國於先進晶片製造業外，但是這些行動刺激中國國內的需求，整條供應鏈上有愈來愈多被限制的公司也向受制裁的先驅華為學習如何度過難關。

位於柏林的墨卡托中國研究所（Mercator Institute for China Studies）在2021年年底指出，出口管制或許會損害中國的晶片設計公司海思半導體，但是：「目前尚未對更大的中國晶片設計生態系造成明顯可見的負面衝擊。」事實上：「出口管制可能使得原先聚集於海思半導體的資本和人力資源分散化，進而促進半導體生態系，激發中國大公司投資那些試圖縮小中國半導體供應鏈鴻溝的國內公司。」[15]

國際商業策略公司（International Business Strategies, Inc.）的分析師預期，2022年時中國的晶片自給率約達26％，距離原先設定的2020年目標40％還差得遠，但是鮮少有人認為競爭威脅已經解除。

「西方應該認真看待中國的這些目標，而不是數字上的目標，」龍洲經訊（Gavekal Dragonomics）的分析師王丹說：「中國實際上無望達成這

些目標，但是凸顯中國強烈追趕這些技術的意圖。」

中國已經取得了很大的進步，他們的半導體產業2020年銷售額達400億美元，遠高於五年前的130億美元，超越強敵台灣。❶ 伴隨產業的成長，中國的龐大消費者對全球最大的半導體業公司具有高度的吸引力，然而中國卻尋求未來能夠擺脫他們。

總營收中有2/3仰賴中國市場的無線晶片市場龍頭高通，在年報中警告：「由於種種因素，包括來自中國政府的施壓、鼓勵或獎勵，或中國政府的政策，」該地區的一些客戶：「已經發展自己的積體電路產品，其他客戶未來可能也會跟進，」他們可能使用國內產品，「而不再使用我們的產品。」❷

根據國際半導體產業協會的預測，中國將在2024年前興建31座大型半導體工廠，比台灣的19座和美國的12座還要多。❸ 其中有幾座是中芯國際所有，他們在2022年2月說，本地製造商想購買本土生產的晶片，因為他們害怕別國政府會優先供應國內使用者。展望未來，該公司在工廠裡建置「非美產線」（non-A lines）——完全不使用美國晶片製造設備的生產線。

中國能投資的錢也很充沛，就如同蘋果、亞馬遜和元宇宙的口袋夠深，能夠設計自己的晶片，中國的百度、阿里巴巴和騰訊也一樣。除了這些網際網路巨人，中國也選定幾千個「小巨人」——新一代高度專業化的新創公司，開發自身欠缺的核心技術。

從中國半導體業的一家旗艦公司就能明顯看出，中國領導人「錢不是問題」的態度與方法：紫光集團收購惠普和英特爾持有部分股權的新創事業，還曾試圖收購美國的記憶體晶片製造商美光公司。當該集團於2021年7月宣告破產重整時，負債達到300億美元，2022年4月中國政府出資的公司挹注94億美元，讓紫光敗部復活。

問題仍然在於，中國能否在製造晶片的先進製程節點方面趕上台灣和南韓。有龐大產量的較老舊技術仍然有其價值，可用於製造管理電源供應器

的微控制器，65奈米及以上的成熟製程仍然占了2022年全球晶片總產出的近64％。❶ 國際商業策略公司的分析師預測，2030年前，28奈米製程晶片的需求將增加至超過3倍，達到281億美元，到了2025年，這製程的全球產能有40％將出自中國。❷

不過美國聚焦於阻擋中國推進至14奈米及更小製程節點，這些是驅動人工智慧和最新款智慧型手機的高性能運算所需製程技術。中國堅決繼續推進，2022年7月一則引人注目的消息傳出，中芯國際已成功發展出7奈米晶片，儘管它被列入美國實體清單，被禁止使用最先進的光刻機。技術分析與市場研究機構科技洞察公司（TechInsights）的美國分析師，購買比特幣挖礦機中使用的這款晶片，發現它使用的製程幾乎是台積電7奈米製程的翻版，但很可能是中芯國際邁向達成自己7奈米製程的一個踏腳石。這晶片的設計者MinerVa Semiconductor Corp.在其網站上說，他們將在2021年7月開始量產。❷

這發展顯示，中芯國際已經找到變通的方法，雖然還無法量產，但是能夠慢慢地持續使用美國及歐洲的製程節點。

產業老兵希望中國能漸漸提高對智慧財產權的尊重，曾在德州儀器、國際電腦有限公司和英國電信等公司擔任領導人、2002年進入台積電董事會的彼得・邦菲爵士（Sir Peter Bonfield）說：「早年，日本公司隨便地使用智慧財產，直到這些公司開始發展出自己的智慧財產後，他們開始成長並保護所有人的智慧財產權。我想，中國也將歷經相同情形，他們可能已經稍微往這趟旅程走了。」

但是美國並不打算進行無罪推定。在2022年10月7日美國縮緊「晶片鎖喉」（chip choke），祭出新的出口管制，意圖抑制中國的晶片發展。這些管制：「限制中國取得先進運算晶片、發展和維修超級電腦，以及製造先進半導體的能力，」美國商務部屬下的工業與安全局說，因為中國把這些用於：「生產先進軍用系統，包括：大規模殺傷性武器；改善軍事決策、規

畫、後勤和自主軍事系統的速度與準確度；侵害人權之事。」**㉒** 一般相信，促使美國當局堅定決心的事件是，蘋果打算向長江存儲科技公司採購記憶體晶片用於iPhone，但是此計畫很快就被擱置。

這次的縮緊管制也涉及到人——禁止美國公民和擁有永久居留權者支援與協助中國的晶片發展，這使得設備製造商撤出派駐於晶片製造廠的技術支援人員，「就像敦克爾克大撤退，」一名工作者說。**㉓** 晶片業的重要盟友——尤其是南韓及荷蘭，也承受選邊站的壓力。

中國如果想達到半導體自給自足的境界，將導致已經分裂的世界進一步分裂。想像存在兩個電腦運算生態系、兩套設備，以及世界劃分成互不交談的兩半，假以時日，中國甚至能祭出它的管制。

把全球供應鏈分解，這是未能了解它的循環性質。美國或許能夠阻擋中國推進至先進製程節點，但是如果中國工廠無法維持使用較老舊的生產技術，顧客可能受害。美國仍然是中國的最大顧客之一，美國每年龐大的便宜晶片需求將難以找到中國以外的替代源。

對峙導致瓦解與衝突。我們難以責怪中國的嘗試，其領導人能清楚看出產業領先地位賦予的地緣政治力量，但是中國使用的方法或美國的反擊，對事情沒有幫助。

或許從成本來論述最不會引起爭議。電腦運算產業過去五十年的生產力提高來自通力合作，新進步一次到位，至於區域性軟體，那就是去全球化的一個縮影。半導體產業協會和波士頓顧問公司（Boston Consulting Group）合作的一份研究報告估計，完全自給自足的區域性供應鏈將需要增加至少1兆美元的前置投資，並且導致半導體價格整體提高35％至65％，最終導致消費者購買的產品成本攀升。**㉔**

強大的夥伴關係

一位科技業分析師說：「這是自賈伯斯重返蘋果以來，最重要的一次浪子回頭。」[25] 為博得媒體注目，矽谷觀察家經常語不驚人死不休，不過2021年1月13日宣布的這消息——派屈克・季辛格（Patrick Gelsinger）將是英特爾的下一位執行長，引發如此大的激烈迴響，的確有其道理。

十二年前離開英特爾後，季辛格經常被稱為「放逐在外的王子」，他是英特爾總部員工夢想能夠回來矯正錯了十年的公司的領導人。

2021年時英特爾的股價低迷不振。新一代晶片延遲推出，讓競爭者搶在前頭；原本就已經好鬥的公司文化，現在變得更嚴重；一個激進的投資人要求英特爾做出改變。英特爾固守的、到了此時已變得近乎獨特的商業模式——既設計晶片，又製造晶片，如今已漸漸顯得緊繃。

領導階層也失去方向。布萊恩・科再奇（Brian Kraznich）於2013年接掌執行長時就已經被認為是奇怪、出人意料的選擇，在他任內，英特爾出現製造問題。2018年因為傳出科再奇過去和另一名英特爾員工有私情，只好向公司請辭，財務長鮑伯・史旺（Bob Swan）臨危受命接棒，但顯然他也是個暫時的掌門人。

2009年離開英特爾前，季辛格已經在該公司工作了三十年，對公司裡裡外外都熟悉透了。就連他出身農村的背景，也跟英特爾共同創辦人羅伯・諾伊斯頗為相似。季辛格成長於賓州的一個阿米希（Amish）教派區農村，他在一所技術學院的優異表現，贏得英特爾人才招募員的青睞，因此從該學院取得副學士後便搭機前往矽谷，當時他年僅十八歲，生平第一次搭飛機。進入英特爾後，他先擔任品管技術員，並且繼續半工半讀，最終取得史丹佛大學電機工程及電腦科學碩士學位。

隨後季辛格在英特爾晉升成為486微處理器的首席設計師，以及英特爾的第一位技術長，但他總是想要更多。在資歷發展的輕微暫時停滯期，

三十一歲的季辛格寫下一份個人使命聲明，立志有朝一日要成為英特爾執行長。但是2005年公司選擇保羅‧歐德寧接任執行長，季辛格於2009年離開英特爾，轉往電腦記憶體大廠易安信公司（EMC Corporation）。

「我在英特爾的工作經驗形塑我的整個職涯，我永遠感激這家公司，」他寫道：「在創新如此重要的關鍵時刻，我重返英特爾擔任執行長……將是我職涯中最大的光榮。」[26]

季辛格的推特貼文顯露他的傳統樸直和善良，在推特帳號上，公司宣傳文和他母親、孫子輩及《聖經》選文混雜在一起。被通知接掌英特爾的兩天前，他張貼喚起決心與堅定的《聖經》〈詩篇33:11〉：「耶和華的籌算永遠立定，他心中的思念萬代常存。」

上任僅僅36天後的2021年3月23日，在標題為「釋放英特爾」（Intel Unleashed）的發表會影片中，穿著深色外套和亮藍色襯衫的季辛格熱烈地揮舞雙手，以三則消息展現他的能力與決心。他說，英特爾的7奈米晶片製程遭遇的生產問題已經解決；英特爾將投資數百億美元興建新的晶圓廠；趕上競爭者。他把最大的消息放在最後：英特爾將開始採行台積電在34年首創的代工模式，製造客戶設計的晶片。

「每一個產業的數位化以瘋狂速度加快全球對半導體的需求，但一個重要挑戰在於取得製造產能，」他說。[27]

某種意義上來說，這是返回根源——接單製造，畢竟當年就是日本電子產品公司 Busicom 委託英特爾製造計算機晶片，才產生英特爾4004晶片。但是時間過去很久了，而且立刻就有人懷疑，巨大的英特爾在這個產業呼風喚雨數十年，還有可能變成一家服從客戶的供應商嗎？令英特爾有信心重返榮耀的因素之一，是已經取得能夠做到這點所需的保障：英特爾將是產業中第一個取得艾司摩爾新一代機器的公司，這些仍然是任何想製造出最小、最強大晶片的公司，絕對不可或缺的機器。

新冠肺炎疫情導致的兩年封鎖期間，荷蘭的每一部起重機都出租到維德荷芬鎮上快速成長的艾司摩爾工廠執行作業了。飛利浦總部位於往北的恩荷芬市，那裡的研發基地就是光刻機的最早概念誕生地，到了2021年年底，艾司摩爾公司園區超過200萬平方呎（187,000平方公尺）的辦公空間、625,000平方呎（58,000平方公尺）的無塵室被用於製造和研發活動，以及570,000平方呎（53,000平方公尺）的倉庫。㉘

該公司員工數在五年間增加近1倍，達到32,000人，過半數在維德荷芬鎮上工作。艾司摩爾位於恩荷芬智慧港區（Brainport Eindhoven Region）的中心地帶，附近有晶片製造商恩智浦、專業於LED照明的晰諾飛公司（Signify，原飛利浦照明事業部門）、半導體設備承包商偉達爾集團（VDL ETG），以及許多新創公司和學術機構，荷蘭的總研發支出有近1/4投資在這地區。

艾司摩爾總部的體驗中心外，靠近寬敞舒適的員工餐廳旁邊，該公司驕傲地在一面牆上展示擁有的150,000項專利當中的許多項專利，包括可在真空中使用的機器人、主控振盪器、靜電吸盤。

自其EUV技術於2017年進入高量製造後，艾司摩爾進一步超前競爭，市場上目前沒有任何一家公司有這項技術，該公司帶來種種進步，包括把晶片製造處理所需要的步驟數減少30％。截至2021年年底，已被客戶安裝使用的這些機器已經生產出超過5,900片完整的矽晶圓。2021年儘管新冠肺炎疫情帶來挑戰，艾司摩爾的EUV光刻機出貨42台，預期2022年出貨55台，大約90％的營收來自亞洲。

如果艾司摩爾2012年募集資金時的投資人一直持股，他們手上的股份已經上漲至超過10倍了。艾司摩爾成為歐洲市值第二高的上市公司，僅次於旗下有迪奧（Christian Dior）、芬迪（Fendi）、寶格麗（Bulgari）等著名奢侈品品牌的路威酩軒集團（LVMH）。

艾司摩爾執行長彼得・溫寧克（Peter Wennink）預期，到了2025年，

艾司摩爾的2/3營收將來自EUV光刻機，其餘營收則來自較老的深紫外光技術、量測與檢測。EUV光刻機占總營收的比重小於他在2018年時的預測，但這只是因為所有其他業務線的成長速度高於預期，有些先進晶片的製造並不需要使用EUV光刻機，許多層可以使用深紫外光光刻機。

不過，令英特爾執行長季辛格感到振奮的創新，將把微影技術的界限進一步外推。艾司摩爾在2022年初打造的最新原型預計在2025年或2026年進入高量產，是高數值孔徑（numerical aperture）EUV工具。藉由加入更大的反射鏡、一薄層的水做為介質，以及調整光入射的角度，光的波長可以從前13.5奈米縮短至8奈米。希望藉由更強的光學作用，這部新機器能夠以更高的密度印出更小的功能，再度為客戶降低光刻電路圖案的成本，抵消這機器的高額售價，傳聞這部新機器售價幾乎是第一代EUV光刻機的2倍。

在2022年9月恩荷芬理工大學（Eindhoven University of Technology）的開學典禮上演講時，溫寧克試圖把可能分裂的產業凝聚起來。

「晶片產業的突破，是有條理地整合知識與能力而形成一個無縫的全球網絡所產生的成果，」他說：「這網絡建立於僅有一些公司嫻熟的尖端技術上。為了邁向技術主權，我們需要一個因為強烈的產業關連性而相互依賴的全球網絡。」他又說：「強大的夥伴關係不是以力量為基礎，而是以能力、信賴、透明度、可靠性，以及公平分攤風險與報酬為基礎。」㉙

艾司摩爾仍然被禁止銷售最尖端的機器給中國，但是這無法阻止中國企圖抄襲它們。艾司摩爾在2022年2月指出，中國的東方晶源公司銷售的產品可能侵犯艾司摩爾的智慧財產權。艾司摩爾的前員工俞宗強離開該公司後，先是在加州聖荷西成立一家名為XTAL的公司，不久後在中國成立東方晶源微電子，艾司摩爾在2018年時向美國法庭控告俞宗強及XTAL竊取該公司的機密技術資訊，此官司已經美國法院判決XTAL必須賠償艾司摩爾8.45億美元。艾司摩爾在其年報中指出，東方晶源和XTAL是同一人創辦。東方晶源被中國政府評定為「小巨人」企業，中國政府的「小巨人」計

畫專門扶植跟全球最優企業競爭的新創公司。

摩爾定律不再延續

晶片產業除了受到地緣政治的紛擾，也面臨技術上的憂慮。製程上的進步從來都不容易，但現在，在元件寬度縮小已達極限後，製程的再進步困難到近乎不可能。

首先，用來傳輸電訊號至電晶體之間的細銅線已經細小到難以傳輸電流，這些連結中的電阻導致任何時間延遲都會影響時脈速度，減緩微處理器執行指令的速度。

其次，更多裝置擠入一個更小的空間，就會產生更多的熱，這是「丹納德縮放比例定律」（Dennard Scaling）失效的跡象。IBM研究員羅伯・丹納德（Robert Dennard）在1974年發表的一篇論文中提出一個定律：電晶體變得更小，功率密度保持不變，功率的使用與面積成正比，電容與電壓減小，能耗就會降低。但是這縮放比例定律有極限，當此定律失效時，設計師就面臨一大挑戰：如何讓一些部件在不執行作業時，能夠降低能耗，以防止過熱。

另一個問題是漏電流，當電壓降低時，漏電流增加，可能耗用電池。總的來說，摩爾定律下的功率及性能效益，如今早已不像從前那般準確了。

儘管如此，台積電計畫在2025年末開始使用2奈米製程技術生產晶片組，目標是從2026年年初開始出貨。2022年6月才開始3奈米製程初產的三星也說，2奈米製程將在2025年開始量產。英特爾認為他們能夠在2024年年底開始2奈米製程生產，如果真的做到這點，就代表公司已經超越兩個最大競爭者——執行長季辛格以此為他的使命。所有公司的挑戰不僅僅是生產而已，而是可靠的生產——改善良率，平穩價格，並使供給穩定、有保

障。一個不言而喻的威脅是，如果已確立的製造商無法向前推進，中國就更有機會迎頭趕上。

英特爾的一大抱負是，在2030年之前做到把1兆個電晶體放進單一一個封裝裡。為此，該公司甚至已經開始用「埃」（angstrom）來度量產品，1埃等於1/10奈米或1/100,000,000公分。

英特爾認為，自家版本的環繞式閘極（Gate All Around）電晶體將能克服漏電流，因為它把電子通道完全包覆。此外還有薄如一個原子的「奈米片」（nanosheet），堆疊起來，從所有方向環繞電子通道。

專家認為，這種創新可能讓一片晶片上的電晶體數目得以繼續增加一段期間，但是能否帶來處理能力的進步，就不那麼明確了。不過晶片產業一定會竭盡所能地追求更強的處理能力，以驅動人工智慧、氣候研究、空氣動力學、計算醫學等領域的發展。據預測，到了2025年，全球每年的資料量將達到175皆位元組（zettabyte），如果儲存於DVD裡，這些DVD堆起來的高度能繞地球222次。❸⓿

如果是其他材料，例如：銻化銦（indium antimonide）、砷化鎵（gallium arsenide），以及各種形式的碳能夠以較低電力提供過高的轉換速度，已經提供忠誠服務60年的矽就可以退休了。只不過那些替代材料可能更貴，就連傑克·基爾比選擇的半導體鍺，近幾十年已再度引起材料界的興趣與探索。

早已退休、居住於夏威夷島的高登·摩爾懷疑他的這個「大推論」會無止盡地持續下去。2015年是摩爾定律50週年，摩爾在接受訪談時指出，光的極限速度和物質的原子性質是摩爾定律可能在十年左右終結的原因。巨大成本是另一個不利因素。但是要做到把幾十億個電晶體放在一塊積體電路上，還有很大的進步空間，「這空間能發揮的創造力很驚人，」摩爾說。❸❶

現在還有所謂摩天樓式3D架構的晶片，可建立100層電路系統的堆疊，本書付梓時，已經達到四個堆疊，並且有計畫建立八個堆疊，「就是在

先前的建築頂樓再往上蓋，」一位產業高階主管說。

除了堆疊，封裝部分也有很多的創新，這曾是生產的最基本階段，中國在這方面相當進步。「覆晶技術」（flip chip）起源於1960年代，就是晶片上有一個細小的焊錫凸塊，把晶片翻轉過來，讓這凸塊和基板接合，形成更大的模組。另一種封裝方法是使用小晶片（chiplet）——半導體晶粒（裸晶）分成更小的晶片，加以裝配後，在封裝階段把它們整合到單一封裝裡。這種方法旨在加快市場時間，改善良率並降低成本。

最主要的未來希望是光子處理（photonic processing），可望加快計算速度，並藉由以光學光脈衝取代電晶體來降低電力需求。還有生物計算（biocomputing）技術，利用細小的有機分子，例如：蛋白質或DNA，做複雜的計算。量子運算使用量子位元（qubits，相當於傳統電腦運算中的位元），能夠同時處理0及1這兩個數值。在摩爾定律之外，這些技術有了指數型成長，但是它們在零度以下溫度運作得最佳。

全球加速投資

南西‧裴洛西歷史性造訪台北，撼動金融市場與震驚中國領導當局的一週後，美國微晶片產業重量級人物聚集在白宮的南草坪上。

這是2022年8月9日的早上，IBM董事會主席暨執行長阿爾溫‧克里希納（Arvind Krishna）、英特爾執行長季辛格、超微半導體董事會主席暨執行長蘇姿丰和格羅方德執行長湯姆‧柯斐德（Tom Caulfield）等人，迎接美國微晶片產業數十年來最大的支援方案。

《晶片與科學法案》（CHIPS and Science Act，CHIPS是Creating Helpful Incentives to Produce Semiconductors字母縮寫）直接源於拜登總統在前一年供應鏈危機中下達的行政命令，此法案提供530億美元給美國半導體

研發、製造和訓練，外加對工廠與機器的資本支出給予25％的稅額減免。

「美國發明半導體，」穿著正規藍色西裝、戴著太陽眼鏡的拜登說：「這法案把它帶回家，這麼做符合我們的經濟和國家安全利益。」

他回憶這年稍早造訪國防承包商洛克希德公司位於阿拉巴馬州的工廠，標槍肩射防空飛彈（Javelin）就是在此工廠製造的，每一套標槍防空飛彈系統使用200片晶片，發射後，能自動地自我導向目標，讓砲手有更多時間接管。

美國需要這些飛彈使用的晶片，「也需要更加倚賴先進晶片的未來武器系統，」準備簽署通過此法案的拜登說：「不幸的是，我們現在沒有生產這些先進晶片，而中國試圖超越我們，也製造這些先進晶片。」[32]

反對此法案的共和黨人說，它是對公司提供一張「空白支票」。不過此法案提供的資助及優惠也有附帶條件，任何獲得這些補助的美國公司，在十年內不得在中國擴大生產比28奈米製程更先進的晶片。

成立於2022年6月的美國前沿基金（America's Frontier Fund）有來自公共部門和私人部門的資金，將投資在確保美國競爭力的重要技術。此基金由早前創立美國中情局創投基金的創投家基爾曼‧路易（Gilman Louie）擔任執行長，他向美國參議院的財務委員會作證時警告，三星的南韓工廠：「在北韓的大砲及飛彈射程範圍內。」[33]

美國前沿基金跨越政治分歧，結合前谷歌執行長、顯赫的民主黨資金募集者艾力克‧施密特（Eric Schmidt），以及PayPal和大數據分析公司帕蘭特科技（Palantir Technologies）共同創辦人、川普的支持者彼得‧提爾（Peter Thiel）。

另一個較難推動的計畫是「晶片四方聯盟」（Chip 4）──美國政府推動與日本、南韓和台灣結盟，鞏固半導體供應鏈，協調補助政策和研發，但是由於各方不想分享商業機密，也擔心中國的反應，迄今難有進展。

還有一個謠傳中的計畫：如果美國出口管制的25％門檻還不夠嚴的

話，美方考慮實施累積門檻，延伸包含 G7 或北約組織名下的荷蘭、南韓、日本和英國等盟友在內。＊

「美國將必須做出大量的遊說，爭取這些盟友的支持，」一位企業主管說：「但如果這些國家願意配合，那就真的能對中國形成相當高的圍牆。」

起碼《晶片與科學法案》已經產生影響。2022年1月英特爾確認，公司將在俄亥俄州哥倫布市附近建造拜登所說的「夢田」：占地1,000英畝的2座新晶片工廠，造價超過200億美元，預計2025年開始投入生產，未來可能把這生產基地擴大，再增設6座晶圓廠。上一年，英特爾才宣布要在亞利桑那州建造相似規模的晶圓廠。據報導，俄亥俄州廠將獲得美國政府的20億美元補助，這是該公司40年來興建的首座新工廠。

花大錢建立技術主權的並非只有美國。2021年9月15日，歐盟執行委員會主席烏蘇拉・馮德萊恩（Ursula von der Leyen）發表她的政策報告時宣布，將推出一部新的《歐洲晶片法案》（European Chips Act），結合整個歐盟區的研發、設計和測試能力，確保供給保障和發展新市場。

「是的，這將是一項艱巨的工作，」她在法國史特拉斯堡（Strasboug）的歐洲議會中發表報告時說：「我知道，有些人說這無法做到，但是二十年前，他們也說無法做到伽利略定位系統（Galileo System），結果呢？我們團結行動，現在，歐洲的衛星系統在全球各地為超過20億支智慧型手機提供導航服務。我們是世界領先者，所以，讓我們再一次勇敢，這次的目標是半導體。」[34]

歐盟執行委員會估計，這需要每年多投入1,250億歐元於數位技術，其

＊ 25％門檻是指外國公司製造的產品中，美國技術含量如果超過 25％，必須受美國出口管制。

中170億歐元用於半導體，目標是到了2030年時，歐盟占全球尖端且可永續的半導體市場價值的比重，應該從目前的1/10提高到至少1/5。

英特爾再次施惠，該公司在2022年3月15日對此做出回應，馮德萊恩應該會覺得很悅耳。英特爾說，公司將在德國馬德堡（Magdeburg）興建2座半導體製造廠，預計於2023年上半年動工，2027年投入生產。初期投資170億歐元，可望創造3,000個持久性高科技業工作機會，外加供應商及事業夥伴方的數萬個工作機會。[35] 英特爾稱這新的製造中心為「矽樞紐」（Silicon Junction），據報導，該公司獲得德國政府68歐元的補助。英特爾也沿著從研發到封裝的整個供應鏈，增加在愛爾蘭、義大利、法國和波蘭的投資。

半導體製造廠的瘋狂投資遠不僅於此。南韓三星電子在2021年11月宣布，將斥資170億美元在德州奧斯汀附近的泰勒市（Tayor）興建晶圓廠，這是該公司迄今為止在美國的最大筆投資，預期這座工廠將在2024年下半年開始營運。[36] 台積電也預期投資120億美元於亞利桑那州鳳凰城，興建的晶圓廠將於2024年開始量產，這座晶圓廠是在美國政府的催促下興建的，為5奈米製程。2022年12月台積電宣布，將增建第2座晶圓廠，為3奈米製程，預計於2026年開始生產，這使得台積電在亞利桑那州的投資增加到400億美元。就連向來在超級電腦和機器人生產擁有市場領先地位、但半導體領域自1980年代後就衰減的日本，如今也把半導體列為與食品和能源同等地位的國家優先發展產業。

更引人注目的是南韓為期十年的4,510億美元投資計畫，由三星電子和其最接近的國內競爭者SK海力士半導體領頭。在提供優渥的獎勵與補助下，南韓政府計畫在該國西部建立一條「韓半導體產業帶」（K-Semiconductor Belt），群聚晶片製造、材料、設備和設計等領域的公司。時任南韓總統文在寅說，此計畫的目的是：「先發制人的投資，以免受到外部衝擊，」使南韓能夠領導全球供應鏈。[37]

這是洛克定律（Rock's Law）的放大版。半導體業早期的傳奇投資人、前英特爾董事會主席、蘋果公司董事亞瑟・洛克推斷，半導體工廠的成本將每四年增加1倍。下一代電晶體的設計成本大到令除了最高銷售量的晶片外，其餘晶片可能都不具商業成本效益。國際商業策略公司的分析師估計，發展一款主流的3奈米晶片設計，成本高達5.9億美元，5奈米晶片則為4.16億美元。❸

總計來說，這個產業2021年的全球總資本支出是1,500億美元，2022年增加近1倍，更高的資本支出還在後頭，中國、美國、歐盟、日本及印度這五個國家，合計在十年間提供了1,900億美元的補助。❸ 在前文提到的那些投資設廠之前，曾有預測指出，2020年至2030年間，全球半導體業製造產能將提高56%。❹

台積電創辦人張忠謀懷疑所有出於政治考量的行動能否獲致想要的效果，他認為美國企圖壯大國內晶片產量是：「浪費、昂貴且徒勞無益的努力，」因為美國缺乏晶片製造的專業人才池。這個產業到處都嚴重短缺高技能工作者，張忠謀的論點是，在美國製造的晶片比在台灣製造的晶片貴50%，這令人質疑競爭力勢必對產品成本有連鎖反應。❹

在此同時，微晶片的經濟展望變弱。樂觀的半導體業主管認為，伴隨晶片將與消費者需求脫鉤，改而嵌入於更多的工業應用，以及每部器材將需要使用更多的晶片，接下來十年的產業成長率將高於過去十年間的5%平均成長率。在景氣下行時進行投資，最終將獲得回報。但是悲觀者覺得，產業榮景後將再度迎來景氣衰退，他們能索取的晶片價格將下滑。興建與裝備新晶圓廠的三年期間，能發生的變化太多了。

季辛格的英特爾領導者光輝已經掉落，他上任的十八個月後，該公司的股價跌掉近1/3，市值首度被夙敵超微半導體超越。由於個人電腦生意清淡，再加上來自資料中心客戶的需求也意外地疲軟，英特爾在2022年7月28日發布的盈餘遠低於華爾街預期。「這一季的績效低於我們為公司及股東訂

定的水準，」季辛格說：「我們必須、也將會做得更好。」[47]

相較於2021年的26.2％成長率，世界半導體統計協會（World Semiconductor Trade Statistics）在2022年8月把當年的成長率預測從先前的16.3％調降至13.9％，2023年的預測成長率僅4.6％，是2019年美中貿易戰開打以來的最低成長。到了2022年11月，該協會再度下調成長率預測，2022年降低至4.4％，2023年降低至4.1％。[48] 三星2023年的起步難看，由於低迷的全球經濟衝擊晶片及其電子產品的需求，該公司在2022年第四季繳出八年來最差的營業利潤。台積電則是刪減資本支出。

可以確定的一點是，需求可能減弱，但是產能與供給的大增意味著這世界將不再發生晶片短缺。比較不明確的是，晶片供給的安穩性和可以索取的價格。

PART 4

2022年至今 無所不在的安謀

Chapter16
永遠連線

回家

　　劍橋市安謀新總部訪客接待處的上方，懸吊著多個金黃色四面體結構，充分散發出裝潢的格調，設計靈感來自結晶矽的銳角，這種尖突圖形遍布挑高中庭的牆面及天花板、辦公區隔板、磨砂玻璃上的三角形、大樓帷幕玻璃外牆的垂直鰭形隔片，甚至時髦的門把手也是這種形狀。

　　2022年7月的某天，穿著短褲、留著鬍鬚的員工邊喝咖啡、邊聊天又邊看手機。位於彼得學院科技園區（Peterhouse Technology Park）、起初容納1,700位安謀員工的安謀總部或許有著未來風格的辦公空間，但是無法甩脫過去的迴音。

　　安謀仍然在劍橋市市郊卻利辛頓區富邦路上，1994年時從斯瓦漢姆布貝克的哈維穀倉遷回來這裡，取代十年前孕育他們的前母公司艾康。也就是在這1994年，安謀透過授權晶片設計給德州儀器，贏得諾基亞的生意，讓安謀走上正軌，並成為科技業中舉足輕重的角色。近三十年後，憑藉針對較高性能要求的新市場提供節能設計，安謀仍然在科技業舉足輕重。

　　現在供水廠已經交還給當地的自來水公司，當確定將從艾康獨立出來時，艾康滿懷信心與財富時興建的銀樓（艾康總部後方研發部門所在大樓，新ARM團隊確定獨立於艾康時被安置到此）已經拆除，改成停車場，還加

上很多的三角形圖示。訪客在這裡停好車後，穿過一條椴樹林蔭道，進入原址後方農田上新建的大樓。

旁邊的建物是2000年時由英國貿易工業部大臣史蒂芬‧拜爾斯剪綵啟用的 ARM1 大樓，2016年7月時，安謀員工聚集在這裡和笑容滿面的孫正義一起慶祝軟銀收購安謀，如今這棟大樓仍然在使用，但是當年的高階主管們早已離開。西蒙‧西嘉斯的舊辦公室現在變成一間避靜室，有一塊藍色銘牌標示安謀原始的十二名工程師之一兼技術長麥克‧穆勒的辦公空間，2019年退休前，他是安謀和重要客戶蘋果的主要聯繫人。

不同於美國科技業巨人的總部園區充滿未來主義風格，安謀總部依舊樸實，馬路對面是成群的兩間連棟半獨立式房屋，窗簾放下來遮擋刺眼的陽光。總部鮮少滿員辦公，因為新冠肺炎疫情封鎖的尾聲，居家辦公仍然盛行。

現代的全球性公司嘗試不被地點困住，尤其是當時智慧財產可以一鍵地在世界各地移動、公司主管們可以搭乘商務艙到處飛的年代。但是不難觀察到，自2004年收購艾堤生元件後，安謀的權力基礎已轉移至美國，現在該公司的領導團隊大多位於加州聖荷西玫瑰園路（Rose Orchard Way）上的分公司，包括前酷朋（Groupon）和資料分析平台史普朗克（Splunk）財務長、2022年9月成為安謀財務長的傑森‧柴爾德（Jason Child）。

2022年2月，大批安謀員工聚集於劍橋總部的中庭，迎接安謀史上的重要時刻：第三次的領導人交接儀式，由西嘉斯交棒給第四任執行長瑞恩‧哈斯。

———

瑞恩‧哈斯在半導體業工作了很久，但是2013年才進入安謀，他是第一位不曾歷經安謀在劍橋和哈維穀倉形塑發展階段的執行長，不過在公司的重心逐漸移向矽谷的情況下，安謀找個美國人掌舵是遲早的事。還未進入安

謀前，安謀就已經很熟識哈斯了，他在輝達待了七年，領導輝達在筆記型電腦這塊領域的晶片銷售業務，推銷使用 ARM 設計的圖睿（Tagra）晶片。西嘉斯於2013年接掌執行長時，第一位聘用的高階主管就是哈斯這位洛杉磯湖人隊（Los Angeles Lakers）的大球迷，後來成為西嘉斯親密副手。

除了工讀時任職的公司，西嘉斯的正式職涯只任職過安謀這一家公司，但是哈斯不同，他歷練過多家公司。哈斯成長於紐約州安大略湖旁邊的舊工業城市羅徹斯特（Rochester），這裡是伊士曼柯達公司（Eastman Kodak）和全錄的發源地，大學時期在電台當 DJ，他對科技的興趣源於當教師的母親和任職全錄的物理學家父親。哈斯十一歲時，父親買了一台德州儀器的 Silent 700 電腦終端機給他內建數據機，可以撥號連線至當地的全錄主機型電腦，「連上線後，我就能和一台機器來回交談，我就這樣愛上了電腦，」哈斯說。

他在1984年從紐約州北部波茨坦鎮（Potsdam）的克拉森大學（Clarkson University）取得電機與電子工程學士學位後，陸續在全錄及德州儀器擔任過工程師，再進入恩益禧工作十年，先是擔任駐地工程師，支援使用 MIPS 架構處理器及其他晶片的客戶，後來晉升為銷售總監，照料包括：惠普、康柏、英特爾、思科等在內的重要客戶。

那段期間，幾種電腦晶片架構仍然在競爭領導地位，MIPS 比年少的 ARM 更具動能。1999年哈斯進入天矽卡公司（Tensilica），擔任地區銷售主管，這家創立僅兩年的公司，主要開發應用程式處理器核心技術，此時 ARM 架構已出現超前的跡象。

有點諷刺的是，安謀的早期工程師起初很羨慕美普思科技擁有的資源，但是美普思在試圖成為一家電腦銷售公司的路上迷了路。天矽卡的創辦人克里斯・羅文（Chris Rowen）是美普思科技的共同創辦人，並且僱用幾位美普思的員工。「我們把 ARM 視為黃金標準，因為它剛剛公開上市，」哈斯說：「安謀成為我們拿來比較的公司。」

2013年10月進入安謀時，哈斯首先擔任策略聯盟副總，很快就晉升為負責銷售與行銷的商務長，並進入主管委員會。他自2017年1月起升任智慧財產產品事業（IP Products Group）總裁，駐守上海一段期間，聚焦於把產品資產多樣化以瞄準重要市場，並增加每項產品資產的投資。

輝達和安謀於2018年3月合作深度學習推論（deep learing inferencing）──基本上就是幫助訓練電腦像人腦般地思考，在這合作計畫中，哈斯是要角。在2018年的安謀技術研討會上，他推出針對資料中心的 Neoverse 平台──雲端到邊緣基礎設施（cloud-to-edge infrastructure）。現在的趨勢是所謂的「分散式運算」（distributed computing），把資料保存在靠近顧客的地方，以改善反應時間和節省頻寬，而不是把所有資料集中儲存於一個巨大的雲端中心。這意味著需要更多較小型的資料中心，因此也就需要更多晶片，這對安謀來說是好消息。

輝達要收購安謀消息宣布後，他被重用來穩定客戶的信心，由此可見他的重要性，畢竟他在兩家公司任職過。不過他的最大挑戰始於2022年2月，輝達放棄這樁400億美元收購案後，他轉而必須穩定公司內部，尤其是西嘉斯先前已經警告，一旦安謀再度公開上市，公司將承受繳出短期獲利與營收的成長壓力，也會：「抑制我們的投資、擴展和快速行動與創新的能力。」

個頭高大、髮色花白、鼻子高凸、經常露齒而笑的哈斯很快地撇開前任西嘉斯的觀點，「輝達和安謀能夠一起做的所有事，我們也能自己做，」他上任當天告訴媒體。

由於孫正義的 B 計畫是讓安謀掛牌上市，哈斯必須讓公司的財務更好看，因此一個月後安謀宣布計畫裁員15％，可能接近1,000人，主要裁員的地點在英國和美國。

這距離軟銀說自己實踐了收購安謀後的承諾僅僅六個月。自收購安謀

後的五年來，這位日本投資人讓安謀總部維持於劍橋市，把安謀在英國的員工數增加1倍，達到3,560人，並確保員工大多擔任技術性工作。現在這些承諾因為安謀急於提高收入而終止。

安謀的裁員比宣稱的還要多人，在員工充滿抱怨的氣氛中，全球總計裁員1,250人，達到18％，其中約半數受僱於績效不振的物聯網軟體平台Pelion，以及獨立出去、但仍在軟銀旗下的相關資產。其餘半數的裁員者是行政及支援人員。

但是由於哈斯想讓安謀擴展至新領域，因此該公司也同時招募新員工。「我們有一個無病呻吟的問題，那就是我們幾乎可以在任何市場營運，」他說：「所以我們必須明智地抉擇，確保我們做出的投資能帶來最佳報酬。」這位執行長閱歷甚豐，老於世故，現在是安謀這麼做的時候了。

拔河比賽

相較於2016年時的快速、平順的下市，安謀重返倫敦證交所的過程冗長且吵鬧。早前投資人批評英國脫歐後，歐洲的金融資本市場競爭力早已不如活躍的紐約和上海市場，甚至可能也不如鄰近的巴黎，因此英國的大臣們費勁心力想說服軟銀讓安謀這家英國旗艦公司重返倫敦證交所掛牌。

安謀有全球觸角，有數十年歷史，有經營尖端運算技術，有令人羨慕渴望的顧客群，位於總部僅僅60哩外的倫敦證交所自然想爭取，藉此展示倫敦也有競爭力。六年前安謀被收購，這顯示全球投資人仍然想把錢投入英國，因此英國的政治人物和金融業想再次迎接安謀。

這是一場硬仗。孫正義已經表示，他傾向讓安謀在紐約掛牌，而非倫敦，為了追求高估值，軟銀旗下的公司大多在紐約上市。他說：「我們認為，全球高科技公司集中的美國納斯達克證交所最合適。」❶

英國執掌投資的葛林史東男爵（Gerald Grimstone）主導安謀於倫敦上市一事，這位面孔粗獷的前財政部官員，曾為柴契爾政府籌畫過無數件公營企業民營化的案件，後來成為施羅德投資銀行副董事長。他在2022年6月前往日本，向孫正義表達英國的立場與期望。

英國已經放寬股市法規來吸引科技公司，葛林史東向軟銀提出特別不尋常的提議：雙重主上市（dual primary listing）。這樣的安排可以讓安謀同時進入紐約和倫敦的資金池，也被編入包含超過2,500檔科技類股的納斯達克綜合指數(Nasdaq composite index)，以及包含前100大上市公司的倫敦富時100指數裡。

英國展開的魅力攻勢還有另一個面向：首相鮑里斯·強生致函軟銀高層主管，大力讚美英國資本市場的優點。前英國秘密情報局M16局長艾力克斯·楊格（Sir Alex Younger）說，政府應該：「竭盡所能，」把安謀留在英國，他說：「英國未來的國安仰賴我們有能力維持與壯大一個強大的科技基礎，」又說：「這與國安和軍事有直接關連性，但更重要的是公司產生的經濟力量。」❷

這一切最終徒勞無益，葛林史東拜會孫正義的三週後，孫正義在東京港城竹芝辦公大樓舉行的年度股東大會上，向股東們確定：「納斯達克優先。」孫正義說：「安謀的大多數客戶在矽谷，美國的股市應該會想要擁有安謀，」儘管有來自倫敦的「愛的強烈呼喚」，而且銀行家們仍然在評估哪裡的法規最合適。❸

但是隨後爆發的政治危機使得英國的爭取行動受挫。2022年7月7日，英國首相強生因為一連串醜聞導致民眾對其政黨失去信心而被迫辭職，葛林史東及其他內閣成員也一併離職，和安謀方面的談話就此停止。儘管強生的短暫後繼者莉茲·特拉斯（Liz Truss）曾重振攻勢，特拉斯的後繼者里希·蘇納克（Rishi Sunak）也在2022年聖誕節前邀請哈斯至唐寧街。

這是強迫推銷。雙重主上市無疑地會增加成本及複雜性，可能需要兩

套會計帳來符合不同的會計標準,再加上兩套政府法規左右安謀董事會的運作方式。在孫正義透過視訊會議的支持下,哈斯試圖說服蘇納克,對英國真正重要的是安謀持續致力於英國擴展,並在其大多數員工所在地的英國繼續提供就業機會,如果政府簡化簽證法規,讓安謀能夠從歐洲各地引進工程師,這一切將變得更容易。

其間,安謀的財務績效持續改進。2022年6月截止的那一季營收7.19億美元,比去年同期成長6%,獲利4.14億美元,比去年同期成長31%,這還是在降低成本的效益開始產生之前。下一季,由於一些授權的延遲,營收及獲利降低,但是2022年最後三個月躍升,分別達到7.46億美元和4.5億美元。❹

從財務中可以明顯看出,安謀的權利金收入明顯增加。在這個快速演變的產業,安謀的商業模式屬於延遲支付的慢熱型模式,得花18個月發展出新的智慧財產,接下來客戶可能再花18個月用ARM架構設計出一款新晶片,等到客戶開始銷售產品、安謀開始有權利金收入時,可能已經過了四、五年了。

營收與獲利上升的原因之一是,歷經超過十年的努力,安謀終於在資料中心這個市場取得進展。全球科技業研調機構歐姆迪亞公司(Omdia)說,2022年第二季時,安謀在這個市場的占有率已經提高到7.1%,是迄今最高的水準。❺提供運算力較高、耗電較低的ARM架構晶片容易客製化,很適用於雲端邊緣的較小型資料中心。全球科技市場研調公司卡納利斯(Canalys)的一份研究報告預測,到了2026年,安謀可以囊括雲端運算處理器的50%市場,這是相當驚人的躍進。❻

這其中大多歸功於使用ARM架構的亞馬遜網路服務及其Graviton晶片,但是華為及許多其他公司也轉向使用安謀設計。微軟和谷歌開始使用安

爾運算公司（Ampere Computing）開發的ARM架構晶片，甲骨文和資料中心服務商易昆尼克斯（Equinix）早就使用該公司開發的晶片，輝達專為資料中心設計的Grace處理器也是使用ARM架構。在智慧型手機銷售量開始下滑之際，資料中心這個市場生意興隆，時機對安謀來說再好不過了。安謀最開始為基礎版手機所設計的晶片架構，如今也非常適合這些較新的市場，不同的是，晶片可能是智慧型手機中最昂貴的元件，但是伺服器處理器的成本遠遠更高，安謀能夠索取的權利金更高。

研調公司卡納利斯也預測，到了2026年，安謀將取得個人電腦市場30%的占有率，不過迄今這市場仍然由英特爾的x86處理器稱霸。另外還有汽車市場，安謀表示，在車內娛樂系統和先進駕駛輔助系統這兩個領域的成長率，已經超越智慧型手機和資料中心這兩個市場，預期汽車市場的晶片需求將在五年內增加1倍。

「我們的時代到了，」哈斯在給員工的信中寫道，他相信，相較於英特爾的x86，以及還不是很確立的RISC-V，ARM在成長市場上占據有利地位。另一股助力是，電動車內含的晶片數量是汽油車的2倍，在元件成本上，半導體僅次於電池，而且一些汽車製造商仍然承受晶片供給短缺之苦。❼

此外在軟銀旗下，安謀已經從設計通用型CPUs（通用於智慧型手機和資料中心），轉向不需要在某些項目妥協的客製化產品，這對安謀的發展有利。五年前做出的那些決策，甚至可能幫助孫正義在最終出售投資時獲得不錯的價格。

安謀在中國的困窘境況似乎也獲得控制。2022年4月，深圳官方終於批准安謀撤換胡搞瞎搞的安謀中國執行長吳雄昂，把他的名字從公司的商業紀錄中抹除，並且刻了新木頭章，用來批准所有的公司官方文件。

吳雄昂訴諸中國法律制度的企圖未能得逞，安謀揚言可能藉由把股份轉回給軟銀來撤出整個事業後，中方政府才採取行動。為終結長達兩年的僵局，中國公安進入位於深圳的安謀中國二十四樓辦公室，帶走吳雄昂的兩名護衛。❶

　　吳雄昂還不肯罷休，要同仁在家工作直到進一步通知，效忠者還封鎖支持安謀的股東發給安謀中國800名員工的訊息，最後安謀奪回安謀中國的IT系統、社群媒體帳號，以及銀行帳戶的掌控權，並安排兩人擔任共同執行長，其中一人是安謀妥協接受的中國政府顧問劉仁辰，由他擔任安謀中國的法定代表人暨總經理。

　　「安謀仍然信諾於中國市場，安謀中國做為一個獨立營運、由中國投資人多數擁有的公司，以及安謀中國生態系夥伴的成功，」軟銀的一份聲明寫道。❷ 透過安謀中國這個合資企業銷售安謀設計給中國市場的業務已經常態化，但是這個合資企業想創造中國特有的設計就沒那麼順利了。

　　不確定性在於最近的美國出口管制。美國的出口管制原先聚焦於阻止中國取得最先進的設備與設計工具，但是早已擴大延伸至較不那麼明顯、但仍然重要的電腦架構方面。新管制的性能門檻涵蓋任何對人工智慧賦能的技術，首當其衝的是輝達，英特爾也受到影響。安謀儘管沒有太多損失，但是新法規太不精確，如果公司主要業務被認定有結合其他技術，就有可能受到影響。

　　其他事情也不是很順利，2022年8月安謀控告其中一家大客戶高通，指出他們違反授權合約及侵犯商標，要求高通銷毀未經安謀同意、從Nuvia取得的一些設計，Nuvia是高通在一年前收購的一家新創公司。*

　　這是半導體產業典型的爭吵，相似於相互依賴的蘋果和三星之間持續多年、直到2018年才落幕的爭議。但是安謀鮮少捲入利害程度如此高的紛

爭裡。

Nuvia是由一群前蘋果晶片設計師創立的公司，專門設計電腦伺服器的處理器，高通也想提升自身的客製化筆記型電腦處理器核心。高通和蘋果之間本來就存在分歧，蘋果急於設計自己的手機元件，降低對高通的依賴度。更值得關切的是，Nuvia的領導人傑拉德‧威廉斯（Gerard Williams）在安謀的德州奧斯汀設計中心待過十二年，後來在蘋果擴編設計人才時加入。

安謀的這起官司形同控告前員工，此人曾經在為蘋果開發64位元架構晶片時扮演非常重要的角色，蘋果在2013年推出的A7晶片，用於iPhone 5S，大幅領先智慧型手機領域的其他競爭者。這提供了一個重要提醒：優異的技術仰仗優異的人才，不只是那些發明技術的人，還有那些應用技術的人。縱使安謀流失了最佳人才——的確不時有優秀人才離開該公司，他們還把安謀的專長帶到別處，這意味著ARM生態系持續成長。在1,300名使用ARM架構開發晶片的設計師中，威廉斯是最有價值的ARM架構提倡人之一。

預計在2024年9月開始審理的這起官司是具有相當風險性的策略，高通是產業內領先者，其業務可望提高安謀在個人電腦及汽車市場的占有率，分析師猜測，安謀的實際目的是想和高通談判出一個更高的權利金，而不是強迫高通銷毀使用中的Nuvia的設計。但不論如何，這起官司可能讓RISC-V這個免授權費與權利金的後起之秀得力，或是為正在試圖找到新投資人的安謀帶來不確定性。

＊安謀的授權有兩種，其一是授權CPU設計，這是大多數公司取得的授權類型，高通也是取得此種授權，其二是ARM架構授權，蘋果和高通都曾取得此種授權，然後自行開發資料中心伺服器的處理器，但是高通以失敗收場。Nuvia也取得ARM架構授權，用於設計客製化伺服器處理器核心，這授權包含可以在開發出的產品上使用ARM架構，但是根據合約規定，Nuvia不得轉讓授權。高通收購Nuvia後，直接持續使用Nuvia的ARM架構授權來開發產品，爭議訴訟由此展開。

自2020年9月同意讓輝達收購安謀後，軟銀的財務困境一直未能紓解。在全球出脫科技類股下，軟銀的投資資產價值持續下滑，2022年8月時軟銀繳出季虧損190億英鎊。軟銀出脫手中的最後一批優步股份，賣掉更多的阿里巴巴股份，並且刪減成本，「過去大豐收時我得意揚揚，我現在對自己的這種行為感到丟臉，」孫正義說。❿

看起來，安謀仍然想在納斯達克掛牌，2022年秋天董事會改選時，明確地想提高華爾街成分而找來前美國線上（AOL）、英特爾和高通的高階主管擔任董事。最引人注目的董事是前蘋果工程師暨東尼‧法戴爾，就是他從2001年的iPod開始引進ARM架構至一系列蘋果產品，在賈伯斯被英特爾吸引時，向他力薦ARM晶片，從而締造安謀的第二波成功。法戴爾形容安謀是：「矽的通用語，」並說他會：「幫助確保這家重要的公司對每一個未來的建造者賦能。」

但是疲軟的市場沒有復甦跡象，美國聯準會持續升高利率來抑制通膨，擔心全球性經濟衰退的害怕心理高漲，科技類股股價普遍下滑。安謀在2023年3月前掛牌上市的計畫被延後至「2023年的某個時候，」但該公司堅稱這項計畫繼續推進中。孫正義宣布他將特別聚焦於安謀，「它是我的活力泉源，我的快樂泉源，我的興奮泉源，」他說。

輝達收購安謀時，有另一個顯然被考慮過的選擇，那就是讓安謀的眾多最大客戶組成聯合財團來收購安謀，而非僅讓其中一家客戶擁有它，如此一來就能保持中立性，廣大的產業將更關心安謀的未來發展。英特爾執行長季辛格說，如果安謀有此計畫，「我們可能會很樂意以某種方式參與，」高通執行長克里斯蒂安諾‧阿蒙（Cristiano Amon）說：「我們有興趣投資，」南韓的SK海力士也對安謀有興趣。⓫⓬

2022年9月媒體報導，孫正義將前往南韓，討論三星和安謀建立聯盟的事宜。這立刻引發猜測三星可能收購安謀，或是在2023年公開上市之前，讓三星以優惠價格購買安謀的一些股份，讓安謀有一個新的基柱投資人。

2022年9月21日，當時的三星副會長暨實際領導人李在鎔結束兩週的歐洲行，返抵南韓首都的金浦國際機場時告訴記者：「孫董事長下個月來首爾時，可能會提出有關於安謀的提案。」**⑬** 李在鎔是三星集團創辦人李秉喆的孫子，李秉喆在近四十年前宣布進軍半導體產業，全仰賴員工的：「心理堅韌與創造力。」

三星如果收購安謀，將遭遇輝達的相同問題，但對於三星這家以供應記憶體晶片領先全球的公司來說，這也代表有機會改變自家在微處理器這個領域的聲望。

很顯然，安謀具有持久價值，問題在於每個公司都擁有一部分，但如何做，沒有共識。

結語：安謀的里程碑

大家都把焦點放在如何占有這公司，因此很容易忽視安謀在2021年10月已經通過另一個重要里程碑：安謀設計的晶片賣出2,000億片，連結全世界：智慧型手機、筆記型電腦、工業感測器、汽車、資料中心……無所不在。這銷量相當於每秒有近900片基於ARM架構的晶片被生產出來。**⑭**

這些數字提醒我們，儘管有種種紛擾、所有權的爭論、競爭威脅、無止盡的技術變化和為追求新市場而做出的龐大投資，ARM無處不在，而且愈來愈密集。透過和上千個夥伴的共事，安謀的基礎技術已達到驚人的普及程度，從最小的感測器到巨大的超級電腦，全都使用他們的技術。

英國以皇室、詹姆斯‧龐德（James Bond）、BBC、哈利‧波特（Harry Potter）、英超足球聯賽等聞名於世，荒原路華（Land Rover）、巴寶莉（Burberry）雨衣、約翰走路（Jonnie Walker）威士忌之類的品牌受人追捧，注重行銷、品質與傳承為人津津樂道。但是安謀這家驅動億萬資

料傳輸全球的英國小公司，在產業外卻乏人知曉。

　　儘管本書放眼安謀的未來及其設計後續的應用管道，但是也不要忘了，他們以前的產品仍然繼續為公司賺錢。1997年為德州儀器和諾基亞設計的ARM7TDMI處理器後來被嵌入工廠機器、洗衣機和擋風玻璃雨刷，光是2020年ARM7TDMI處理器出貨數量仍然高達2億台，產品壽命遠超過預估。

　　此外截至目前為止，使用ARM架構的晶片中有近半數（大約三季的年化營收為300億美元）是低成本、節能的32位元ARM Cortex-M微控制器，嵌入物聯網裝置和設備、汽車、電力管理系統、觸控螢幕和電池。這系列的處理器早再2004年就已經問市。

　　在安謀20週年的2010年年報中，針對截至當時為止的250億片晶片出貨量，當時的執行長華倫‧伊斯特寫道：「我們現在展望未來十年將有1,000億片ARM處理器架構的晶片出貨。」實際上出貨量遠遠高於安謀當時的預測。❺

　　現在保守派已經不再預測了，「賣出100億片時，我就不再震驚了，」ARM晶片的共同開發者蘇菲‧威爾森在一次受訪時說。❻人工智慧、超級電腦、機器人、物聯網，這些全都需要更多的晶片，2023年時累計總出貨量輕輕鬆鬆就能超過2,500億，離達到1兆出貨量並不遙遠。

　　2021年推出第九代架構ARMv9時，安謀的第三任執行長西蒙‧西嘉斯說，接下來的3,000億片ARM晶片都會使用這個架構。該公司預測，過不了多久，全世界的分享資料都將使用ARM晶片處理，要不就是在透過裝置和感測器觀看收集、儲存或運算雲端的端點，要不就是連結的資料網路。❼

　　事實上年營收300億美元沒有特別好，比較重要的是，每年新增不計其數的軟體程式被用來跑ARM架構的硬體。在開放原始碼的運算社群裡，有太多可以使用的東西了，開發者根本不須從零開始，不須要往別處尋找下一個機件設計。

這些何以重要，值得思量。安謀向世界傳達的理念是，通力合作優先於競爭，這理念似乎來自一個更單純的時代。藉由合作，安謀加快技術發展，驅動觸及每一個人的裝置和設備。每增加一個授權對象，安謀架構就變得更茁壯、用途更廣、軟體數量更多。

在數位巨人們對自家的產品晶片握有生殺大權之際，安謀仍然站在實用與划算的立場，仍然當個有效用的賦能者與夥伴。套用張忠謀對台積電的評論，市場原本預期這是一個薄弱的競爭者（如果安謀初創時，市場有任何預期的話），最終卻發現安謀其實能成為強而有力的供應商。

安謀的商業模式並不新穎，技術授權至少可追溯至七十年前，當美國政府急於加快電晶體的發展，強迫俗稱貝爾老媽的貝爾系統公司技術授權。電晶體普及全球，競爭者充斥，但是安謀迄今仍然屹立於國際。

安謀的技巧在於把創立時的受限條件轉化成一種優勢，如果當年資金充沛，也許就不會採行這種簡單俐落的商業模式了。限制條件一路伴隨安謀成長，使得首批經理人認知到公司無法一肩扛起所有事：設計整部的晶片，製造它們，把它們安裝在自家的裝置和設備上。

透過刪除法，安謀知道了成功竅門：把訊息傳播出去，找到廣泛產業裡的客戶，建立一個讓產業能群集環繞的標準。安謀也沒有天真地認為掌握卓越的技術就能發光，不少例子顯示，在一個快速成長的市場上，專有格式，例如：索尼的 Betamax，很容易被達到臨界質量的競爭者排擠掉。所以安謀第一任執行長薩克斯比上任後做的第一件事，就是搭機前往亞洲推銷業務。

安謀的首波成功關鍵是透過德州儀器對諾基亞授權，外界很容易認為這純粹只是天時地利的幸運。但如果不是安謀廣為宣傳，鼓勵被授權者進行實驗，並且有調整設計的意願，例如：在 ARM7TDMI 中納入附加的 16 位

元Thumb 指令集,公司的業務不可能突破。

在商場上沒有一蹴可幾的康莊大道。儘管蘋果在1986年首次接觸到ARM晶片,1990年ARM從艾康獨立出來時蘋果也沒有加碼投資。當蘋果為2001年推出的iPod尋找一款合適的處理器時,手中剩餘的安謀持股也沒有影響最終決定。但是蘋果在2008年向安謀提出ARM架構授權是源自前七年的觀察,明星級工程師丹尼爾·多柏普爾對ARM架構的經驗,無疑地也是促使蘋果選擇ARM架構的推力之一。

雖然專有技術稱霸全世界,安謀一直樂觀看待ARM指令集在公司以外發展出自己的生命,讓一大群開發者變成一大群擁護者,也為歷經數十載的創新,發展出一條銀質脈絡:從功能型手機到智慧型手機、再到物聯網,現在則是在資料中心和汽車這兩大領域有光明前程。

如果你現在聽來感覺一切毫不費力,請重新思考安謀的故事,你會發現其實不然。一路走來,安謀必須採取長期觀點、應付錯誤的開始,冀望行動市場的需求疲軟前,有新市場接續提供新的需求。他們有時自己創造好運氣,尤其是在資料中心領域,為了激發需求,長達十五年的過程中投資為電腦伺服器設計高性能晶片的新創公司,其中一家新創公司在2015年被亞馬遜收購,現在為安謀提供動能。

對於英國想在脫歐後時代找到代表性的企業,安謀的故事顯示,欲取得全球產業領導地位,不需要耗資數十、上百億英鎊的工廠,也不需要一個在世界各地吸引政府大力補助的產業。對於數十年來沒有半導體策略可言的國家,只要有足夠現金、數十年的經驗、年輕人的創新活力,一切就準備就緒了。

安謀是一塊人才磁鐵,起初艾康從劍橋大學招募人才,這是英國的知識經濟的核心學術機構之一,接著BBC微型電腦的成功又成為非常有力的招募亮點,口碑很快就傳播出去。

很多人期望英國境內的新創公司能夠在完成商業旅程時達到世界頂尖

的地位，但是我認為，試圖創造另一個安謀就如同試圖創造另一個谷歌那般愚傻。不過閣員可以用訓練與技能打基礎，讓人人更易於應用科學。他們可以鼓勵勇於使用美國創意、將其商業化、再銷售給美國與全世界的文化，如果國內所有權很重要的話，他們可以讓投資人了解，在小型公司需要空間與時間來擴大規模、尋找新客戶和發展新產品之際，需要提供成長的資本。任何成功的新創事業必須一開始就國際化，這需要四通八達的機場、穩定的稅制與監管制度，以及能夠招募世界各地的人才。

現下安謀似乎不可或缺，他們驅動的運算力持續推動數位世界的成長，對商務人士則提供有關規模、基業長青、持續創新和圓滑手段的重要啟示。但是新技術既帶來機會，也帶來威脅，這個產業充滿著未能找到市場的突破性創新，以及當更好的產品出現時，被拋棄的標準、系統和器材。

下一個新秀只需要一個簡單的想法：有信心地推銷、能夠抓住機運、能夠適應生存的能力、如預料般發展成為一個廣泛通力合作的中樞創意。這就是安謀成功的路徑。

謝辭

感謝抽出時間與我討論或審閱這本書、並提出意見的每一個人，這使我想起一句格言：知之為知之，不知為不知，是知也。

開始研究與撰寫此書的計畫時，我知道自己對微晶片的知識薄弱，計畫完成時，我敬畏一些貢獻者浩瀚與透徹地了解這領域，希望自己也受教了一些，並且將其反映於本書中。

我一再遇到貢獻者對他們的成就和集體努力引以為傲，他們確實應該如此，安謀是一家獨特的公司，是徹底改變世界其中一個產業中的一員。

在此致謝下列人士：艾倫夫婦（Nigel and Suzanne Allen）、阿薩諾維奇、貝里森（John Berylson）、畢格斯、柏德、博蘭、邦菲爵士、布魯克斯、布朗、巴德（Graham Budd）、錢伯斯、康威（Richard Conway）、考尼許-鮑登（Kate Cornish-Bowden）、大衛（Phil David）、德博克（Jo De Boeck）、戴爾法西、杜克（Simon Duke）、鄧恩、伊斯特、佛伯、加瓦里尼、格林姆斯頓爾勳爵（Lord Grimstone of Boscobel）、格里思韋特（Richard Grisenthwaite）、哈斯、哈羅德（Alex Harrod）、豪瑟、休斯（Phil Hughes）、賈格、克肖（David Kershaw）、勞特巴赫（Anastassia Lauterbach）、劉（Mark Liu）、利溫史東、洛戴爾、瑪歌旺、馬拉喬夫斯基、穆卡利、佩恩、皮塔、拉姆（Sudhakar Ram）、雷納（Ben Rayner）、雷德蒙、萊恩斯、桑奎尼（Dick Sanquini）、薩

克比爵士、史卡利布里克（John Scarisbrick）、西嘉斯、史密斯（Ian Smythe）、湯馬斯（Chris Thomas）、索頓（Ian Thornton）、土普曼、烏哈里、厄克哈特、萬豪敦、沃許（Eliza Walsh）、王（Dan Wang）、萊特（Madeline Wright）。

荷德史道頓出版公司（Hodder & Stoughton）的阿姆斯壯（Huw Armstrong）及其同仁從一開始就認同我的願景，並且幫助我把本書創作成我期望的模樣。大大感謝我的經紀人、艾維塔斯創意管理公司（Aevitas Creative Management）的蒙迪（Toby Mundy）促成我們的合作，並在過程中提供諸多支持。

特別感謝我的岳父母阿維斯特蘭夫婦（Andres and Kicki Alvestrand）讓我使用「hönshuset」，那裡真是炎炎夏日避靜寫作的理想之地。當然，也要感謝瓦維卡（Viveka）和艾莉絲（Alice）賜予無盡的愛，以及理解我無法與他們共度週末的時光，還有一直與我們同在的奧斯卡（Oscar）。

詞彙表

bit size	位元大小	一片晶片能夠處理的資訊量或「字組長度」（word length）。一個位元是運算中最小的資訊單位，bit是「binary」（二進位）和「digit」（數位）這兩個字的混成詞，通常代表一個1或一個0。一片8位元晶片能夠處理從0到255種不同數值，從十進位制轉換成二進位制的11111111。晶片處理能力隨著位元大小的增大而呈現指數型成長，一片16位元的晶片能處理從0到65,535種不同數值；一片32位元的晶片能處理從0到4,294,967,295種不同數值；一片64位元的晶片能處理從0到18,446,744,073,709,551,616種不同數值。八個位元形成一個位元組（byte），位元組是衡量記憶體容量的單位。
Central processing unit（CPU）	中央處理器	一種邏輯晶片，是一台電腦的大腦，處理軟體程式提出的應用要求及高層次電腦功能。
clock cycle	時脈週期	一片晶片的心跳（脈動），衡量執行一個指令花多少時間。一兆赫（megahertz）代表每秒一百萬個週期或指令；一吉赫（gigahertz）代表每秒十億個週期或指令。
computer core	電腦核心	一部中央處理器的單一一個核心處理器，現代的中央處理器可以內含數千個處理器，平行處理不同的作業，此稱為「多核心處理器」（mutli-core processor）。
die	晶粒、裸晶	用以製造微晶片的小塊半導體材料，從量產出來的矽晶圓上切割下來。
digital signal processor（DSP）	數位訊號處理器	壓縮和轉譯類比訊號的專業微處理器，被廣用於電訊、數位影像、及語音辨識。
embedded system	嵌入式系統	把處理器和記憶體及一些周邊裝置結合起來的電腦，有較大的機械或電子系統處理專門功能。
encapsulation	封裝	用樹脂密封微晶片，以保護它免於受損。
graphics processing unit（GPU）	圖形處理器	專門執行圖形工作的處理器，但由於它能夠同時處理許多件資料，因此也被應用於機器學習和遊戲應用程式。
input/output（I/O）	輸入/輸出	把一處理器連結至外面世界的通訊功能，外面世界可能是一個人類使用者，或是另一台處理器。
instruction set	指令集	以機器語言對一中央處理器發出的一群命令。

integrated circuit（IC）	積體電路	一片半導體材料（通常是矽）上的一組電子電路，也被稱為一片晶片或微晶片。
logic chip	邏輯晶片	電子器材的大腦，包含中央處理器、圖形處理器及神經處理器（neural processing units，用於機器學習）。
memory chip	記憶體晶片	一種資訊儲存器，和邏輯晶片一起運作。第一種記憶體晶片是動態隨機存取記憶體（dynamic random access memory，簡稱DRAM），儲存少量資料，通常是暫時儲存，以便開啟一器材時，能夠快速存取。記憶體晶片讓中央處理器騰出空間去執行其他工作。後來出現NAND快閃記憶體，之所以名為NAND，是因其相似於「NOT-AND」邏輯閘，而且一段儲存單元可以被快速（快閃）抹寫。快閃記憶體儲存更多量的資料，通常是在器材被關閉時持久性地儲存，例如：在智慧型手機上執行的一堆相片。
microchip	微晶片	一片半導體材料（通常是矽）上的一組電子電路，也被稱積體電路（IC）。
microcontroller	微控制器	更簡單版本的微處理器，有整合的記憶體和周邊裝置，可以在不依賴核心下執行工作。微控制器被用於嵌入式應用，例如：醫療器材、遙控器、電器。
microprocessor	微處理器	把執行一部電腦的中央處理器功能所需要的資料處理邏輯與控制放在單一一塊積體電路上的處理器。
peripheral	周邊裝置	可附加於一台電腦以輸入或輸出資訊的外部器材，包括：滑鼠、鍵盤、網路攝影機、麥克風、印表機、儲存器材。
process node	製程節點	半導體製造等級，通常以「奈米」來衡量，指的是擠在一片微晶片上的電晶體之間的距離。製程節點愈小，晶片處理速度愈快、愈節能。
Substrate	基板、載板	在其上或其內製造晶片的支撐材料，或是製造出晶片後，接於這基板上。
system on a chip	單晶片系統	把一部電腦的所有或大多數元件整合到單一晶片上的積體電路。
Transistor	電晶體	現代電子產品的基石，透過電路中的邏輯閘來開關或放大電訊號。

參考文獻

第一章

1. https://www.wsj.com/articles/pelosi-vows-ironclad-defense-of-taiwans-democracy-as-china-plans-live-fire-drills-11659511188

2. https://www.semiconductors.org/study-identifies-benefits-and-vulnerabilities-of-global-semiconductor-supply-chain-recommends-government-actions-to-strengthen-it/

3. https://edition.cnn.com/videos/tv/2022/07/31/exp-gps-0731-mark-liu-taiwan-semiconductors.cnn

4. https://www.futurehorizons.com/assets/fh_research_bulletin_2021-04_the_china_c.pdf

5. https://www.youtube.com/watch?v=FKO5AXIB_Ac

6. https://www.wsj.com/articles/global-chip-shortage-is-far-from-over-as-wait-times-get-longer-11635413402

7. https://news.sky.com/story/ps5-becomes-fastest-sony-console-to-achieve-sales-of-10-million-12366564

8. https://www.reuters.com/business/autos-transportation/boosted-by-premium-car-demand-volkswagen-raises-margin-target-2021-05-06/

9. https://www.alixpartners.com/media-center/press-releases/press-release-shortages-related-to-semiconductors-to-cost-the-auto-industry-210-billion-in-revenues-this-year-says-new-alixpartners-forecast/

10. https://www2.deloitte.com/content/dam/Deloitte/tw/Documents/technology-media-telecommunications/tw-semiconductor-report-EN.pdf

11. https://www.philips.com/a-w/about/news/archive/standard/news/articles/2022/20220608-chips-for-lives-global-chip-shortages-put-production-of-life-saving-medical-devices-and-systems-at-risk.html

12. https://www.nscai.gov/wp-content/uploads/2021/03/Full-Report-Digital-1.pdf

13. https://www2.deloitte.com/content/dam/Deloitte/us/Documents/technology-media-telecommunications/us-tmt-2022-semiconductor-outlook.pdf

14. https://www.bcg.com/publications/2020/incentives-and-competitiveness-in-semiconductor-manufacturing

15. https://www.whitehouse.gov/briefing-room/speeches-remarks/2021/02/24/remarks-by-president-biden-at-signing-of-an-executive-order-on-supply-chains/

16. https://www.nytimes.com/1989/06/14/world/reagan-gets-a-red-carpet-from-british.html

17. https://www.semiconductors.org/global-semiconductor-sales-units-shipped-reach-all-time-highs-in-2021-as-industry-ramps-up-production-amid-shortage/

18. https://docs.cdn.yougov.com/w2zmwpzsq0/econTabReport.pdf

19. https://arxiv.org/pdf/2011.02839.pdf

20. https://www.youtube.com/watch?v=3jU_YhZ1NQA-&t=7207s

21. FutureHorizons, Research Brief 09/2021, 'Back to a Vertical Business Model'.

第二章

1. https://worldradiohistory.com/Archive-Electronics/60s/61/Electronics-1961-03-10.pdf

2. https://worldradiohistory.com/hd2/IDX-Site-Technical/Engineering-General/Archive-Electronics-IDX/IDX/60s/60/Electronics-1960-12-02-OCR-Page-0004.pdf

3. T.R. Reid, The Chip, Simon & Schuster, 1985, p. 18.

4. https://everything2.com/title/The%2520Tyranny%2520of%-2520Numbers

5. https://davidlaws.medium.com/the-computer-chip-is-sixty-36cff1d837a1

6. https://www.nobelprize.org/prizes/physics/2000/kilby/biographical/

7. https://www.lindahall.org/about/news/scientist-of-the-day/geoffrey-dummer

8. T.R. Reid, The Chip, p. 87.

9. https://digitalassets.lib.berkeley.edu/roho/ucb/text/rock_arthur.pdf

10. Leslie Berlin, The Man Behind the Microchip, OUP, 2005, p. 61.

11. Michael Malone, The Intel Trinity, Harper Collins, 2014, p.15.

12. https://digitalassets.lib.berkeley.edu/roho/ucb/text/rock_arthur.pdf

13. T.R. Reid, The Chip, p. 147.

14. https://newsroom.intel.com/wp-content/uploads/sites/11/2018/05/moores-law-electronics.pdf

15. https://www.youtube.com/watch?v=EzyJxAP6AQo

16. https://edtechmagazine.com/k12/article/2012/11/calculating-firsts-visual-history-calculators

17. https://www.intel.com/content/www/us/en/history/virtual-vault/articles/intels-founding.html

18. https://digitalassets.lib.berkeley.edu/roho/ucb/text/rock_arthur.pdf

19. https://www.intel.sg/content/www/xa/en/history/museum-story-of-intel-4004.html

第三章

1. Their bits are worse than their bytes', United Press International, 24 December 1984.

2. https://www.youtube.com/watch?v=jtMWEiCdsfc

3. http://34.242.82.140/media/BBC-Microelectronic-government-submission.pdf

4. http://nottspolitics.org/wp-content/uploads/2013/06/Labours-Plan-for-science.pdf

5. https://clp.bbcrewind.co.uk/media/BBC-Microelectronic-government-submission.pdf

6. https://www.bbc.co.uk/news/technology-15969065

7. https://www.youtube.com/watch?v=KrTmvqwpZF8

8. Brian Merchant, The One Device, Little, Brown, 2017, p. 155.

9. https://archive.computerhistory.org/resources/access/text/2012/06/102746190-05-01-acc.pdf

10. https://media.nesta.org.uk/documents/the_legacy_of_bbc_micro.pdf

11. https://www.nytimes.com/1962/11/03/archives/pocket-computer-may-replace-shopping-list-inventor-says-device.html

12. https://archive.computerhistory.org/resources/access/text/2014/08/102739939-05-01-acc.pdf

13. https://archive.computerhistory.org/resources/access/text/2014/08/102739939-05-01-acc.pdf

14. https://web.archive.org/web/20120721114927/http://www.variantpress.com/view.php?content=ch001

15. https://web.archive.org/web/20120721114927/http://www.variantpress.com/view.php?content=ch001

16. https://datassette.nyc3.cdn.digitaloceanspaces.com/livros/iwoz.pdf

17. Walter Isaacson, Steve Jobs, Simon & Schuster, 2011, p. 58.

18. https://en.wikipedia.org/wiki/Apple_II#/media/File:Apple_II_advertisement_Dec_1977_page_2.jpg

19. Berlin, The Man Behind the Microchip, p. 251.

20. Isaacson, Steve Jobs, p. 84.

21. https://archive.computerhistory.org/resources/access/text/2014/08/102746675-05-01-acc.pdf

22. https://media.nesta.org.uk/documents/the_legacy_of_bbc_micro.pdf

23. http://www.naec.org.uk/organisations/bbc-computer-literacy-project/towards-computer-literacy-the-bbc-computer-literacy-project-1979-1983

24. https://www.margaretthatcher.org/document/104609

25. https://www.theregister.com/2011/11/30/bbc_micro_model_b_30th_anniversary/?page=5

26. https://www.youtube.com/watch?v=T2VfgtTt5So

27. LIANE, News UK cuttings.

28. https://www.express.co.uk/expressyourself/113527/Battle-of-the-Boffins

29. Biggs file letter.

30. https://archive.computerhistory.org/resources/access/text/2016/07/102737949-05-01-acc.pdf

31. https://inst.eecs.berkeley.edu/~n252/paper/RISC-patterson.pdf

32. https://archive.computerhistory.org/resources/access/text/2016/07/102737949-05-01-acc.pdf

33. https://www.commodore.ca/commodore-history/the-rise-of-mos-technology-the-6502/

34. https://archive.computerhistory.org/resources/access/text/2012/06/102746190-05-01-acc.pdf

35. https://archive.org/details/AcornUser039-Oct85/page/n8/mode/1up

36. Isaacson, Steve Jobs, p. 144.

37. https://www.mprove.de/visionreality/media/Kay72a.pdf

38. John Sculley, Odyssey, Harper Collins, 1987, p. 403–4.

39. https://archive.computerhistory.org/resources/access/text/2014/08/102746675-05-01-acc.pdf

40. https://www.nomodes.com/LinzmayerBook.html

41. https://www.nomodes.com/LinzmayerBook.html

42. Sculley, Odyssey, p. 342.

第四章

1. https://www.sbsummertheatre.com/history

2. https://docplayer.net/103199502-All-contributions-for-next-month-s-issue-are-required-by-19th-of-each-month-please-send-to-the-edito-r.html

3. https://www.youtube.com/watch?v=ljbdhICqETE

4. 'INMOS becomes member of SGS-THOMSON Group', Business Wire, 6 April 1989.

5. https://www.youtube.com/watch?v=ljbdhICqETE

6. https://archive.computerhistory.org/resources/access/text/2020/02/102706882-05-01-acc.pdf

7. https://archive.computerhistory.org/resources/access/text/2020/02/102706882-05-01-acc.pdf

8. http://www.nomodes.com/LinzmayerBook.html

9. https://archive.computerhistory.org/resources/access/text/2013/04/102746578-05-01-acc.pdf

10. https://archive.computerhistory.org/resources/access/text/2020/02/102706882-05-01-acc.pdf

11. 'Arming the World', Electronic Business, 1999.

12. Company brochure from John Biggs file.

13. https://www.managementtoday.co.uk/andrew-davidson- interview-robin-saxby-chairman-arm-soaring-microchip-design-company-says-just-following-hobby-success-part-gadget-obsessed-mr-fixit/article/412279

第五章

1. https://www.nokia.com/blog/thirty-years-on-from-the-call-that-transformed-how-we-communicate/#:~:text=The%20first%20official%20GSM%20call,nights%20to%20make%20it%20happen

2. https://web.archive.org/web/20070213045903/http://telemuseum.no/mambo/content/view/29/1/

3. https://money.cnn.com/magazines/fortune/fortune_archive/2000/05/01/278948/index.htm

4. https://money.cnn.com/1999/02/08/europe/nokia/#:~:-text=Nokia%20overtakes%20Motorola%20%2D%20Feb.,8%2C%201999&text=LONDON%20(CNNfn)%20%2D%20Worldwide%20sales,according%20to%20a%20re-port%20Monday

第六章

1. https://www.youtube.com/watch?v=QhhFQ-3w5tE

2. https://www.annualreports.com/HostedData/Annual-ReportArchive/a/NASDAQ_AAPL_1996.pdf

3. Isaacson, Steve Jobs, p. 276.

4. https://www.youtube.com/watch?v=IOs6hnTI4lw

5. https://www.youtube.com/watch?v=IOs6hnTI4lw

6. https://www.youtube.com/watch?v=qccG0bEB-jYM&list=WL&index=12

7. Isaacson, Steve Jobs, p. 283.

8. https://www.zdnet.com/article/newton-inc-apple-spins-off-the-messagepad/

9. https://www.cultofmac.com/469567/today-in-apple-history-apple-bids-farewell-to-the-newton/

10. https://www.4corn.co.uk/articles/websites/www95/acorn/library/pr/1995/07_Jul/NewMD.html

11. https://www.wired.com/2009/12/fail-oracle/

12. https://techmonitor.ai/technology/arm_wins_billion_dollar_valuation_in_ipo

13. Company brochure from John Biggs file.

14. https://www.youtube.com/watch?v=i5f8bqYYwps&list=WL

15. https://thenextweb.com/news/ex-apple-ceo-john-sculley-tells-story-arm-newton-start-apple-mobile-giant

16. https://www.nomodes.com/LinzmayerBook.html

17. https://archive.computerhistory.org/resources/access/text/2020/02/102706882-05-01-acc.pdf

18. Acorn Group PLC, 17 March 1998 stock-market statement.

19. https://www.investegate.co.uk/arm-holdings-plc/rns/4th-quarter---final-results-to-31-december-1999/200001310701286413E/

20. https://www.sec.gov/Archives/edgar/data/1057997/000095010303001446/jun2303_20f.htm

21. https://www.theguardian.com/technology/2000/jul/18/efinance.business1

第七章

1. https://www.history.com/this-day-in-history/earth-quake-kills-thousands-in-taiwan#:~:text=An%20earthquake%20in%20Taiwan%20on,tremor%20that%20killed%203%2C200%20people.

2. https://www.nytimes.com/2000/02/01/business/the-silicon-godfather-the-man-behind-taiwan-s-rise-in-the-chip-industry.html

3. https://pr.tsmc.com/english/news/2191

4. https://pr.tsmc.com/english/news/2213

5. https://archive.computerhistory.org/resources/access/text/2017/03/102740002-05-01-acc.pdf

6. https://archive.computerhistory.org/resources/access/text/2017/03/102740002-05-01-acc.pdf

7. https://www.nber.org/system/files/working_papers/w0118/w0118.pdf, p. 60.

8. https://www.semi.org/en/Oral-History-Interview-Ed-Pausa

9. https://archive.computerhistory.org/resources/access/text/2012/04/102658284-05-01-acc.pdf

10. Berlin, The Man Behind the Microchip, p. 132.

11. https://www.nber.org/system/files/working_papers/w0118/w0118.pdf

12. https://www.alamy.com/stock-photo-1960s-advertisement-advertising-portable-transistor-radios-by-sony-147924076.html

13. https://documents1.worldbank.org/curated/en/975081468244550798/pdf/multi-page.pdf

14. Geoffrey Cain, Samsung Rising, Virgin Books, 2020, p. 53.

15. https://documents1.worldbank.org/curated/en/975081468244550798/pdf/multi-page.pdf

16. https://www.hpmemoryproject.org/timeline/art_fong/chuck_house_thoughts.htm

17. https://www.nytimes.com/1982/02/28/business/japan-s-big-lead-in-memory-chips.html

18. Andy Grove, Only the Paranoid Survive, Harper Collins Business, 1996, p. 89.

19. https://archive.computerhistory.org/resources/access/text/2017/03/102740002-05-01-acc.pdf

20. Malone, The Intel Trinity, p. 409.

21. https://link.springer.com/chapter/10.1007/4-431-28916-X_3

22. https://www.semi.org/en/Oral-History-Interview- Morris-Chang

23. https://spectrum.ieee.org/morris-chang-foundry-father

24. https://taiwantoday.tw/news.php?unit=6,23,45,6,6&post=8429

25. https://citeseerx.ist.psu.edu/viewdoc/download?-doi=10.1.1.548.6098&rep=rep1&type=pdf

26. https://mediakron.bc.edu/edges/case-studies-in-the-taiwan-miracle/hsinchu-science-park-a-case-study-in-taiwans-shift-to-tech/from-industry-to-innovation-hsinchu-science-park-tsmc-and-the-development-of-taiwans-tech-sector/opening-hsinchu-science-park

27. https://www.semi.org/en/Oral-History-Interview- Morris-Chang

28. https://www.semi.org/en/Oral-History-Interview- Morris-Chang

29. https://www.youtube.com/watch?v=wEh3ZgbvBrE&t=8s

30. https://www.brookings.edu/wp-content/uploads/2022/04/Vying-for-Talent-Morris-Chang-20220414.pdf

31. https://www.youtube.com/watch?v=wEh3ZgbvBrE&t=8s

32. Saxenian and Hsu, 'The Silicon Valley-Hsinchu Connection: Technical Communities and Industrial Upgrading'.

第八章

1. Shareholders' Meeting – Final, FD (Fair Disclosure) Wire, May 18, 2005 Wednesday transcript.

2. Shareholders' Meeting – Final, FD (Fair Disclosure) Wire, May 18, 2005 Wednesday transcript.

3. Shareholders' Meeting – Final, FD (Fair Disclosure) Wire, May 18, 2005 Wednesday transcript.

4. https://www.intel.com/content/www/us/en/history/history-2004-annual-report.htm

5. file:///C:/Users/james/Downloads/history-2004-annual-report.pdf

6. Malone, The Intel Trinity, p. 364.

7. https://www.latimes.com/archives/la-xpm-1991-08-30-fi-1556-story.html

8. Jeff Ferry, 'The best chip shop in the world', Director, March 1994.

9. https://www.intel.com/pressroom/kits/events/idffall_2005/20050823Otellini.pdf (Link since taken down by Intel)

10. https://www.intel.com/pressroom/kits/events/idffall_2005/20050823Otellini.pdf (Link since taken down by Intel)

11. https://www.forbes.com/global/2007/0604/062.html?sh=6a85ceffd4f2

12. Malone, The Intel Trinity, p. 211

13. https://arstechnica.com/gadgets/2017/06/ibm-pc-history-part-1/

14. https://www.ibm.com/ibm/history/exhibits/pc25/pc25_intro.html

15. https://spectrum.ieee.org/how-the-ibm-pc-won-then-lost-the-personal-computer-market

16. https://www.ibm.com/ibm/history/ibm100/us/en/icons/personalcomputer/

17. Malone, The Intel Trinity, p. 393.

18. https://www.informationweek.com/it-life/ibm-s-elephant-that-couldn-t-tap-dance-with-the-pc

19. 'Microsoft Trial – Gates' Spat With Intel Is Revealed By E-Mail', Seattle Times, 23 June 1999.

20. https://rarehistoricalphotos.com/windows-95-launch-day-1995/

21. https://www.intel.com/content/www/us/en/history/virtual-vault/articles/end-user-marketing-intel-inside.html

22. 'In the Spotlight; The Intel Hustle', Los Angeles Times, 7 September 1997.

23. https://books.google.co.uk/books?id=MTd-CDwAAQBAJ&pg=PA1411&lpg=PA1411&dq=intel+p-c+market+share+56+1989&source=bl&ots=Yg-CRw-J9gn&sig=ACfU3U32KeS_uKlRZrnpNzFkgeyqJMK8Y-w&hl=en&sa=X&ved=2ahUKEwiVxoaypb74AhVJXsAKHQgxBYcQ6AF6BAgyEAM#v=onepage&q=intel%20pc%20market%20share%2056%201989&f=false

24. https://queue.acm.org/detail.cfm?id=957732

25. 'ARM Ltd Partners with Digital – Acorn joint venture company continues run of success', M2 PRESSWIRE, 21 February 1995.

26. https://archive.computerhistory.org/resources/access/text/2014/01/102746627-05-01-acc.pdf

第九章

1. https://www.ingenia.org.uk/ingenia/issue-69/profile

2. http://media.corporate-ir.net/media_files/irol/19/197211/626-1_ARM_AR_040311.pdf

3. https://www.quora.com/What-was-it-like-working-on-the-original-iPhone-project-codenamed-Project-Purple

4. Merchant, The One Device, p. 224.

5. https://www.youtube.com/watch?v=cp49Tmmtmf8

6. Merchant, The One Device, p. 150.

7. Cain, Samsung Rising, p. 60.

8. https://techcrunch.com/2008/02/27/over-a-billion-mobile-phones-sold-in-2007/

9. Cain, Samsung Rising, p. 152.

10. https://www.youtube.com/watch?v=MnrJzXM7a6o

11. https://www.globenewswire.com/en/news-release/2004/10/19/317281/2693/en/ARM-Introduces-The-Cortex-M3-Processor-To-Deliver-High-Performance-In-Low-Cost-Applications.html

12. 'Chip Off Silicon Valley's Block', The Business, 29 August 2004.

13. https://www.telegraph.co.uk/finance/2893316/Arm-shares-fall-18pc-after-US-acquisition.html

14. https://www.intel.com/pressroom/archive/releases/2006/20060627corp.htm

15. https://www.theguardian.com/technology/2009/jun/11/intel-culv-sean-maloney

16. Grove, Only the Paranoid Survive, p. 105.

17. https://appleinsider.com/articles/07/12/21/exclusive_apple_ to_adopt_intels_ultra_mobile_pc_platform.html

18. Isaacson, Steve Jobs, p. 454.

19. Isaacson, Steve Jobs, p. 454-455.

20. Q4 2007 ARM Holdings plc Earnings Presentation – Final, FD (Fair Disclosure) Wire, 5 February 2008 (nexis.com)

21. https://fortune.com/2009/07/16/the-chip-company-that-dares-to-battle-intel/

22. https://www.annualreports.com/HostedData/Annual-ReportArchive/i/NASDAQ_INTC_2012.pdf

23. https://www.annualreports.com/HostedData/Annual-ReportArchive/a/NASDAQ_AAPL_2012.pdf

24. https://www.theatlantic.com/technology/archive/2013/05/paul-otellinis-intel-can-the-company-that-built-the-future-survive-it/275825/

25. https://www.arm.com/company/news/2013/02/arm-holdings-reports-results-for-fourth-quarter-and-full-year-2012

26. https://www.theatlantic.com/technology/archive/2013/05/paul-otellinis-intel-can-the-company-that-built-the-future-survive-it/275825/

27. https://newsroom.intel.com/editorials/brian-krzanich-our-strategy-and-the-future-of-intel/#gs.lecequ

28. https://www.apple.com/uk/newsroom/2020/06/apple-announces-mac-transition-to-apple-silicon/

第十章

1. Duncan Clark, Alibaba: The House that Jack Ma Built, Ecco, 2016.

2. https://www.reuters.com/article/alibaba-ipo-board-idINL-4N0QK3Q120140827

3. Atsuo Inoue, Aiming High: Masayoshi Son, Softbank, and Disrupting Silicon Valley, Hodder & Stoughton, 2021.

4. https://www.independent.co.uk/news/people/profiles/simon-segars-interview-looking-forward-future-and-internet-things-9789959.html

5. https://www.independent.co.uk/news/people/profiles/simon-segars-interview-looking-forward-future-and-internet-things-9789959.html

6. https://www.investegate.co.uk/arm-holdings-plc--arm-/rns/analyst-and-investor-day-2015/201509150700080227Z/

7. https://www.mckinsey.com/business-functions/mckinsey-digital/our-insights/the-internet-of-things-the-value-of-digitizing-the-physical-world

8. https://asia.nikkei.com/Business/Companies/Masayoshi-Son-talks-about-how-Steve-Jobs-inspired-SoftBank-s-ARM-deal

9. Inoue, Aiming High, p. 270.

10. https://www.businesswire.com/news/home/20160621005758/en/SoftBank-to-Sell-Supercell-Stake-at-USD-10.2-Billion-Valuation

11. https://group.softbank/en/news/press/20150511_4

12. 'SoftBank CEO Son plans to work at least 5 more yrs as Arora quits', Japan Economic Newswire, 22 June 2016.

13. https://www.livemint.com/Companies/uzZ0D4e4DyjvqI-UqETMbYP/The-trigger-for-Nikesh-Aroras-SoftBank-resig-nation.html

14. https://www.deepchip.com/items/0562-04.html

15. https://www.theresa2016.co.uk/we_can_make_britain_a_country_that_works_for_everyone

16. https://www.youtube.com/watch?v=ZzhYOPIelb4

17. https://www.enterprise.cam.ac.uk/a-call-to-arms/

18. https://www.youtube.com/watch?v=d1S7Zk3eHdo

19. https://www.techinasia.com/masayoshi-son-softbank-40-year-dream-arm-acquisition

20. https://asia.nikkei.com/Business/Companies/Masayoshi-Son-talks-about-how-Steve-Jobs-inspired-SoftBank-s-ARM-deal

21. https://asia.nikkei.com/Business/Companies/Masayoshi-Son-talks-about-how-Steve-Jobs-inspired-SoftBank-s-ARM-deal

22. Personal view; British fund managers are too risk averse to back visionaries such as Elon Musk, writes James Anderson. The Daily Telegraph (London) April 15, 2017

23. https://www.youtube.com/watch?v=ZzhYOPIelb4

第十一章

1. https://www.youtube.com/watch?v=1Z_ZcMdYRrA

2. https://www.youtube.com/watch?v=1Z_ZcMdYRrA

3. https://investors.broadcom.com/news-releases/news-release-details/broadcom-proposes-acquire-qualcomm-7000-share-cash-and-stock-0

4. https://www.sec.gov/Archives/edgar/data/804328/000110465918015036/a18-7296_7ex99d1.htm

5. https://www.sec.gov/Archives/edgar/data/804328/000110465918015036/a18-7296_7ex99d1.htm

6. https://www.everycrsreport.com/reports/RL33388.html

7. https://www.nytimes.com/1987/03/17/business/japanese-purchase-of-chip-maker-canceled-after-objections-in-us.html

8. https://www.bbc.com/news/business-43380893

9. https://trumpwhitehouse.archives.gov/wp-content/uploads/2017/12/NSS-Final-12-18-2017-0905.pdf

10. https://obamawhitehouse.archives.gov/blog/2017/01/09/ensuring-us-leadership-and-innovation-semiconductors

11. https://www.reuters.com/article/nxp-semicondtrs-ma-qualcomm-mollenkopf-idUSL1N1UN01L

12. https://www.reuters.com/article/nxp-semicondtrs-ma-qual-comm-idUSFWN1Y704B

13. https://www.nanya.com/en/About/27/Corporate%20Milestone

14. https://www.youtube.com/watch?v=mKzMYgOE6sw

15. https://www.youtube.com/watch?v=mKzMYgOE6sw

16. https://www.mckinsey.com/industries/semiconductors/our-insights/semiconductors-in-china-brave-new-world-or-same-old-story

17. China Manufacturing Commission

18. https://www.mckinsey.com/featured-insights/asia-pacific/a-new-world-under-construction-china-and-semiconductors

19. https://www.patentlyapple.com/patently-apple/2017/10/apples-coo-jeff-williams-recounts-how-business-with-tsmc-began-with-a-dinner-at-the-founders-home.html

20. https://phys.org/news/2009-11-china-chip-maker-mln-tsmc.html

21. https://www.pwc.com/gx/en/technology/pdf/china-semicon-2015-report-1-5.pdf

22. https://asia.nikkei.com/Business/China-tech/Taiwan-loses-3-000-chip-engineers-to-Made-in-China-2025

23. https://www.ft.com/content/8e6271aa-a1d1-4ddc-8b94-8480c9cb3ce0

24. https://www.independent.co.uk/news/business/ analysis-and-features/huawei-founder-brushes-off-accusations-that-it-acts-as-an-arm-of-the-chinese-state-9319244.html

25. https://www.fiercewireless.com/wireless/huawei-equipment-currently-deployed-by-25-u-s-rural-wireless-carriers-rwa-says

26. https://www.gsmarena.com/huaweis_2018_revenue_surpasses_100_million_for_the_first_time__-news-36279.php

27. https://chinacopyrightandmedia.wordpress.com/2016/04/19/speech-at-the-work-conference-for-cyber-security-and-informatization/

28. https://www.politico.com/story/2016/06/full-transcript-trump-job-plan-speech-224891

29. https://www.politifact.com/article/2016/jul/01/donald-trump-cites-ronald-reagan-protectionist-her/

30. https://www.handelsblatt.com/technik/it-internet/interview-huawei-founder-ren-zhengfei-5g-is-like-a-nuclear-bomb-for-the-us/24240894.html

31. https://www.bbc.co.uk/news/technology-48363772

32. https://www.reuters.com/article/us-asml-holding-usa-china-insight-idUSKBN1Z50HN

33. https://2017-2021.commerce.gov/news/press-releases/2020/12/commerce-adds-chinas-smic-entity-list-restricting-access-key-enabling.html

34. https://www.semi.org/en/news-media-press/semi-press-releases/semi-export-control

35. https://www.reuters.com/article/us-southkorea-japan-laborers-analysis-idUSKCN1U31GS

第十二章

1. https://www.theguardian.com/environment/2020/jan/06/why-irish-data-centre-boom-complicating-climate-efforts

2. https://www.cso.ie/en/releasesandpublications/ep/p-dcmec/datacentresmeteredelectricityconsumption2020/key-findings/

3. https://www.datacenterdynamics.com/en/news/apple-declines-to-commit-to-galway-data-center-irish-govt-promises-to-do-anything/

4. https://www.eirgridgroup.com/newsroom/all-island-gcs-2019/

5. https://www.telegraph.co.uk/luxury/technology/tech-insiders-really-think-andy-jassy-soon-to-be-ceo-amazon/

6. https://ir.aboutamazon.com/news-release/news-release-details/2020/Amazoncom-Announces-Fourth-Quarter-Sales-up-21-to-874-Billion/default.aspx

7. https://www.gartner.com/en/newsroom/press-releases/2021-06-28-gartner-says-worldwide-iaas-public-cloud-services-market-grew-40-7-percent-in-2020

8. https://www.youtube.com/watch?v=7-31KgImGgU

9. https://www.youtube.com/watch?v=7-31KgImGgU

10. ARM Strategic Report 2015

11. https://aws.amazon.com/blogs/compute/15-years-of-silicon-innovation-with-amazon-ec2/

12. https://www.forbes.com/consent/?toURL=https://www.forbes.com/2008/04/23/apple-buys-pasemi-tech-ebiz-cz_eb_0422apple.html

13. Event Brief of Q1 2008 ARM Holdings plc Earnings Conference Call – Final FD (Fair Disclosure) Wire 29 April 2008.

14. Sculley, Odyssey, p. 163.

15. https://www.cultofmac.com/484394/apple-intel-over-powerpc/

16. https://www.bloomberg.com/features/2016-johny-srouji-apple-chief-chipmaker/

17. https://www.apple.com/uk/newsroom/2010/01/27Apple-Launches-iPad/#:~:text=SAN%20FRANCISCO%20%E2%80%94%20January%2027th%2C%202010,e%2D-books%20and%20much%20more

18. https://www.youtube.com/watch?v=zZtWlSDvb_k

19. Isaacson, Steve Jobs, p. 472.

20. https://www.mckinsey.com/industries/semiconductors/our-insights/whats-next-for-semiconductor-profits-and-value-creation

21. https://www.bloomberg.com/news/articles/2020-12-10/apple-starts-work-on-its-own-cellular-modem-chip-chief-says#xj4y7vzkg

22. https://blog.google/products/pixel/introducing-google-tensor/

23. https://techcrunch.com/2019/04/22/tesla-vaunts-creation-of-the-best-chip-in-the-world-for-self-driving/?guccounter=1&guce_referrer=aHR0cHM6Ly93d3d-3cuZ29vz2xlLmNvbS8&guce_referrer_sig=AQAAADm-6BrFV203VRHRLQndFf8gJBYJK7pz_ovVs--TO52FsyxbN-G3rCKZ4rZMLRVd7raYmcX

24. https://www.counterpointresearch.com/semiconductor-revenue-ranking-2021/

第十三章

1. https://group.softbank/en/news/webcast/20190919_01_en

2. https://group.softbank/en/news/press/20161014

3. https://www.wework.com/newsroom/wecompany

4. https://www.reuters.com/article/us-softbank-group- results-idUSKBN1XG0Q9

5. https://group.softbank/system/files/pdf/ir/financials/annual_reports/annual-report_fy2020_01_en.pdf

6. https://group.softbank/system/files/pdf/ir/financials/annual_reports/annual-report_fy2020_01_en.pdf

7. https://group.softbank/en/news/webcast/20190919_02_en

8. https://group.softbank/en/news/webcast/20190919_02_en

9. https://www.gartner.com/en/newsroom/press-releases/2014-11-11-gartner-says-nearly-5-billion-connected-things-will-be-in-use-in-2015

10. https://www.gartner.com/en/newsroom/press-releases/2016-01-14-gartner-says-by-2020-more-than-half-of-major-new-business-processes-and-systems-will-incorporate-some-element-of-the-internet-of-things

11. https://www.gartner.com/en/newsroom/press-releases/2017-02-07-gartner-says-8-billion-connected-things-will-be-in-use-in-2017-up-31-percent-from-2016

12. https://group.softbank/system/files/pdf/ir/financials/annual_reports/annual-report_fy2020_01_en.pdf

13. https://www.electronicsweekly.com/blogs/mannerisms/dilemmas/arm-ipo-2023-2019-10/

14. https://group.softbank/system/files/pdf/ir/financials/annual_reports/annual-report_fy2017_01_en.pdf

15. 'Accomplished team of graphics and multimedia experts', Business Wire, 25 July 1994.

16. https://pressreleases.responsesource.com/news/3992/nvidia-launches-the-world-s-first-graphics-processing-unit-geforce-256/

17. http://www.machinelearning.org/archive/icml2009/papers/218.pdf

18. https://www.telegraph.co.uk/technology/2020/09/19/nvidia-boss-vows-protect-arm-generation-company/

19. https://group.softbank/en/news/press/20200914_0

20. https://blogs.nvidia.com/blog/2020/09/13/jensen-employee-letter-arm/

21. https://asia.nikkei.com/Business/SoftBank2/SoftBank-s-Son-entrusts-Arm-to-Nvidia-s-leather-jacket-clad-chief

22. Inoue, Aiming High, p. 271.

23. https://www.telegraph.co.uk/technology/2020/09/19/nvidia-boss-vows-protect-arm-generation-company/

24. https://group.softbank/en/news/press/20180605

25. https://asia.nikkei.com/Business/Companies/Arm-s-China-joint-venture-ensures-access-to-vital-technology

26. https://asia.nikkei.com/Business/China-tech/How-SoftBank-s-sale-of-Arm-China-sowed-the-seeds-of-discord

27. https://www.bloomberg.com/news/articles/2021-02-12/google-microsoft-qualcomm-protest-nvidia-s-arm-acquisition

28. https://www.savearm.co.uk/

29. https://www.theresa2016.co.uk/we_can_make_britain_a_country_that_works_for_everyone

30. https://www.bbc.co.uk/news/business-52275201

31. https://www.arm.com/company/news/2021/03/arms-answer-to-the-future-of-ai-armv9-architecture#:~:text=Cambridge%2C%20UK%2C%20March%2030%2C,and%20artificial%20

intelligence%20(AI).

32. https://www.ftc.gov/news-events/news/press-releases/2021/12/ftc-sues-block-40-billion-semiconductor-chip-merger

33. https://assets.publishing.service.gov.uk/media/61d8-1a458fa8f505953f4ed7/NVIDIA-Arm_-_CMA_Initial_Submission_-_NCV_for_publication__Revised_23_December_2021_.pdf

34. https://www.theatlantic.com/technology/archive/2013/05/paul-otellinis-intel-can-the-company-that-built-the-future-survive-it/275825/

35. https://assets.publishing.service.gov.uk/media/61d8-1a458fa8f505953f4ed7/NVIDIA-Arm_-_CMA_Initial_Submission_-_NCV_for_publication__Revised_23_December_2021_.pdf

36. https://group.softbank/en/news/press/20220208

37. https://www.arm.com/company/news/2022/02/arm-appoints-rene-haas-as-ceo

第十四章

1. https://assets.publishing.service.gov.uk/media/61d8-1a458fa8f505953f4ed7/NVIDIA-Arm_-_CMA_Initial_Submission_-_NCV_for_publication__Revised_23_December_2021_.pdf

2. https://riscv.org/risc-v-10th/

3. https://www2.eecs.berkeley.edu/Pubs/TechRpts/2014/EECS-2014-146.pdf

4. https://assets.publishing.service.gov.uk/media/61d8-1a458fa8f505953f4ed7/NVIDIA-Arm_-_CMA_Initial_Submission_-_NCV_for_publication__Revised_23_December_2021_.pdf

5. https://archive.computerhistory.org/resources/access/text/2016/07/102737949-05-01-acc.pdf

6. https://github.com/arm-facts/arm-basics.com/blob/master/index.md

7. https://www.reuters.com/article/us-usa-china-semiconductors-insight-idUSKBN1XZ16L

8. https://riscv.org/about/history/

9. https://www.reuters.com/article/us-usa-china-semiconductors-insight-idUSKBN1XZ16L

10. https://venturebeat.com/2020/09/17/sifive-hires-qualcomm-exec-as-ceo-for-risc-v-alternatives-to-nvidia-arm/

11. https://www.sifive.com/blog/sifive-arrives-on-the-pitch-in-cambridge

12. https://riscv.org/blog/2022/02/semico-researchs-new- report-predicts-there-will-be-25-billion-risc-v-based-ai-socs-by-2027/

13. '15m' https://riscv.org/risc-v-10th/

第十五章

1. https://www.taiwannews.com.tw/en/news/4360807

2. https://investor.tsmc.com/static/annualReports/2021/english/index.html

3. https://www.electronicsweekly.com/news/business/771343-2021-04/

4. https://www.scmp.com/tech/big-tech/article/3130628/tsmc-founder-morris-chang-says-chinas-semiconductor- industry-still

5. https://www.theregister.com/2022/03/14/taiwan_china_tech_worker_raids/

6. https://www.reuters.com/technology/us-considers-crack-down-memory-chip-makers-china-2022-08-01/

7. https://press.armywarcollege.edu/cgi/viewcontent.cgi?-article=3089&context=parameters

8. https://www.youtube.com/watch?v=BtYYGcoyWX4

9. https://www.canalys.com/newsroom/Canalys-huawei-samsung-worldwide-smartphone-market-q2-2020?ctid=1556-1195484408fbbb34e0298b96eddb178f

10. https://www.huawei.com/en/news/2022/3/huawei- annual-report-2021

11. https://www.reuters.com/article/huawei-chairman-idCNL1N2TG03F

12. https://www.reuters.com/business/autos-transportation/biden-admin-defends-approving-licenses-autochips-huawei-2021-08-27/

13. https://asia.nikkei.com/Spotlight/Huawei-crackdown/Huawei-bets-big-on-chip-packaging-to-counter-U.S.-clampdown

14. https://www.bloomberg.com/news/articles/2022-07-15/huawei-s-secretive-chip-arm-seeks-phds-to-get-past-us-sanctions

15. https://merics.org/en/report/chinas-rise-semiconductors-and-europe-recommendations-policy-makers

16. https://www.semiconductors.org/chinas-share-of-global-chip-sales-now-surpasses-taiwan-closing-in-on-europe-and-japan/

17. https://investor.qualcomm.com/financial-information/sec-filings/content/0001728949-21-000076/0001728949-21-000076.pdf

18. https://www.wsj.com/articles/china-bets-big-on-basic-chips-in-self-sufficiency-push-11658660402

19. https://www2.deloitte.com/content/dam/Deloitte/us/Documents/technology-media-telecommunications/us-tmt-2022-semiconductor-outlook.pdf

20. https://www.wsj.com/articles/china-bets-big-on-basic-chips-in-self-sufficiency-push-11658660402

21. https://www.techinsights.com/blog/disruptive- technology-7nm-smic-minerva-bitcoin-miner

22. https://www.bis.doc.gov/index.php/documents/about-bis/newsroom/press-releases/3158-2022-10-07-bis-press- release-advanced-computing-and-semiconductor-manufacturing-controls-final/file

23. https://asia.nikkei.com/Spotlight/The-Big-Story/China-s-chip-industry-fights-to-survive-U.S.-tech-crackdown

24. https://www.semiconductors.org/strengthening-the-global-semiconductor-supply-chain-in-an-uncertain-era/

25. https://www.marketwatch.com/story/pat-gelsinger-seeks-to-rescue-intel-in-biggest-return-of-a-prodigal-son-since-steve-jobs-went-back-to-apple-11610570841

26. https://www.intel.com/content/www/us/en/newsroom/news/note-from-pat-gelsinger.html#gs.burq6s

27. https://www.youtube.com/watch?v=gAuh7igXX-s

28. https://www.asml.com/en/investors/annual-report/2021

29. https://www.asml.com/en/news/stories/2022/technological-sovereignty-in-the-chip-industry

30. https://www.seagate.com/files/www-content/our-story/trends/files/idc-seagate-dataage-whitepaper.pdf

31. https://spectrum.ieee.org/gordon-moore-the-man-whose-name-means-progress

32. https://www.whitehouse.gov/briefing-room/speeches-remarks/2022/08/09/remarks-by-president-biden-at-signing-of-h-r-4346-the-chips-and-science-act-of-2022/

33. https://www.finance.senate.gov/imo/media/doc/Louie%20Subcommittee%20Hearing%20on%20International%20Trade%20Customs%20and%20Global%20Competitiveness%20Hearing%205-25-22%20(For%20submission).pdf

34. https://ec.europa.eu/commission/presscorner/detail/en/SPEECH_21_4701

35. https://www.intel.com/content/www/us/en/newsroom/news/eu-news-2022-release.html

36. https://www.theguardian.com/technology/2021/nov/24/samsung-to-build-a-17bn-semiconductor-factory-in-texas-us-chip-shortage

37. https://www.nst.com.my/world/region/2021/05/690183/south-korea-set-worlds-largest-semiconductor-supply-chain

38. https://www.neologicvlsi.com/blog

39. https://www.ft.com/content/b041b2ce-2137-4c14-aa81-9903b29f8978

40. https://www.semiconductors.org/wp-content/uploads/2020/09/Government-Incentives-and-US-Competitiveness-in-Semiconductor-Manufacturing-Sep-2020.pdf

41. https://www.theregister.com/2022/04/20/us_chips_tsmc/

42. https://www.intc.com/news-events/press-releases/ detail/1563/intel-reports-second-quarter-2022-financial-results

43. https://www.wsts.org/76/103/The-World-Semiconductor-Trade-Statistics-WSTS-has-released-its-new-semiconductor-market-forecast-generated-in-August-2022

第十六章

1. https://www.theguardian.com/business/2022/feb/11/softbank-arm-flotation-legal-fight-china-london-stock-exchange-nasdaq

2. https://www.ft.com/content/43d11498-fd49-4df2-b8ef-aa4a5bbe8852

3. https://www.thisismoney.co.uk/money/markets/article-10950551/SoftBank-boss-dampens-Arm-London-hopes.html

4. https://www.arm.com/company/news/2023/02/arm-announces-q3-fy22-results

5. https://www.datacenterknowledge.com/arm/arm-chips-gaining-data-centers-still-single-digits

6. https://www.tomshardware.com/news/arm-socs-to-grab-30-percent-of-pc-market-by-2026-analyst

7. https://www.ft.com/content/a09c4500-27ae-42d7-8b3f-e6d-13f1b3f3b

8. https://www.ft.com/content/48baeb67-2d3c-41c3-8645-e89ac69a985a

9. https://group.softbank/en/news/press/20220430

10. https://www.theguardian.com/business/2022/aug/08/softbank-vision-funds-cuts-loss-arm?ref=todayheadlines.live

11. https://www.electronicsweekly.com/news/business/intel-interested-consortium-buy-arm-2022-02/

12. https://www.ft.com/content/eab1d19d-ab4c-45b7-88b4-f1f5e115d16e

13. https://www.kedglobal.com/mergers-acquisitions/newsView/ked202209220006

14. https://www.arm.com/blogs/blueprint/200bn-arm-chips

15. http://media.corporate-ir.net/media_files/irol/19/197211/626-1_ARM_AR_040311.pdf

16. Merchant, The One Device, p. 161.

17. https://www.arm.com/company/news/2021/03/arms-answer-to-the-future-of-ai-armv9-architecture

參考書目

撰寫本書時，我很幸運地可以參閱許多材料，包括一些提供口述歷史的機構：The Centre for Computing History；Computer History Museum；SEMI。

下列組織或刊物也甚具啟迪作用：Electrical and Electronics Engineers (IEEE)；SemiWiki.com；The Asianometry Newletter；The Register；*Electronics Weekly*。

坊間有非常多探討半導體與晶片產業發展的書籍，其中一些提供很多技術細節，還有許多記述一些公司的歷史，很有幫助。

Bauer, L.O., Wilder, E.M., *The Microchip Revolution: A Brief History* (2020).

Berlin, L., *The Man Behind the Microchip: Robert Noyce and the Invention of Silicon Valley* (2005).

Cain, G., *Samsung Rising: The Inside Story of the South Korean Giant that Set Out to Beat Apple and Conquer Tec*h (2020).

Grove, A.S., *Only the Paranoid Survive: How to Exploit the Crisis Points that Challenge Every Company and Career* (1996).

Inoue, A., *Aiming High: Masayoshi Son, SoftBank, and Disrupting Silicon Valley* (2021).

Isaacson, W., Steve Jobs (2011).

Lean, T., *Electronic Dreams: How 1980s Britain Learned to Love the Computer* (2016).

Malone, M.S., *The Intel Trinity: How Robert Noyce, Gordon Moore and Andy Grove Built the World's Most Important Company* (2014).

Mazurek, J., *Making Microchips: Policy, Globalization and Economic Restructuring in the Semiconductor Industry* (1999).

Merchant, B., *The One Device: The Secret History of the iPhone* (2017).

Nenni, D., McLellan, P., Fabless: *The Transformation of the Semiconductor Industry* (2013).

Nenni, D., Dingee, D., *Mobile Unleashed: The Origin and Evolution of ARM Processors in our Devices* (2015).

Reid, T.R., *The Chip: How Two Americans Invented the Microchip and Launched a Revolution* (2001).

Sculley, J., *Odyssey: Pepsi to Apple . . . A Journey of Adventure, Ideas and the Future* (1987).

萬物藍圖 看晶片設計巨人安謀的崛起與未來
The Everything Blueprint: The Microchip Design that Changed the World

作者	詹姆斯·艾希頓 James Ashton
譯者	李芳齡
商周集團執行長	郭奕伶

商業周刊出版部

總監	林雲
責任編輯	潘玫均
封面設計	Winder Chen
內文排版	点泛視覺設計工作室
出版發行	城邦文化事業股份有限公司 商業周刊
地址	104台北市中山區民生東路二段141號4樓
	電話：(02)2505-6789　傳真：(02)2503-6399
讀者服務專線	(02)2510-8888
商周集團網站服務信箱	mailbox@bwnet.com.tw
劃撥帳號	50003033
戶名	英屬蓋曼群島商家庭傳媒股份有限公司城邦分公司
網站	www.businessweekly.com.tw
香港發行所	城邦（香港）出版集團有限公司
	香港灣仔駱克道193 號東超商業中心1樓
	電話：(852) 2508-6231　傳真：(852) 2578-9337
	E-mail：hkcite@biznetvigator.com
製版印刷	中原造像股份有限公司
總經銷	聯合發行股份有限公司電話：(02) 2917-8022
初版1刷	2024年3月
定價	480元
ISBN	978-626-7366-57-8（平裝）
EISBN	9786267366592 (PDF)／9786267366608 (EPUB)

國家圖書館出版品預行編目(CIP)資料

萬物藍圖：看晶片設計巨人安謀的崛起與未來/詹姆斯.艾希頓
(James Ashton)著；李芳齡譯. -- 初版. -- 臺北市：城邦文化
事業股份有限公司商業周刊, 2024.03　　面；　公分

譯自：The everything blueprint : the microchip design that
changed the world

ISBN 978-626-7366-57-8(平裝)

1.CST: 半導體工業　2.CST: 積體電路　3.CST: 企業經營
4.CST: 英國

484.51　　　　　　　　　　　　113000783

紅沙龍

Try not to become a man of success but rather to become a man of value.
～Albert Einstein (1879 - 1955)

毋須做成功之士，寧做有價值的人。 ── 科學家　亞伯·愛因斯坦